非認可の世界
UNACKNOWLEDGED

世界最大の秘密の暴露

JN064679

スティーブン・M・グリア　医学博士　著
N.Y. タイムズ紙ベストセラー作家　スティーブ・アレン　編
知念靖尚　訳

VOICE

UNACKNOWLEDGED

Copyright © by 2017 Steven M. Greer, M.D.

All rights reserved.

Published by A&M Publishing, L.L.C.
West Palm Beach, FL 33411
www.AMPublishers.com

Japanese translation rights arranged with Steven M. Greer
c/o Tuttle-Mori Agency, Inc., Tokyo

謝　辞

　本書の出版で、大変な編集および執筆作業などに協力していただいたA&Mパブリッシング社のスティーブ・アルテン、バーバラ・ベッカーおよび担当チームに感謝申し上げます。私たちは何千ページにも及ぶインタビュー、転写物および政府文書の中から、非認可特別アクセス計画（USAP）の実施方法、それが隠していること、そして何より計画の理由を体験に基づいて示す最も代表的な例を集めました。

　軍や政府機関に属した期間に自ら体験したことを、名乗り出て詳しく述べてくれた「ディスクロージャー・プロジェクト」の勇気ある皆さんにも感謝したいと思います。機密情報に関わるこれらの証言者たちは、真の勇気と愛国心を持って人前に立ち、UFOに関する非認可特別アクセス計画という非常に秘密色の濃い世界で何が起こっているのかを世界に知らしめました。私たちは、彼らが人類に与えたこの贈り物に感謝しなくてはなりません。

　惜しみないクラウドファンディングで、本書および映画『非認可の世界』を実現させていただいた5,000人の支援者にお礼を申し上げます。

　また、アレクサンダー・S・C・ロウワー、セカイ・チデヤ、（医学博士および公衆衛生修士のギリェルメ・フェルター Guilerme Feltre）、デイビッド・G、およびJ・Z・ナイトに心から感謝します。

　最後に妻のエミリーに感謝したいと思います。彼女の愛とサポート無しには、本書と全ディスクロージャー・プロジェクトは存在していません。27年間エミリーはこの取り組みの縁の下の力持ちであり、この偉大な作業において私心を無くして愛で私を支えてくれました。

　ありがとう！

医学博士 スティーブン・M・グリア

スティーブン・M・グリア医学博士によるその他の著書

Extraterrestrial Contact: The Evidence and Implications

ディスクロージャー——軍と政府の証人たちにより暴露された現代史に
おける最大の秘密
(Disclosure: Military and Government Witnesses Reveal the Greatest
Secrets in Modern History)

UFOテクノロジー隠蔽工作（Hidden Truth: Forbidden Knowledge）

Contact: Countdown to Transformation

www.SiriusDisclosure.com にて購入可能

さらなる偽旗作戦の問題の目撃者証言と議論、および公安国家の暴露に
ついては、こちらの動画をご覧ください。

www.youtube.com/SDisclosure

- Individual witness testimony
- "Exposé of the National Security State"
- "The Cosmic False Flag"

多くの目撃者証言および証拠を集めて全容を明らかにするグリア博士を、
ドキュメンタリー映画『非認可の世界』でぜひご覧ください。

アポロ号 宇宙飛行士、ブライアン・オレアリー博士による
スティーブン・M・グリア、医学博士の推薦文

"UFO 研究は、抵抗や大騒ぎしながら、私たちを 21 世紀の科学へ
と導いています"

—— J・アレン・ハイネック

　地球における人間の実験は自滅寸前の状態です。核戦争、化学作用および生物学的な環境破壊、世界的な気候変動、地球と宇宙における兵器拡散、企業の強欲さ、アメリカ政府の目に余る縁故主義と不適切な管理、肥大化した軍事予算、軍事侵略、文化的な条件付けによる動揺、恐怖と無知の拡散、命を救うことのできるテクノロジーの隠蔽、貧富の格差などの脅威に目を向けると、私たちが辛うじて生きていることは驚きです。
　私たちに希望はあるのでしょうか？私の答えは、やってみるしかない、です。仮にやってみても、その答えはどこで見つけられるのでしょう？そこで、スティーブン・グリア博士の登場です。
　ほぼ 20 年前、最初にスティーブン・グリア博士と会ったのは、ノースカロライナ州アーデンにあるユニティ教会で私が行った講演でのことです。
　当時、プリンストン大学とサイエンス・アプリケーションズ・インターナショナル社における主流派の宇宙科学者としてのキャリアを手放した後、私は西洋科学の制約や期待から自分を解放し始めていました。同時に私の科学者仲間のほとんどが受け入れなかった UFO/ET 現象を集中的に勉強していたので、超越的な現実を探索し表現する自由を感じていました。
　それはスティーブも同じ状況でした。優秀で若い ER（Emergency Room：救急救命室）の外科医であるグリア博士と私は、初めて会った日に夜まで話し込みました。私たちは、自分たち 2 人が理解し始めたこと：ET による地球への訪問は現実というだけでなく、彼らは人間が引

き起こした世界で起こっている危機的状況を克服する手助けをしてくれることをつなげ始めました。それ以来スティーブは、UFO現象自体の謎の解明だけでなく、アメリカ政府に存在する闇の組織と企業によるUFO現象隠蔽の暴露において驚くべきリーダーシップを発揮してきました。その結果、グリア博士は自身が惑星変化の最先端を行く、精力的で怖いもの知らずな勇士であることを幾度となく示してきました。

　まず彼は地球外知性研究センター（CSETI）を設立し、その中で人類と地球外の文明の間をつなぐ大使の職という概念を紹介しました。今回は単なる空想科学小説の話ではありません。世界中でUFOが頻繁に現れる様々な場所において徹夜でワークショップを開き、彼が作り上げた第五種接近遭遇、通称CE-5の手法で、彼のグループは光、音、イメージングを通して宇宙船を誘導していました。そのワークショップは、興味を持った生徒たちに提供され続けています。

　彼はその後、ディスクロージャープロジェクトの下でUFO/ETを目撃した100人を超える米国政府関係者の証言を収めたビデオやDVDを探し、集めるという難しい仕事に乗り出し、その結果2001年5月ワシントンD.C.で大規模な記者会見を開くに至りました。これらの証言は、地球を訪れた者たちの持つ超小型電子技術、反重力推進およびゼロポイント、または"フリー"エネルギーなどの技術に対する、政府やメディアによる秘匿や獲得の長く卑劣な歴史を明確に示しています。この大規模な隠蔽工作は、1947年7月ニューメキシコ州ロズウェル近郊で発生したUFO墜落事件以来60年近く続いてきました。この事件は当然、アメリカ空軍が主張した気球によるものではなく、そのような神話が受け入れられたのは、無知か権力者側の人間とそれに従う者の間だけでした。

　情報公開に関するグリア博士の先駆的な取り組みは、必然的にETと接触した報告の奥深さや信ぴょう性、そして悪名高きネバダ州グルームレイク近くやその他の場所で進められていた、"超機密"レベルの研究などの隠蔽工作自体をさらに理解することにつながりました。

　スティーブ・グリアは、高潔な使命を持つ精神的な戦士であり、"アメ

リカ合衆国"と名乗る勢力に対して比較される人物です。アメリカ帝国の衰退を目にしている中、これまでにないほど様々な理由で、後者は裁かれるべき犯罪者なのです。これまでグリア博士は、誰よりも UFO/ET の隠蔽工作に関する最も明白な証拠を提示してきました。今それを受け入れるかどうかは、私たちにかかっています。

　近代における UFO の目撃や接触、および技術移転が行われてきたのは、1945年にアメリカ合衆国が核の時代を切り開き、広島と長崎の恐ろしい惨状を引き起こした以降のことだと考えると、ハッとさせられます。長距離原爆爆撃機はロズウェルに駐機、その爆弾はロスアラモスで製造、最初の爆弾はアラマゴードで爆発させ、次世代の爆弾を開発するミサイルのテストはホワイトサンズで行われました。これらの場所はすべて、軍産複合体の巣窟であるニューメキシコ州にあります。1947年のロズウェル UFO 墜落事件も、そこで起きたのは単なる偶然だったのでしょうか? それは疑わしいです。その理由は、心の優しい ET がこれまでもあらゆる軍事施設や核施設に現れてきたことを考えると、核技術の脅威があれば彼らがロズウェルに急行するはずだからです。恐らく彼らは、無責任な人間によって引き起こされる彼らも見たくない恐怖を防ぐ手助けをしているのかもしれません。

　私たち地球人はどんな助けでも必要なのです。であるならば、なぜ UFO 現象をあるがまま受け入れ、その不可思議なことに驚嘆し、私たちの文化的偏見を排して進まないのでしょうか? 知識の拡大と政治的な行動を通してのみ、必要な変化を起こすことができるのであり、それはグリア博士が大いに得意としていることなのです。

　いろいろな意味で、UFO 現象は謎の訪問者のことよりも、私たち自身について多くのことを教えてくれます。そして、彼らが私たちの目の前に掲げる鏡に映る内容は恐ろしいものですが、グリア博士の言葉に耳を傾ければそれは希望に溢れるものです。彼は、クリーンで安価な分散型エネルギーを世界に提供することが可能であり、したがって石油、石炭、および核の時代、そして人間が引き起こした公害や気候変動を実質的に

終わらせることのできる、革新的な新しいエネルギー技術を持つ発明者たちをサポートしています。

　私がグリア博士に最初に会った夜、ユニティ教会のチャド・オシェア牧師は私に「真実はあなたを解放する。しかしその前にあなたを怒らせるだろう」と書かれた自動車用のバンパーステッカーをくれました。私たちが悲惨な状況について、不満を否定するのではなく爆発させることを自分自身に許し、解決方法に向かえば、文明として見込みがあるかもしれません。

　この勇気ある活動は、意気地のない者には向きません。多くの最先端の科学者たちが脅迫され、殺害され、さもなくば、次々と流される虚偽の情報や個人攻撃で抑圧されてきました。グリア博士は市民の利益のために、これらすべてを耐え抜いてきたのです。

2005年 ブライアン・オレアリー博士

(1940—2011年)

科学者、作家、アポロ号 元宇宙飛行士

献　辞

　本書を、私たちの子供、その子供たちの子供たちに捧げます。違法な秘密主義に終止符を打ち、非認可プロジェクトに隠された地球および命を救うテクノロジーを普及させれば、公正、平和、そして持続可能な文明を地球に確立し、ひいては平和に宇宙を探索できるようになるでしょう。

＊　　　　　＊　　　　　＊

親友であり旧友、魂の妹、
地球外生命体研究センター（CSETI）の
先駆者および理事会の最初のメンバーである

リン・デルーカ 1950―2017年
を追悼して

目次

"私たちは惑星間を飛行する手段を既に手にしているが、
それを世に出し人類に役立てるには天変地異が必要になるだろう"

—— ベン・リッチ、元ロッキード社スカンクワークス部門長
1975—1991年
1993年3月23日カリフォルニア大学ロサンゼルス校 工学部
卒業生スピーチにて

はじめに

　本書には、在職の米国大統領、上院議員、連邦議会議員、国家元首および統合参謀本部などに知らされていなかった情報が含まれています。私がそれを知っている理由は、多くの場合彼らにそういった情報を説明した人物は、私本人だからです。

　過去30年の間に私が学んだことは米国政府は2つ存在するということです。1つは、選出された議員が代表として運営する私たち国民の政府。もう1つは、1940年代にトルーマン大統領が立ち上げた秘密工作組織に起源を持つ、中間レベルの責任者からなる闇の政府。トルーマン元大統領が作ったこの組織は当時マジェスティック12と呼ばれており、世界の歴史で最も驚くべき発見に関する真実、**UFOおよび地球外生命体の存在**を国民から隠し続けるのが任務でした。

　この秘密の政府が隠してきたのはUFOや地球外生命体に関する真実だけではなく、墜落した20機以上のETV（地球外の乗り物で、よくUFOと呼ばれるもの）からリバースエンジニアリングで獲得した惑星間テクノロジーでした。それらのETVの中で1947年に最初の2機が墜落した場所は、ニューメキシコ州にあるロズウェル空軍基地の外でした。これらのETVは、初期の電磁波兵器を使って撃墜されました。核兵器拡散の高まりのせいで、それらは他のETV同様ロズウェル空軍基地に引き寄せられました。

　私たちの多くにとって、UFOおよび地球外生命体は本物であるという考えを、真面目に受け取るのは難しいことです。私たちの理解を超えるほど広大な宇宙が無数の種を支えることは可能だということは、論理的には受け入れることはできます。NASAの推定によれば、天の川銀河だけでも1,000億から4,000億の恒星系が存在します。感情的には、それを受け入れることはさらに難しくなります。私たちは人生でずっと、UFOは存在しない、ETを信じるものは頭がおかしいと信じるよう条件づけ

られてきました。ある意味、UFOはそれ自体が最善の隠れ蓑になっています。なぜなら信じるか否か、あるいはUFOを目撃してそれを同僚たちの間で話すなんて冷笑を歓迎するようなものだからです。

とはいえ、私たちの多くは宇宙船を目撃してきました。そしてもう沈黙を守るのは望みません。

私の最初の遭遇は、1960年初頭のある晴れた午後に起こりました。幼なじみの友達3人と私は、ノースカロライナ州のシャーロット市にある近所を散策していると、明らかに飛行機やヘリコプターではない銀色に光り輝く楕円形の宇宙船が南西の空にとつぜん現れました。その機体は継ぎ目のない滑らかで、まったく音を立てず、これまでに見たことのないものでした。少しの間浮かんだ後、一瞬で消え去りました。

私の家族は、予想通りその出来事を子供の空想として受け流しました。しかし仲間と私は、常識を超えたものを目撃したことを知っていました。あの日以来その体験と結びついている感覚は、これまでもずっと続いています。

逆に、これから皆さんが読むことになる、多くの人たちが"新世界秩序"や陰謀団とみなすものを取り巻く嘘、秘密主義および陰謀に対する私の最初の反応は、"よく言うよ"でした。はっきりと言いますが、私はNASAの科学者でも、秘密の組織のメンバーでもありません。私は、救急治療室の医者であり、ノースカロライナ州にあるコールドウェル記念病院の救急医療局の元局長です。正直に言うと、大義のために儲かる職業から離れてくれと頼まれましたが、何度も確認や裏付け作業を繰り返した結果、私が内情に通じた情報は本物であるとの確信に至り、その時は"なんてことだ"という言葉が漏れました。

本書には、数々のUFOおよび地球外生命体との遭遇に関する、機密ファイル、文書および私が行った重要な目撃者とのインタビューを書き起こした未発表の会話内容がまとめられています。これら目撃者の男性と女性の多くは、情報当局や軍のあらゆる部門で勤めながら最上位の機密情報にアクセスする権限を持っていました。それ以外の方たちは、米

国国防総省から業務を請け負う防衛関連企業で働いてきました。人類が
その種の生き残りを左右する岐路に直面する時、彼ら全員が勇敢に名乗
り出てきました。信じられないことですが、本書で皆さんが目にする内
容は私たちがインタビューしてきた800人以上の政府、軍および企業で
働く目撃者や内部告発者が提供した証言の1％以下にすぎません。この
中の100人以上の人たちが映画に出演し、何百時間分の証言や何千ペー
ジにもなる証言記録を提供しています。60年以上の間に行われてきた工
作に関する、それ以外の資料、ビデオ証言および文書は www.Sirius
Disclosure.com に掲載されており、それを読めばこのトピックの意味、ど
のように違法な秘密主義が維持されてきたのか、そしてその理由が分か
ると思います。さらに私たちは、ET/UFO 関連の仕事に関わったもっと
多くの人たちに証言、文書および証拠を提供するよう求めます。（さらな
る証拠が記載されているグリア博士による本『ディスクロージャー：軍
と政府の証人たちにより暴露された現代史における最大の秘密』を参照
ください。）

　この情報を一般に公開する目的は具体的に３つあります。

　最初の目的は、人類文明史上最大の隠蔽工作につながった未公表の出
来事の日程を裏付ける証拠を提示することです。この最終目標は、地球
に数多くのETI（地球外知的生命体）が訪れていると読者を説得するこ
とではありません。数百万人とは言わないまでも数万人もの人がその事
実を証言できるでしょう。それよりも重要なことは、諜報機関がUFOお
よび地球外生命体に関するテーマに置いてきたタブーを取り除くことで
す。諜報機関の仕事は、王様は実は裸であるということを説明しようと
する人は誰であれ恥をかかせることによって、"王様の新しい服"に関す
る真実を隠すことでした（今でもそうなのです）。これから私たちが示す
ように、地球外生命体は長い間地球を訪れています。彼らは私たちにとっ
て危険な存在ではありません。彼らと私たち両方にとって危険であり、さ
らに人類の生存の可能性にとって確実に危険なのは、私たちなのです。な
ぜならこの地球を破壊しているのは、私たちの行動だからです。

2つ目の目的は、私たちの証言者らが、冷戦の最中に大衆の目を避けた科学的な試みがどのように軍産複合体によって乗っ取られたのか暴露することです。アイゼンハワー政権時代に権力を持つようになったこの軍産複合体は、私たちの政府（陰謀団）内で秘密の政府に進化し、今や800億から1,000億ドル規模の税金を非認可特別アクセス計画（USAP）へ違法に流しています。この陰謀団が故意に“闇に隠してきた”UFOテクノロジーを大衆に届け、世界に大気を汚さないフリーエネルギーを提供するため、暴露しなくてはいけないのは彼らの存在です。これ以上議論の余地はありません。化石燃料をクリーンなエネルギーに代えない限り、私たちは人類の絶滅の責任を負うことになるでしょう。

　3つ目にして最も重要な目的は、この情報を公開することで、大衆の影響力を得て、特にゼロポイント・エネルギーおよび反重力のパワーを活用する、闇に隠された大気を汚さないフリーエネルギー技術を開放することです。ニコラ・テスラおよびT・タウンゼント・ブラウンやその他の科学者によって最初に発見されたこれらのフリーエネルギーシステムに関しては、その研究内容が押収されたり、その科学者たちの人生が台無しにされたり、1世紀以上特許の取得が絶えず却下されてきました。さらに場合によっては、既存のエネルギーシステムとの競合や化石燃料にとって替わるのを防ぐため、その研究が打ち切られることもありました。

　ゼロポイント・エネルギーは、この惑星に革命的変化をもたらし状況を一変させるものです。飢餓、貧困、公害、気候変動を無くし、交通、医療、旅行、娯楽、そして世界経済を飛躍的に増大させる学問に大きな進化をもたらします。

　これが、禁断のUFO/ETの歴史、つまりゼロポイント・エネルギー、および1947年の6月／7月にロズウェルで墜落事件まで遡る撃墜された地球外飛行船から逆行分析された反重力技術を、私たちが公にしている理由なのです。

　皆さんは、おいおい、そんなことはあり得ない、と思っているかもし

れません。結局のところ、世界にとって大いに役立つ公害を起こさない無料のエネルギー源を誰が否定するでしょうか?

　一言で言えば、お金だけが唯一の象徴である権力者です。

　1901年、ニコラ・テスラが発電所を時代遅れにしてしまう発見。ゼロポイント・エネルギーフィールドの活用方法を解明した時、電気配線に必要な銅線に大々的な投資を行っていたJ・P・モルガンはフリーエネルギーという概念が気に入らなかったのです。そこで投資家のモルガンは、ワシントンD.C.にいる自分の取り巻き連中を使ってテスラの活動を止めさせ彼の研究資料をすべて押収させました。

　それ以来、現状を覆す脅威となるあらゆる発明やエネルギーシステムの特許は付与されたことがありません。(誰が電気自動車をつぶしたのか)。

　1世紀経って、経済の成長は停滞、自動車にはいまだにガソリンに依存する燃焼機関がついており、地球の両極の氷は解け続け、環境に日々流れ出す増大した量の毒素に不必要にさらされたおかげでがんがはびこっています。そして世界の人口の80%は惨めな貧困にあえいでいます。

　このようになるはずではありませんでした。

　私たち一般大衆は、大気を汚さないフリーのゼロポイント・エネルギーを求めるだけで、全員にとって世界を無限により良い方向へ変えることができるのです。ワードプロセッサーがタイプライターに、そして携帯電話が固定電話に取って代わったように、いずれ私たちのライフスタイルを激変させるこの流れは、徐々に受け入れられるでしょう。

　これを政治家に任せて待っていたら、絶対に実現しません。

　これをウォール街にコントロールさせたら、巧みに回避されます。

　大衆の意思だけがベルリンの壁を崩壊させることができたように、大衆の意志だけが私たちを前進させることができます。

　その未来はここにあります。私たちが求めればという条件付きです。ロッキード社の1部門スカンクワークスの元最高執行責任者のベン・リッチは「いま私たちには、ETを家に帰す能力がある」と発言したように、

ゼロポイント・エネルギーおよび反重力推進システムは既に存在します。

　本書では、当該システムがある正確な場所、そして私たちがどうやってそれらを入手できるのかをお伝えします。

　地球外生命体は私たちの繁栄を望んでいます。本書でお見せする証拠が示すように、彼らは敵ではなく協力者としてここに存在しています。しかし彼らは、人類文明が惑星間文明になる入場券とは何かを明確にしてきました。それは何よりもまず、私たちが文明的に高度になり、互いに平和に生活し、大量破壊兵器を放棄し、そして普遍的な平和意識を持ちながら兵器システムの無い状態で宇宙へと出ることです。

　ここに対立があります。これらの高度なテクノロジーは、人類を絶えず戦争状態においておく目的を持った軍事産業主義者が握ったままです。

　戦争は儲かります。

　戦争によって人類の１％が99％を支配し続けられます。

　戦争は現状を維持し、人類の種としての進化を妨げます。

　これがジョージ・オーウェル的な悪夢のように聞こえるならば、状況はさらに悪くなります。なぜなら、彼ら（人間の陰謀団）が計画している終幕は、2001年９月11日の同時多発テロ事件が軽い衝突事故に見えるような偽旗作戦だからです。

　本書は、秘密裏に企まれた詳細を暴いていきます。

　私は、これらの情報を次の５つの章に分けて書きました。

　1人の子供を教育するのに村全体が協力しなくてはいけないならば、世界を変えるのにはムーブメントが必要である。必要な第一歩は、カーテンの裏をのぞき現実を見て、本当の現実を理解することである。

　　　　　　　　　　　　　　スティーブン・M・グリア、医学博士
　　　　　　　　　　　　　　2017年2月

ドキュメンタリー映画『非認可の世界』もぜひご覧ください。

パート **1**

UFOとET：機密ファイル

史実と証言

第二次世界大戦以前のUFOとの遭遇

　UFOの目撃の証拠は、洞窟絵画、エジプトのヒエログリフ、聖書に出てくる出来事、古代ベーダ文学、空飛ぶ円盤を描いた16世紀の絵画にまで遡ることができます。

　現代における地球外生命体との最初の遭遇は、1942年中国での出来事だとみられています。当時、道端で旅行者の写真をお土産として販売していた写真家が空に視線をやると、黒くて円盤の形をした巨大な物体が静かに空中に浮いていました。とっさの判断で写真家は自分のカメラをその円盤にピントを合わせ、非常に鮮明な写真を撮ったのです。当時、第二次世界大戦を前に中国に駐在していたある米軍将校も、同じ通りにいました。彼はその写真を買って、中国に駐留している間に自分で作ったスクラップブックにしまいこんだようです。その写真は、ある日本人男性が1942年に撮影された写真の入ったその古いアルバムを見つけるまで、何年も気づかれずにいました。

　米国海兵隊二等軍曹のスティーブン・ブリックナーは1942年8月にソロモン諸島に駐留している時、けたたましい音を立てていたものの、これまで見たこともない複数の飛行物体が出現したのを目撃しました。ブリックナー二等軍曹は、150個以上の"不安定に揺れる"物体が直列編隊で飛行し、1列を10から12機が構成していた、という記述を残しています。

　しかしUFOとの遭遇が本格的に始まったのは、第二次世界大戦の真っ

ただ中でした。当時の米軍、英軍および独軍のパイロットたちや爆撃機の乗員たちが、後に"フーファイター"として知られるようになる異世界の物体と偶然に遭遇していました。

"私の主張は、空飛ぶ円盤は本物であり、それらは別の太陽系からきた宇宙船であるということです。その宇宙船は、恐らくある種族の一員である知的な観察者を乗せており、何世紀もの間私たちの地球を調査してきた可能性があると思っています。彼らは、最初に人間、植物、動物、さらに最近では原子核、兵器および軍需産業に対する体系的な調査を長期間にわたって行うために送り込まれた可能性があります"

—— ヘルマン・オーベルト教授（1894—1989）
ドイツのロケット専門家で宇宙時代の創始者の１人
"空飛ぶ円盤は遠い世界からやってくる（原題）"
アメリカンウィークリー誌　1954年10月24日掲載

UFOに関する機密ファイル

フーファイターとの遭遇 1941―1945年

証言
・国際偵察局 作戦隊員／コズミック（宇宙）レベルの機密取扱許可

ダン・モリス曹長
・米国陸軍 回収部隊、クリフォード・ストーン三等軍曹

スティーブン・M・グリア医学博士による解説

　第二次世界大戦中、ヨーロッパおよび太平洋戦域そしてインドでも奇妙なオーブのような光る物体が、戦闘中に両軍の爆撃機の周りに現れ始めました。ドイツ、特にライン渓谷の上空を飛んでいた米国空軍の操縦士および情報将校たちの報告によれば、赤やオレンジ色の光が直線上の時空に出たり入ったりしながら彼らの飛行機の周りを飛んでいるのを目撃したということです。それらの物体は軍用機の横で編隊を組んで飛行したり、一方で現実では考えられない速度で空を駆け抜けたこともありました。「エナジードローン」と呼ばれる物体は、頻繁に戦闘機内の電気系統を撹乱させながら重力にも影響を与えていました。時には、次元を超えて爆撃機を通り抜け、乗組員をビビらせることもありました。

　これらの物体は後に、フランス語とドイツ語で「火」を意味する「フーファイター」として知られるようになりました。別の説では、あるアメリカ人の操縦士が当時の連載漫画を引用して「フーあるところ、火あり」というのもあります。いずれにしても「フーファイター」という用語が定着しました（そう、あのロックバンドは数十年後にその名前を付けた

のです）。

　単発の出来事しは言えないのが、このようなエネルギーボールは、1943
年と44年の間にさらに頻繁に現れるようになりました。1944年、P-47サ
ンダーボルトの操縦士２人がそれぞれ、真っ昼間に「フーファイター」
を目撃しました。ドイツのノイシュタット近郊を飛んでいると、ある操
縦士は「メタリック仕上げの金色の玉」を目撃したと報告をしています。
ノイシュタット近郊を飛んでいた２人目の操縦士も、目撃したものを直
径３フィートから５フィートの「リン光を発する金色の球体」と描写し
ました。

　1945年５月、アメリカの軍人のリン・R・モモは、ドイツのオーアド
ルフ上空の「かなり衝撃的な火球」の特徴を「それはどんな星や、金星
よりも明るく、水平線の端から端まで約２秒で移動しました。その進路
は天頂を通っていたので、その高度がどうであれ、その速度は計りしれ
ないものだったはずです」と説明しました。モモ氏は、その物体は音も
立てず、あり得ない速度で移動する際「上昇下降」または素早く上下す
る動きを見せた、と続けました。

　ナチスが新兵器を開発したと恐れたルーズベルト大統領は、ジミー・
ドーリットル中将をヨーロッパ作戦戦域に派遣しました。ドーリットル
中将は、その物体は「本質的には惑星間のものである」と折り返し報告
したのです。

　さかのぼって1943年にダグラス・マッカーサー元帥は、この問題を調
査するため惑星間現象調査研究部と呼ばれるグループを発足させ、それ
は現在も存続しています。その目的は、出どころ不明の物体、特に地球
のものでない物体を回収すること。彼らは現場の情報資料を手に入れ、
「その情報を管理する者たち」に渡すのです。

＊　　　　＊　　　　＊

ダン・モリスは、長年にわたって地球外生命体のプロジェクトに関わった退役空軍曹長です。空軍から退役した後、彼は超極秘の機関である国家偵察局、NROに採用され、そこでは特に地球外生命体に関わる作戦に取り組んでいました。彼は、(最高機密よりも38段階上の)コズミック(宇宙)レベルの機密取扱許可を受けていました。彼の知る限り、歴代のアメリカ大統領も持っていなかったものでした。

　私は極秘よりも38段階上の取扱許可を持っていて、これは超極秘の取扱許可であり、すべての取扱許可の中の最上位のものです。これは、UFOおよび異星人を扱う仕事に必要なものです。歴代の大統領もこの段階の許可を持ったことはない、つまりこの段階の許可を受けたことはなく、その段階に最も近い許可を得たのはアイゼンハワー元大統領でした。情報機関というのはいくつかありますが、陸軍、空軍、海軍にも情報機関はありましたし、さらに秘密の情報機関が存在していました。あまりにも機密度が高いため存在しないことになっているのがNROで、その存在を口にすることはできませんでした。NROの正式な名前はNational Reconnaissance Office(国家偵察局)。この取扱許可レベルになると、次は異星人接触情報機関、略称ACIOと呼ばれる世界規模の組織があります。負担金を払い、規則に従うという条件で、各国の政府は当該機関の提供する情報から恩恵を受けることができます。中にはこれをハイフロンティア(宇宙前線)と呼ぶ人もおり、海軍の情報機関は時に自分たちのことをそう呼んでいました。空軍情報機関、海軍情報機関およびNROは連携して動いていて、それらすべてはかつてヴァージニア州にあるラングレー空軍基地のとある場所に入っていました。空軍、陸軍、そして海軍所属のほとんどの衛星分析官がそこにおり、分析作業を行っていました。

　1931年か32年に、ナチスは2機のUFOを回収しドイツに持ち帰り逆行分析を始めました。彼らは逆行分析に成功し、戦争が始まる前から実用に耐えうるUFOを手にしました。名前は"ハンディードゥー"1号

と2号だったと思います。2号機の機体の幅は約30から40フィートあり、弾むように着陸する際に上下する3つの玉が垂れ下がっていました。

　そのフーファイターには乗組員はいません。つまり無人航空機でしたが、戦闘機のパイロットのフロントガラスの前から動かずに飛行していて、パイロットはそれを避けるすべはありませんでした。それはその位置から動かなかったのです。UFOが上空に飛んでくると、エンジン、発電所や核ミサイルのサイロを停止させることができます。それは反重力電磁推進に影響を与えるからです。私たちは爆撃機の編隊でそれを体験し始めましたが、私たちにはフーファイターを追い払う術はありませんでした。その様子を示す記録映画がアーカイブにたくさん残っており、終戦後ヴェルナー・フォン・ブラウンだけでなくヴィクトル・シャウベルガー、そしてUFOの研究をしていた電磁気研究者を数人亡命させてきたおかげで、ドイツで撮られた多くの記録映画も入手しました。彼らの研究によって、他の誰よりも私たちはこの分野で先んじることができました。

　ソ連軍もドイツ人研究者を数人連れて行きましたが、主要な人物を確保したのは米軍でした。シャウベルガーはニューメキシコ州に移送され、ホワイトサンズや他の場所で私たちの研究に協力しました。その後、米軍が彼を不当に扱ったと感じたため帰国。帰国した2週間後に、彼は死亡しました。

＊　　　　　＊　　　　　＊

証言

米国陸軍クリフォード・ストーン軍曹は、ETの宇宙船を回収する陸軍の公式任務において自分自身の目で生きている、および死亡した地球外生命体を目撃してきました。彼には、秘密作戦の基地や秘密アクセス計画等へのアクセス権が与えられていました。

1942年2月26日「ロサンゼルスの戦い」の名で知られる軍事作戦で、私たちのチームは15～20機の国籍不明の航空機をロサンゼルス上空で発見。それらの飛行物体を撃ち落とそうと即座に対応し、第37沿岸砲兵旅団は1430発を撃ち込みました。私たちは、枢軸国が持っていて航空機が発着できるその秘密基地、あるいはその航空機を格納させていた民間機専用空港を見つけようと動き始めました。しかしどれも実証することはできず、私たちの捜索努力は徒労に終わりました。

　同時に太平洋側でも同じ現象いわゆるフーファイターが目撃されており、マッカーサー元帥は情報機関の職員に何が起こっているのか調べるよう指示を出しました。1943年にマッカーサーは、地球のものではなくて他の惑星から地球を訪問している存在がいること、そして彼らが実は第二次世界大戦と呼ばれている出来事を観察していることに気づきました。それを信じるに足る根拠が私にはあります。マッカーサーが抱えていた問題の1つは、仮にそうだとしたら、その訪問者に敵意があるとしたら、私たちは彼らに関する知識はまったくもっておらず、自分たちを守る方法はないことでした。

　マッカーサーは、惑星間現象調査部隊を組織しました。この組織は後にマーシャル大将に引き継がれ現在まで存続していますが、名前は何度も変更されてきたにもかかわらず、その記録はいまだに見つかっていません。陸軍は、UFOの調査というのは組織が行う正式な取り組みではなかったと主張しようとしています。しかしこれは1人の元帥が組織したものであり、成果は出せず、すなわち惑星間宇宙船は人気がなかったという結論に至っています。彼らは、現在行っていることとまったく同じことを続けています。それは、複数の情報機関が行う、出どころ不明、特に地球のものではない物体の回収活動への関与です。彼らの目的は、その情報の評価、現場で得られる生の情報データの入手、およびそのデータを何かしら役立つ種類の情報製品へ加工し現場に広め、それを知る必要のある人たち、言ってみればその情報の保持者たちへ提供することです。

マッカーサーの下にいる空軍将官たちの１人は、私たちが手にしている ものは“地球のものではない”とマッカーサーに言いました。そして、 今頃ドイツ軍でさえも地球に何者かが訪問している証拠を見つけていて、 何らかの物的証拠を手にしているのではないでしょうか。マッカーサー は物的証拠を確実に持っていました。私が空軍でこの問題に取り組んで いる時に見た文書からは、その物的証拠の内容を突き止めることはでき ませんでした。そこに物的証拠があったことだけは分かりました。

　　“私はそれ［UFOの研究］を行う意志はあるが、研究実施に同意 　　する前に、回収された円盤への完全なアクセスを要求する。例え 　　ば、LAの件で空軍は円盤を回収したまま、私たちに渡さず、大 　　まかな検査もさせなかったからだ”

　　　　　　　　　　　　　　　　──Ｊ・エドガー・フーバー 　　　　　1947年７月15日　クライド・トルソンに宛てた手紙

UFO機密ファイル
ロズウェル

・ガイ・ホッテル連邦捜査官からのFBI文書―1950年3月22日

・国際偵察局 作戦隊員／コズミック（宇宙）レベルの機密取扱許可

ダン・モリス曹長

・空軍特別捜査局 特別捜査官　リチャード・ドーティ氏
・フィリップ・S・コルソ・Sr大佐
・宇宙飛行士 ゴードン・クーパー氏
・ボーイング航空機　A.H.（匿名）

　UFOの目撃は広島と長崎に原爆が投下された後に増加し、新たに多くの宇宙船の飛来がニューメキシコに集中しました。

　なぜニューメキシコなのでしょうか？

　最初の核爆弾が製造されたのはニューメキシコ州のロスアラモスで、核実験が行われたのがアラモゴードとホワイトサンズでした。

　そしてロズウェルがありました。

　ロズウェルはこれからずっと、1947年7月下旬に報告されたUFO墜落の"疑惑"を連想させるでしょう。これらが行われた時期、ロズウェル陸軍飛行場は世界で核兵器を装備している唯一の航空団である第509

爆撃飛行大隊の基地でした。

　核の妖精が瓶から放たれると、地球を訪問するETたちにとって私たちが行っていたことは大きな懸念であることが、核処理施設、原子力爆弾製造工場、飛行場および実験場で働く軍事関係者や民間人にはすぐに分かりました。英国の諜報機関の職員が言っていたように、「原子力爆弾そして後に水素爆弾を爆発させ始めた時、ズズメバチの巣を突いたような大騒ぎでした。私たちが地球全体を破壊する能力を持ったので、近所の大人たちは心配しています」。

　政府や軍の隠蔽工作にもかかわらず、ロズウェルでの複数の出来事は実際に起きたことを裏付ける目撃者および文書証拠が豊富に残っており、その中にはニューメキシコ州で回収された「3機のいわゆる空飛ぶ円盤」に関して、現場捜査官がFBI長官に宛てたFBIの覚書も含まれています。この文書（以下に示す）によれば、「それら円盤がニューメキシコ州で発見されたのは、政府がその地域に設置した非常に強力なレーダーがそれら円盤の制御機構に干渉したため」としています。

　確信を持って言えるのは、星間移動の能力を持つ文明はレーダー信号を扱うことができるということです。

　ロズウェルの基地で作動させたその兵器は、スカラー波または縦波の可能性が非常に高いと言えます。

　縦波は光速（秒速186,000マイル）に制限されず、実際は光速の数倍で進みます。その技術は極秘計画の中で数十年の間実験されていましたが、1947年までに（これを聞くとほとんどの人が驚きますが）私たちはこれらのシステムから有効な電磁兵器を製造する以上の能力を獲得していました。

　1947年7月24日、UFOの目撃は国際的なニュースとなりました。その8日後の夜、3機の宇宙船がロズウェル空軍基地の上空に飛来し始めたため、それに対応した軍はスカラー波装置の可能性が高い兵器を作動させました。

　それら3機のUFOは墜落。そのうちの2機は即座に発見され、3機目の発見は数年後でした。

文書1：FBI 覚書（再入力）

内部メモ
アメリカ合衆国政府
宛先：FBI 長官
日付：1950 年 3 月 22 日
差出人：ワシントン、戦略航空軍団 ガイ・ホッテル
件名：空飛ぶ円盤の情報に関して

　下記の情報は SAC に提供されました。空軍の調査官によれば、3 機の
いわゆる空飛ぶ円盤はニューメキシコ州で回収されました。それらの特
徴は円い形で中央が盛り上がり、およそ直径50 フィート。1 機に対し人
間の形をしたものが 3 体乗っており、身長はわずか 3 フィートしかなく、
キメが細かく金属のような光沢をもつ布をまとっていました。それぞれ
の体には、スピードフライングを行う人やテストパイロットが使うブラッ
クアウトスーツに似た形でバンデージが巻かれていました。

（情報提供者の）ミスター XXXXXX によれば、それら円盤がニューメ
キシコ州で発見されたのは、政府がその地域に設置した高出力レーダー
がそれら円盤の制御機構に干渉したためだとされています。

文書2：FBI メモ（原本）

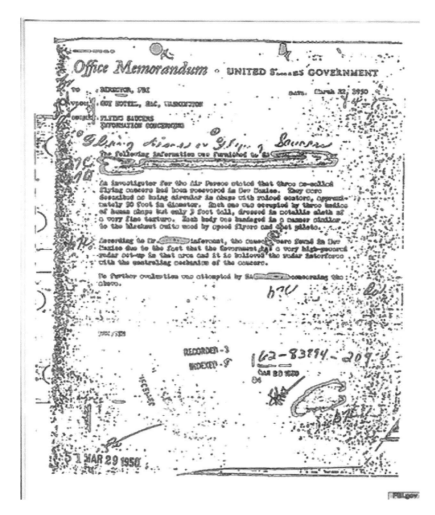

ダン・モリスは、長年にわたり地球外生命体のプロジェクトに関わった退役空軍曹長です。空軍から退役した後、彼は超極秘の機関である国家偵察局 NRO に採用され、そこでは特に地球外生命体に関わる作戦に取り組んでいました。彼は、（最高機密よりも38段階上の）コズミック（宇宙）レベルの機密取扱許可を受けていました。彼の知る限り、歴代のアメリカ大統領でこの取扱許可を持っていたのは1人もいませんでした。

　ロズウェルで何が起こったかというと、高出力レーダーは UFO の安定性を妨げることが分かりました。なぜなら彼らが高度を下げ低速になった時に、その増幅装置と安定化装置の機能が低下するのを確認できたからです。UFO が高度を下げ低速の時に、レーダーは影響を与えたのです。私たちはそれを既に知っていました。つまり UFO が墜落する1947年より前にそれを知っていたのです。私たちが持つレーダーのほとんどはどこにあったのでしょうか？ホワイトサンズ、そしてロズウェルです。誰がロズウェルに駐留していたのでしょうか？世界で唯一核爆弾を持つ飛行中隊です。だから ET たちは興味を持っていましたし、そして私たちは多くのレーダーをそこに設置していました。そこをできる限り防衛するつもりだったからです。そこで私たちは数基の巨大な高出力レーダーをそれらの UFO に集中させると、その内の2機は衝突しました。1機は降下し牧場に着陸し、もう1機は土手に突っ込みました。後者には2人の異星人が乗っており、私たちが現場に到着した時には機外に横たわっていました。そのうちの1人は怪我をしており、もう1人はその時は生きていましたが別の場所に移送する前に息絶えました。しかし他で墜落した UFO に乗っていた異星人を、ロスアラモスで3年ほど保護していました。その異星人の具合は悪くなりました。私たちは、彼の具合が悪いということ、私たちのせいではないこと、同胞が望めばこちらに来て引き取ることができる、という信号をあらゆる周波数範囲に載せて発信しました。しかし彼は、同胞が来る前に死亡しました。彼らはその後やっ

てきて遺体を引き取りました。彼らがワシントンに行きその上空であの編隊を組んだのは、この時であり、こうして彼らは彼の遺体を回収したのです。

*　　　　*　　　　*

証言

リチャード・ドーティは、空軍特別捜査局（AFOSI）の対諜報活動特別捜査官でした。8年以上、彼はニューメキシコ州にあるカートランド空軍基地、ネリス空軍基地（いわゆるエリア51）およびその他の場所において、UFO／地球外生命体に特化した任務を課せられていました。

　あのロズウェル墜落事件は実際にはロズウェルではなく、ニューメキシコ州にあるコロナの南西部で起こりました。2つ目の墜落現場が見つかったのは、ニューメキシコ州マグダレナ西部のホースメサです。ロズウェルでの墜落現場が発見されたのは、1947年7月。マグダレナで2つ目の墜落現場が見つかったのは、1949年になってからのことです。

　私へのブリーフィングの一環として、ロズウェルでの回収作業を収めた16ミリ映画を観せられました。明らかに、その映画は機密扱いでした。そこに映っていたのは、現場で異星人と宇宙船を回収する軍事関係者で、そこで見つかった異星人の1人は生きていました。私たちは、生存していた異星人が、まずカートランド空軍基地に運ばれ、その後しばらくしてからロスアラモスへ移送されたと教えられました。その映画では、1952年だったと思いますが、その異星人は死んだと説明したにもかかわらず、その異星人に何が起こったのか完全に説明されていませんでした。死亡した異星人の遺体は、急速冷凍されオハイオ州デイトンにあるライト-パターソン空軍基地に移送されました。

　その宇宙船は、ほぼ楕円形または卵形で円盤型ではありませんでした。その異星人たちの身長は、およそ4フィート。異星人の数人は、大けが

を負っていて体はズタズタに引き裂かれていました。しかし、そのうちの2体はほぼ損傷がなく、検視があったかどうかは触れませんでした。彼らには耳があるようには見えず、鼻の代わりに刻み目が入っていて、非常に大きな目をしていました。彼らは、ほぼ裸にみえる体にとてもピッタリとしたスーツを着ていました。彼らの手には親指がなく、先には吸引装置がついた4本の指しかありませんでした。その内の1人は頭に装置をつけていましたが、たぶんヘルメットまたはイヤホンもしくはコミュニケーション装置だったのかもしれません。

　その宇宙船の中では、最初樹脂ガラスと思われた長方形の物体を含め、いくつかの物が見つかりました。彼らはそれを何年も保管し、数年後にそれは宇宙船のエネルギー装置だということが分かりました。

　彼らは、1949年ホースメサで行われた宇宙船の回収作業も見せてくれました。その宇宙船は1947年同じ時期に墜落したのですが、墜落現場が遠隔地にあったため農場の経営者が自分の土地で墜落した宇宙船を見つけたのは、その2年後だったのです。その宇宙船が発見されるまでに遺体は腐敗してしまったのですが、それはニューメキシコ州コロナで見つかったものと同型でした。

　これらの墜落の時期と現場に関しては、誰も正確な情報を持っていません。このプログラムに関して説明を受けてきた者たちにとって一番フラストレーションが溜まることは、事実と言えるものがあまりないということです。UFOコミュニティーは、自分たち自身に不正確な情報を与えています。ロズウェルに関する書籍を書いた人々の90％は、軍にいたこともなければ、情報機関で働いたこともなく、機密情報にアクセスする権限を持ったことがなく、彼らは単に二次、三次、そして四次情報に依存していたので、彼らはその結果UFOコミュニティーの残りの人たちに不正確な情報を与えることにしかなりませんでした。あの7月に落ちた宇宙船というのは、実際に墜落したのは6月の末のことで、その回収作業は7月に入りました。中には事実を正しく伝えようとする者もいましたが、彼らはあざ笑われ彼らの情報は信じてもらえませんでした。

ホースメサでの墜落は1949年まで発見されなかったため、それはまったく別の宇宙船だと考えられました。現実には、それはコロナで発見された宇宙船とまったく同型でした。その映画の中で、彼らはその宇宙船のスケッチ画を一緒に見せてくれたのですが、間違いなく一緒に墜落したように見えました。生き残ったEBEN（地球外生命体）は、おそらく墜落がどのようにして起こったのかを伝えたと信じていますが、その2機の宇宙船の墜落を彼がどのように伝えたのか、私は1度も説明を受けませんでした。

　その宇宙船の大きさは、およそ縦35フィート横42フィート。内部には、物理的なレバーや私たちが飛行制御システムと認識するような航空電子機器はありませんでした。時間を経て最終的に、彼らはすべてを解き明かしました。異星人は自分たちの手を制御装置に乗せ、このヘッドセットを被ると、これが何らかの形で宇宙船を制御する、または制御を支援するのです。彼らは、トップクラスの科学者が宇宙船を逆行分析し、その仕組みを解明できるライト-パターソン空軍基地に、その宇宙船を持って行きました。

　1981年、1人のアメリカ人科学者が亡くなりました。彼は、コロナでの墜落で死亡した異星人たちの死体解剖写真が詰まった小型トランクを残していました。私たちは彼が残したものを回収しに行って目にしたのは、死体解剖の写真のようでした。異星人の臓器が摘出されていたのを見て、私は「これは心臓には見えない。これは肺には見えない」と言いました。私たちが気づいたのは、EBENは心臓と肺で構成された臓器しかもっていないことでした。たった1つの臓器だったのです。そして他にも、彼らは様々な消化上の理由で2つの胃を持っていました。さらに液体を飲まなくてもいいように、摂取または体に供給したものからすべての水分を吸収する臓器を持っていました。

　それぞれの写真の下部に記されていたのは、事件番号と日付。その日付は1947年9月でしたが、事件番号は私が認識したものとは異なっていました。最終的に医学博士である科学者から説明を受けました。彼はワ

シントンD.C.にある米軍病理研究所の所属で、私たちに地球外生命体の解剖学入門講座のような説明をしたのです。そして彼は、これら死体解剖の写真はコロナでの墜落現場からのものであると認めました。

　その異星人たちには、11個の脳葉がありました。そして彼らの脊髄と脳を結ぶ場所の両側に小さな球根のようなものが2つあったのですが、それが何かは分かりませんでした。彼らの眼は非常に洗練されており、その視神経は人間の脳とは異なる場所につながっていました。

　生殖器官に関していうと、彼らは全員男性でした。EBENはかつて彼らに対して、女性も存在するがこの宇宙船には乗っていないと伝えたと思います。生殖腺は体の内部に収まっていましたが、適切なタイミングで体外に出てくるのだと思います。

　彼らの筋肉、特に脚筋は極端に筋張っていました。厚さはないのですが、頑丈でした。繊維質な筋肉でしたが、そのおかげで人間の筋肉よりも強靭にできていました。彼らには耳はないものの、器官または分泌腺のついた管に小さな球状部がついていて、そこから音を聞くことができました。しかし彼らには、私たちのような声帯がありません。私が読んだ、ある興味深い報告書の概要には、こう書いてありました。この生物が発見された時、彼の意思疎通の手段は手信号のみ。彼がロスアラモスの医療施設に運ばれて検査を受けた時、担当した外科医たちは調べている対象が何なのか分かりませんでした。最終的に、私たちは手話でコミュニケーションをとることができました。のちに、誰かがその異星人の声帯を手術する方法を考え出し、彼が音を出せるよう声帯にあるものを挿入しました。数年後に分かったことですが、彼らはテレパシーで意思疎通を図っていたということです。

　その生存していたEBENの担当になったのは、言語学者の空軍大尉でした。彼は情報将校でもあり、EBENと非常に良好な関係を築くことができていて、他の誰よりもコミュニケーションが取れていました。その大尉は、実はEBENが死亡するまで3、4年一緒に住んでいました。

　EBENは複数の施設に連れて行かれた、と私は聞いています。メリー

ランド州にあるフォートデトリックからライト-パターソン、そしてハンツビル近郊のレッドストーン兵器廠。彼が連れていかれた基地の中で、私が知っているのはこれらだけです。

　私たちは、自宅に異星人の死体解剖の超極秘情報を持っていて、死亡した科学者の現地調査を行いました。彼は、写真、検死報告書、検死担当医の口述を書き起こした詳細な検視記録を持っていました。この男性は多少謎なのですが、もともとは陸軍の内科医でした。彼は、安全対策が取られていない環境にその資料を保管すべきではありませんでしたが、私はその資料のすべてを目にしました。

＊　　　　　＊　　　　　＊

証言

フィリップ・S・コルソ・シニアは、アメリカ陸軍の情報将校。コルソ大佐は、アイゼンハワー政権の国家安全保障会議の一員を務めました。彼は、1947年ロズウェル墜落事件で死亡した地球外生命体および1機のUFOを、ある空軍基地で直接見ました。研究開発部門に従事している時、彼は様々な墜落事件で回収された地球外技術から意図的に選んだ一部を渡されましたが、それらをさらに発展させる目的で技術を産業界にばらまいてきました。

　1947年に私はロズウェルにはいませんでした。その年は、ローマで情報安全責任者であったイタリアから帰国したばかりでした。私が所属していたのはMI19（英国軍事情報部 第19課）。帰国後、私はカンザス州のフォート・ライリー基地に配属されました。ある晩、私は第一当直士官になりました。第一当直士官とはその晩の管理責任者であり、私はすべての警備員および警備区域ですべての持ち場を確認しました。

　そうして私は獣医区域に行きましたが、そこの警護員は私が知っている軍曹でした。彼は私に、5台のトラックがライト-パターソン空軍基地に向かってニューメキシコ州からこちらを通過している途中なのだが、見

たいかと聞いてきました。私が戻ってみると、そこにあったのは5、6個の木枠のついた箱。1つの箱のふたを持ち上げてみると、液体の中に体が浮いていました。最初は、それがとても小さかったので子供のものだと考えたのです。その頭は変わっていて、腕は細く、体は灰色でしたので、それを見た時は何なのか見当がつかないと思いました。それを見た時間はせいぜい約10～15秒です。ふたを下ろし、こう言いました。「軍曹、すぐにここから出ろ。私は当直士官だから歩き回れるが、君はここに戻ったことで面倒なことになるかもしれない」

　その地球外生命体、それは少し違っていました。この存在が3次元に入るとき、体にぴったりとしたスーツを着ています。その皮膚そしてスーツは自動的に調節され、それにより放射線や悪影響、宇宙線さえも跳ね返します。彼は空気を吸わないので、この世界に生きて入ってくる者はある種のヘルメットを着けています。言葉を話さないので、声帯はなく、意思疎通ができるように交信を増大させる何かを持つことになります。

　私が見た宇宙船は、ある空軍基地にありました。その宇宙船は、地球外生命体が中に収まるので、ほぼ生物学的な構造をしています。

　10年後、私はニューメキシコ州のコマンドー射撃練習場の近く、ホワイトサンズの陸軍ミサイル実験場にいました。そこはトリニティ実験場のすぐ近くでした。私はペンシルビーム型レーダーを目標に対して自動追跡させましたが、そこにいた隊員によればその物体は時速3,000マイルから4,000マイルで飛んでいました。その後4年間、私はホワイトハウスにいて、そこで報告書を受け取っていました。すべての機密取扱許可を持っていたので、暗号報告書さえも受け取っていました。一度、NASAが宇宙から信号を受信していたという報告書を受け取りました。これは単なる宇宙雑音や解読された暗号、または判読できない何かではなく、完璧な信号であり何者かが紛れもないメッセージを発信しているようでした。しかし私たちはそれを解読することはできませんでした。それはよく組み立てられたメッセージでした。宇宙雑音や訳のわからない言葉などではなく、または受信される単なる雑音でもありませんでした。

その信号は、あるパターンでできていました。

　トルドー将軍は、彼が組織していた研究開発プロジェクトに私を引っ張り込みました。最初に出勤した時の職は特別アシスタントでした。その1週間後に、彼は外来技術部を立ち上げ私をそこの責任者にしたのです。

　私はウォルターリード病院にある研究所からETの検視報告、および他の墜落報告書や墜落現場から回収された遺品も受け取り始めました。私たちは、コピーは何も残しませんでした。私たちがすべての資金を提供していた研究所だったので、すべてのコピーは私たちの元に戻すことになっていたのです。したがって墜落が実際に起きたという証拠を入手し始めました。もちろん、私はそのことについて35年間口外しませんでした。それがトルドー将軍との誓いだったからで、関係者の名前は明かしませんでした。

［このインタビューを共有してくれたジェームズ・フォックスに深謝します］

　　　　　　　　　＊　　　　　　　＊　　　　　　　＊

ゴードン・クーパーは、マーキュリー計画に選抜された7人の宇宙飛行士の1人。単独で宇宙飛行に行った最後の米国人。

　これらの物体（UFO）は、私たちの戦闘機がドイツで組んだのとまったく同じ編隊で飛行し続けていました。彼らはこちらにやってきて、私たちがF86機で行った同じ機動飛行をしてみせました。時折、そのうちの1機はビュッと動いて、通常の戦闘機ではできないような機動飛行をしたこともありました。彼らは私たちよりも高いところで、さらに速く飛んでいたので、私たちは追いつくことができませんでした。彼らはでたらめに飛んでいるのではなく、しっかりと統制された中で戦闘機編隊を組んで飛行していました。

その物体は円盤が2つ重なった形をしていて、金属のような色をしていました。それはどこにも翼はなく、私たちがドイツで目撃したものとほぼ同じものでした。それらには1機につき1人操縦士が乗っていて、確実にコミュニケーションを取っていたはずです。なぜなら、彼らが連係していないと成し得ないターンや機動飛行をしていたからです。

エドワーズ空軍基地にいた時、私は撮影隊に正確な着陸の様子を撮影させていました。1機の円盤が彼らの上を飛行し、3つの着陸装置を出して、乾燥湖の湖底に着陸しました。撮影隊は複数のカメラを持って現場のUFOに向かいました。すると、それは離陸し、着陸装置を格納部に引っ込めて、超高速で飛び立つと消え去りました。

これが起こった時、私は研究開発部門にあるタスクセンターで非常に機密度の高い複数のプロジェクトに関わっていました。そのため、私たちの軍が当時あのような乗り物を持っていなかったことは、知っていました。そして、ソ連軍もあのような種類のものを持っていなかった、と99％の確信を持っています。当時のあの時点で私は、あの航空機は地球外のどこかで製造されたものだということに、まったく疑いはありませんでした。

［このインタビューを共有してくれたジェームズ・フォックスに深謝します］

＊　　　　　＊　　　　　＊

　証言

A.H.は、アメリカ政府、軍および民間企業の中にあるUFO地球外生命体グループ内から重要な情報を入手してきた人物です。彼には、NSA（国家安全保障局）、CIA（中央情報局）、NASA（航空宇宙局）、JPL（ジェット推進研究所）、ONI（海軍情報局）、NRO（国家偵察局）、エリア51、空軍、ノースロップ社、ボーイング社およびその他の組織に複数の友人がいました。かつて、ボーイング社の地上技術者として働いたこともありました。

私はカリフォルニア州ロングビーチにあるボーイング航空機会社の商業部門および軍用機部門（前マクドネル・ダグラス航空機会社）で、地上技術者として働いていました。私は、空軍の大将および参謀総長であるカーチス・ルメイに紹介されました。

　彼の住むニューポートビーチに車で出向き、私は彼の書斎で話すことになりました。すべてのUFOの目撃体験というのは何割が未確認なのでしょうか、と私が尋ねると、その35％は確認できていないと彼は答えました。なぜですかという私の問いに彼は、「あの宇宙船は速すぎて、私たちは捕まえることができなかった」と答えました。

　その後私はロズウェル墜落事件について実際に起こったのかどうか聞くと、彼は私の方を向いてうなずき、そうだ実際に起きた、あれは軍用機ではなかった、と答えました。私が特に興味をもったのは、その宇宙船の内部で見つかった奇妙な文字を軍が判読できたのかどうかでした。しかし、彼が従事していた間に判読することはできなかったというのが彼の答えでした。

　　　"空飛ぶ円盤が実在するならば、それらは地球上のいかなる権力者
　　　が建造したものでもないと私は断言できます"

　　　　　　　　　　　　　　　　　── ハリー・S・トルーマン大統領
　　　　　　　　　　　　1950年4月4日 ── ホワイトハウスでの記者会見

UFO機密ファイル

トルーマン大統領の時代 1945—1953年

証言

- フィリップ・コルソ・Jr. 米国陸軍情報部フィリップ・コルソ大佐の息子
- チャールズ・ブラウン中佐、グラッジ計画
- クリフォード・ストーン三等軍曹、米国陸軍 回収部隊
- ダン・モリス曹長、国際偵察局 作戦隊員／コズミック（宇宙）レベルの機密取扱許可
- ドン・フィリップス、米国空軍、ロッキード・スカンクワークス、CIAの請負業者、
- グラハム・ベスーン、極秘情報の取扱許可を持つ米国海軍中佐パイロット

スティーブン・M・グリア医学博士による解説

　ロズウェル郊外でのETの宇宙船の撃墜および回収は、始まりにすぎませんでした。1947年7月から1952年12月の間に米軍のEMS（電磁スカラー波）兵器は、地球外製の宇宙船13機——そのうち11機はニューメキシコ州、あとの2機はそれぞれネバダ州とアリゾナ州で撃墜しました。別の2件の墜落は、メキシコとノルウェーで起こりました。ET65体が回収され、その中には最初の墜落で捕獲され3年間生存したものも含まれています。

　ハリー・S・トルーマン大統領はソ連との冷戦や、水素爆弾の実験を成功させるためソ連との競争に対応するだけでは足りず、今度は空飛ぶ円盤にも対処しなくてはなりませんでした。彼は、原子爆弾プログラム

を率いたヴァネヴァー・ブッシュ博士、エドワード・テラーおよびJ・ロバート・オッペンハイマーなど数々の優秀な科学者を含むグループを急いで作り、その問題を研究させました。

ET現象を調査する初めての秘密特別委員会は、プロジェクト・サインという名前で組織され、翌年プロジェクト・グラッジに名前を変えました。一般市民をあざむくため軽い虚偽情報を広める、ブルーブックという名のプロジェクトも立ち上げられました。その一方で「ブルー・チーム」は撃墜されたETV（地球外製の宇宙船）を回収する訓練を受け、後にプロジェクト・パウンス下でアルファ・チームに進化しました。

これらの地球外製の推進システムはどのように動いたのでしょうか？それらは宇宙船にあった兵器なのでしょうか？第二次世界大戦が終わり、急速に拡大する冷戦の最中、ソ連に遅れをとることが非常に懸念されていました。これらの新しいテクノロジーが漏れたらどうなるか？私たちは技術的能力において飛躍的進歩に直面していた、と言うのは控えめな言い方になりますが、もちろん私たち自身のためにそれが欲しかったのです。国家安全保障の観点から、この問題は是が非でも内密にしておくことが強く求められました。そのためなら犠牲はいといませんでした。

しかしこの取り組みを台無しにする、大きくて活発に動くモノがありました。ETたちはアメリカ各地の上空を、時に編隊を組んで、何千人もの目の前で飛び回っていたのです。

それをどうやって隠せばいいのでしょうか？

その答えは人のマインドがそれを隠す、ということです。

ジョージ・オーウェルの世界のように、それは過去の心理戦から分かっていることです。それは、頻繁に嘘を伝え、その嘘が「立派な」人物により繰り返されると、市民はそれを信じるようになる、ということです。第二次世界大戦中に活躍した心理戦の達人の1人が、1940年代後半に、この陽動作戦の責任者を任されました。ウォルター・ベデル・スミス将軍は、このETの問題に関する心理戦の部分をまとめるのに協力し、何千人もの市民が目撃を報告しているのにもかかわらず、UFOは存在しな

い、という大きな嘘を打ち出したのです。

　一般市民に知られるようになったすべての目撃に対して当局は否定し、ひどい場合は目撃した人たちを嘲笑しました。ハーバード大学の天文学者ドナルド・メンゼルが引っ張り出され、世間に向けてこう言いました。それはすべてヒステリーであり、UFOは実在しない、すべてみっともない馬鹿げた話である、と。こんな否定が行われている一方、異星人は極秘の地下壕で「尋問を受けて」いたのです。

　最初のロズウェル墜落事件で生き残った地球外生命体は、Extraterrestrial Biological Entity（地球外生命体）の略語EBENと呼ばれていました。それは葉緑素ベースの生体構造を持っており、植物と同じように食べた物を処理して、エネルギーと老廃物に変換していました。私たちはEBENから多くを学び、それらはすべて後にイエローブックとして知られるものにまとめられました。

　残念ながらEBENは1951年の後半に体調を崩しました。その治療のため複数の専門医が呼ばれ、そのチームを植物学者が統括していました。そのETが死にかけていることに気づいたので、米国政府は優れた存在に対し平和的な意図を示すため、宇宙の彼方に向け無線信号を発信し始めました。プロジェクトを監督する任務を任されたグループは、SIGMAという暗号名を持つ国家安全保障局（NSA）であり、1952年11月4日に大統領令により結成されました。このNSAの任務は、UFOの存在に関する秘密を維持しながら、人間および地球外生命体両方の通信をすべて監視することでした。CIAおよびNSAは、一連の国家安全保障会議の覚書および大統領令により権限を与えられていました。

　1952年7月2日にEBENは死亡しました。スティーブン・スピルバーグ監督の映画『E.T.』は、これらの出来事を大まかに基にして制作されました。トルーマン大統領は同盟国に連絡を取り、その出来事について警告しました。同時にソ連にも連絡をしました。そこで、彼らの極秘の兵器基地にも地球外製の宇宙船（ETV）が飛んできたということが判明

します。

　トルーマン大統領および彼が警告を出した各国の首脳たちは、お互い
の管理機関と情報を共有したり、情報漏洩のリスクを犯すよりも、機密
を維持することがずっと重要だと判断しました。つまり新しい世界秩序、
監視されずに運営できる秩序が必要だったのです。

＊　　　　　＊　　　　　＊

証言

フィリップ・コルソ・ジュニアは、アイゼンハワー大統領の国家安全保障会議の
一員を務めた米国陸軍情報部のフィリップ・コルソ大佐の子息です。彼の父親は、
1947年のロズウェル墜落事件で死亡した地球外生命体、および空軍基地でUFO
機を自分の目で見ました。研究開発部門に勤務していた時、彼は様々な墜落事件
から回収された地球外技術から意図的に選んだ一部を渡され、それらを発展させ
る目的で技術を産業界にばらまいてきました。

　それらの報告書を読んでいた父は、ロズウェルのETが死亡したこと
を知っていました。それは、水から出た魚のように、青色から茶色に変
わり死にました。

　そのETについて話しておきたいことがあります。父はよく、ペンタ
ゴン（国防総省）内にある部屋のことを口にしていました。そこには刑
務所のような扉があり、それを引いて中に入ります。その際、鉛筆、紙、
記録装置などは持ち込めず、中ではただ文書を閲覧し、それを記憶して
退室することしかできません。私は父と話していて1度か2度、それら
の部屋には情報を提供する他の何かが隠されていた、と信じるに至りま
した。父は彼らの衣服から取った糸も持っていました。父によれば、機
体の表面および生命体の銀色のスーツは似たような素材でできていまし
た。

　父は、確実に他の墜落事件のことも知っていました。父が言っていた

のは、ドイツでも墜落が1件あり彼らの技術、高性能の素材および研究は墜落現場から得たものだとドイツ人が教えてくれた、ということでした。彼らは父と毎日働いていたチームの人たちでした。父によれば、ニューメキシコ州コロナで非常によく似た宇宙船の墜落がありました。

＊　　　　＊　　　　＊

証言

米国空軍ブラウン中佐：第二次世界大戦から帰還した後、その空軍の英雄ブラウン中佐は空軍特別捜査局に勤務した。彼はグラッジ計画に配属されUFO調査の責任者になりました。

　私は米国空軍に所属した退役中佐です。軍に約23年、その後は7年間上級外交官として勤めました。1942年の7月にパイロットとして訓練を始め、1943年4月に少尉パイロットに任命された後、B-17機の機長パイロットとして訓練を受けました。私は欧州に向けて出発してから1943年11月上旬に到着し、同年12月13日にB-17機のパイロットとして戦闘を開始。1944年4月11日に、私は29回目で最後となる任務完遂のため飛びました。この期間の戦闘は非常に激しいものでした。ちょうど数々の調査任務を終えたばかりでしたが、毎回出撃するたびに自軍に犠牲者が出ていました。そして私は非常に幸運なことにすべての任務をやり遂げました。

　空軍特別捜査局と呼ばれる組織で防諜訓練と取り締まり活動をしていたこと、またパイロットとして訓練された数少ない調査員の1人だったため、私は破壊工作の疑いがある多くの航空機や異常な航空機事故を調査することになりました。結果として極めて優れた科学者たちと知り合いになり、グラッジというプロジェクトのために航空技術情報センターで働くことになりました。私たちの責務は、後に未確認飛行物体として知られることになった事象の調査でした。

私の職場はライト-パターソン空軍基地のD-05区域にあり、そこで世界中からの報告書を受け取っていました。これらの報告書を手に持って技術情報センターに運び、プロジェクト責任者と共にそれらをまとめ、調査的観点からあらゆる質問に答えることが私の仕事で、それが私に協力できることでした。その業務を1951年の秋まで約2年間行いました。

　一般的に調査の分野においては、何らかの主張があり、UFOの場合は目撃があります。それを念頭に置きながら、結論および結果を導き出します。

　ある物体が時速数千マイルで移動している場合、12〜14分というのはものすごい時間の長さです。私は時速4,000〜5,000マイルを超す速度を覚えていますが、それは私たちや敵国が持っていたどんな航空機の速度をもしのぐものでした。情報将校である私の責務の1つは、敵の能力と装備について、少なくとも概略を把握することでした。

　あるとき私たちはネリス空軍基地に向けて飛行していました。別のパイロットと私はグーニーバード（C-47Aスカイトレインという輸送機）を操縦していて、空には雲一つありませんでした。その時ある物体が、南西から北東に向けて横断しました。それは私の右から左に移動し視界から消えたのですが、時間にして15秒以下でした。その物体は、計算する間もないほどの速度で移動していました。それは確実に衛星ではなく、制御された物体が飛んでいたのです。

　報告された物体のいくつかは、レーダーで追跡されていました。中には地上からの目視、地上レーダー、航空機からの目視、航空機搭載レーダーと、4通りの方法で確認されたものもありました。私に言わせれば、これ以上の確認手段はありません。ここで話しているのは、他人の空想ではありません。また同時期に、湿地から発生するガスなど、似たような話を捏造する、空軍が連れてきたいわゆる専門家のことを耳にしました。その物体は羽を持たない航空機で、航空力学の法則に従えば、誰もそれを止めることも、瞬く間に逆行することもできません。そんなことが実際に起きたのです。

その後私が英国にいた時、北海区域でNATO（北大西洋条約機構）の
ある演習が行われていました。その時小さくて友好的な光の球体が２つ、
場周経路に入ってきたのです。それらが甲板の上を着陸もせずに飛行し
た時、何が起こったか言うまでもないでしょう。この出来事は海軍をか
なり仰天させました。それで新聞がこの事件を取り上げたのですが、当
時はこのような事件に関わった水兵や空軍兵に取材することができたの
です。そして誰もがその事件の調査を声高に要求していました。

　トルーマン大統領は、これらの物体について知っていました。私はホ
ワイトハウス上空で隊列を組んだ未確認物体、いわば光の玉の群を捉え
たレーダー写真を見たことがあります。航空機から目視されたので、２
機の戦闘機がその地点に着くと、不思議なことにそれらの物体は好きな
タイミングで姿を消しました。

　トルーマン大統領はすべての新聞見出しを見て、「これらの物体を調査
する責任者を呼べ」と言いました。誰かが「サンフォード将軍が空軍情
報部長です」と言うと、トルーマン大統領から「彼が、この調査を仕切っ
ているのか？」と返ってきました。彼らの答えは「いいえ。それならライ
ト−パターソン空軍基地にいる人間です」というものでした。

　それで、私は飛行機でワシントンに連れてこられたのです。

　少しおかしなことですが、私たちは犯罪の目撃証言を理由に人を投獄
し、死に追いこみます。私たちの司法制度は、かなりの部分でこのよう
なことが基盤になっています。しかし過去50年間に異常な空中現象を追
いかけてきた中で感じたのは、とても有望視され信頼に値する証人たち
が未確認物体を目撃したと言うとき、彼らの信用を失わせる何かの理由
があるようです。天空にあるものなら何でも特定できる人を連れてくる
なら、私はキリストの再臨をお見せしますよ。その人がどれほど技術的
な資格を持っているかなんて関係ありません。現場にいない人間が見解
を示し、彼らはあれやこれやを見たのだと言うなんて馬鹿げているから
です。私が聞きたいのは、何の資格があって専門家と名乗っているの
か？ということです。そこを私は問題視しているのです。

これらのUFO現象は、グラッジ計画よりもかなり前から地球を訪れてきた、と心から信じています。その十分な証拠はあると思います。この宇宙について学べば学ぶほど、私たちがいかに何も知らないのか、もっと気づくものです。ですから、科学は発展し続けなくてはならないものであり、私たち人間も学び続けなくてはなりません。

＊　　　　　＊　　　　　＊

証言

米国陸軍のクリフォード・ストーン三等軍曹は、墜落したET宇宙船を回収する陸軍チームの公務中に、地球外生命体の生存者とその遺体を見たことがあります。彼には、闇の工作を行う基地および秘密アクセスプロジェクトに関わる許可が与えられていました。

　1950年代、米国空軍はブルーブック計画の外部にUFOを調査するための精鋭部隊を持っていました。ブルーブック計画の人間たちは、その精鋭部隊が協力しているものと考えていましたが、実のところそうではなかったのです。この部隊は、もともと第4602空軍情報局部隊として組織され、その平時の任務はブルーフライ作戦でした。その目的は、地球に墜落した出どころ不明の物体を回収すること。回収の対象は具体的に言えば、地球に墜落した物体だったことを覚えておくのは重要です。なぜなら、当時の私たちは宇宙船など1つも飛ばしていなかったからです。この結果、ライト-パターソン空軍基地に監視要員が置かれることになりました。UFOの報告が入ってくると、墜落物の破片を回収するチームを派遣する必要があるかどうか、それを綿密に調査しました。

　空軍は監視要員を使ったことを否定しています。しかし、使ったことは事実なのです。ブルーフライ作戦が平時に行う作業の目的は、現場に出かけていって、地球に衝突した出どころ不明の物体を回収することでした。その後1957年に、回収の対象は出どころ不明の物体すべてに拡大

され、宇宙船も対象になったのです。それは1957年10月時点で、ムーンダスト計画と呼ばれるものの一部になりました。[マリリン・モンロー文書を参照]

ムーンダスト計画は、ただ2種類の物体を回収するために立ち上げられました。1つ目は、地球の大気圏への再突入を生き延び、地球に激突する物体で、米国以外に起源を持つもの。もう1つの関心領域は、出どころ不明の物体です。私たちは当然、技術的および科学的な情報の観点から潜在的な敵が持つ技術的な能力を解明することに関心がありました。その理由は、米国の敵として知られたソ連は当時、宇宙船を打ち上げていたからです。

現在私たちが分かっているのは、既知の宇宙船の打ち上げ、落下時刻、または地球に落下して戻ってくる既知の宇宙ゴミとは関連のない、出どころ不明の物体がかなりの数であったということです。

つまり、ムーンダスト計画およびブルーフライ作戦で、私たちが回収したものは異星人の宇宙船の断片であり、地球製のものではありませんでした。

現在ある機密分類の段階は、年月を経て変化してきました。第二次世界大戦中から、例えば1969年までの間の機密分類は、11段階ほどあったのではないでしょうか。そして現在あるのは、部外秘、機密、最高機密の3段階です。しかし、仮にあなたがこれらの分類に与えられた基準以上の保護を要する機密性の高い情報を持っているとしたら、それはあなたが特別アクセスプログラムを持つ場合です。この種の情報は、正式に認められない限り、公開することはできません。

UFOについて話しているとき、最終的にこの疑問に行き着きます。米国は言うまでもなく、どの政府も秘密を隠し続けられるのか？その答えは、明確なイエスです。情報機関コミュニティーが利用できる最も強力な武器の1つは、米国の市民、政治家、そして偽りを暴く者（UFO情報の嘘を暴きたいと望む人たち）が持つ性質です。彼らはすぐに出てきて「私たちは秘密を隠せない」と言います。いいえ、本当のことを言えば、

私たちは秘密を隠すことができるのです。

　国家偵察局（NRO）は、何年もの間秘密のままでした。NSA（国家安全保障局）があるか否かさえも秘密だったのです。原子力兵器の開発は、それを1回爆発させ、何が起こっているかを一部の人々に言わなくてはならなくなるまで秘密になっていました。

　そして私たちは、自らのパラダイムによって、高度に進歩した知的文明が私たちを訪れるために地球にやってきているという可能性または確率を受け入れないように条件付けされています。宇宙船またはそれらの宇宙船の中にいた生命体を目撃したという信頼性の高い報告書という形で、証拠は存在します。にもかかわらず、私たちは退屈な説明を探し求め、自らのパラダイムに合わない証拠の数々を投げ捨てています。なので、それが自分で秘密を守っています。私たちは、秘密を人の目に見えるところに隠すことができます。情報機関を叩いて、この情報を出させようとするのは政治的な自殺行為です。私はその方針で連邦議員の多くと協力してきたので知っていますが、彼らのほとんどが尻込みし情報の開示をさせないでしょう。私は、ロズウェル事件に関して議会の調査を行うよう、はっきりと依頼された議員3人の名前を挙げることができます。

　私が聞いた最も馬鹿げた発言は、その調査を行うのは議長でなければならないというものでした。それで私は、ミシシッピー州の上院議員に調査をしてもらえるかどうか尋ねましたが、彼はためらいもせずにノーと答えたのです。私は、その返事を書面でくださいとお願いしました。その書面を実際に手に入れたのですが、公開するのをためらっています。あなたにはお見せしますが、公開するのは躊躇します。なぜなら、私は彼にこれは公開しないと約束したからです。

　政府のファイルに当該文書があるので、我々はそれを入手する必要があります。それが最終的に破棄されてしまう前に、公開させなくてはなりません。いい例が、ブルーフライとムーンダストのファイルです。私は空軍が認めた秘密文書を持っていました。私がさらに多くのファイル

を公開させるために議員たちの助けを借りた時、それらの文書は直ちに破棄されてしまいました。私はそれを証明することができます。

　そのどこかの段階で彼らがその資料を目にし、仮にそれが漏洩したら米国の国家安全保障に深刻な影響を与える、極めて機密性の高い情報があることに気づくかもしれません。少数の人々だけがそれにアクセスできるようにするために、その情報はさらに保護されなくてはいけません。1枚の紙に名前を書けるほど、少数にするのです。こうやって、特殊アクセスプログラムが存在することになります。そのプログラムにかけるべき制御は、存在しません。文書を保護する方法および秘密プログラムを実行する方法を議会が確認した時、特別アクセスプログラムの中に特別アクセスプログラムがあることを彼らは知ったのです。つまり、議会がすべてのプログラムを管理し続けることは本質的に不可能でした。ここではっきり言いますが、すべてを管理し続けることは本質的に不可能なのです。

　UFOのことになると、それと同じ基準が適用されます。したがって、情報機関コミュニティーの中の100人以下、いや50人以下の小さな核となるグループが、すべての情報を支配します。それは議会の調査や監視の対象ではありません。だから、議会は聞きにくい質問を思い切って尋ね、公聴会を開く必要があります。

　説明すべき任務の種類はかなり多いのですが、平たく言うと私は墜落したETの宇宙船の回収という種類の作戦に関わっていました。私たちは残骸が生じる次のUFO墜落や着陸を回収部隊にいて単に待っている、と多くの人はそう考えています。そのようなことはありません。私たちには軍の中で行う通常の仕事があり、日常生活を送っています。しかし、出来事が発生する区域にあなたがいて、あなたの持つ専門分野で協力を求められたら、あなたは招集されることになります。

＊　　　　　＊　　　　　＊

ダン・モリスは、長年にわたって地球外生命体のプロジェクトに関わった退役空軍曹長です。空軍から退役した後、彼は超極秘の機関である国家偵察局 NRO に採用され、そこでは特に地球外生命体に関わる作戦に取り組んでいました。彼は、（最高機密よりも 38 段階上の）「コズミック（宇宙）」レベルの機密取扱許可を受けていました。彼の知る限り、歴代のアメリカ大統領も持っていなかったものでした。

　私がフロリダ州の航空実験地上軍団に駐在していた時、私は一隊と当時最強だったレーダー 2 基と一緒に、ワーナー・ロビンズ空軍基地に派遣されることになっていました。また戦略航空軍団（SAC）が常時警戒態勢にあった時のことです。私たちに対し侵入作戦を実行しようとしていました。誰がそこにいるかはすべて秘密でした。基地の指揮官は、この隊が基地にいることを知りませんでした。私たちには気象中隊のマークが付いていましたが、気象とは何の関係もありませんでした。

　とにかく私たちは、ワーナー・ロビンズ空軍基地に装置を据え付け、任務を遂行し、そこでの滞在は約 1 か月間。ある日、私たちは大きなタワーの上で作業をしていました。タワーに整備の予定が入っていたので、私たちのうち 5 人はタワーの上、2 人は下の制御室にいました。誰かがこう叫んだ。“おい、UFO だぞ！”“分かった、分かった”振り向いた者は誰もいなかったと思います。当時はブルーブック計画が走っていたので、UFO を見たと言おうものなら、病院に送られて精神医に空軍を辞めたい理由を聞かれるか、口封じのためどこかに飛ばされるのがオチでした。当時、映画『クロース・エンカウンターズ・オブ・ザ・サード・カインド』（原題は「第三種接近遭遇」邦題は「未知との遭遇」）の技術顧問をしていた J・アレン・ハイネックは、市民を黙らせるためにブルーブック計画から正式に雇われていました。そのため彼はいくつかの説明を自己暗示、集団催眠または沼気だと考えだしました。これら 3 つは、彼がいつも使う説明でした。

誰かが「振り向いて、後ろを見ろ！」というので、皆振り向くと、タワーから約半マイルの距離で高度約3,000フィートの場所に銀色のUFOが3機静止していました。私たちは皆ロープの所まで歩いていき、「そうだ、あれは本物のUFOだ」と言いました。そこで私は「よし、もしハイネックがこの場に来たら、あるいはチームを送り込んできたら、君たちは何と言うつもりか？」と聞くと、誰かがこう言いました。「この基地には2万人の民間人と1万人の軍人がいます。誰かがこれらのUFOを見ているはずです。これを集団催眠や自己暗示や沼気だと言うのであれば、下に降りてレーダーを作動させれば、このようなものがレーダーに映るはずはありませんから」

　それで私たちは全員下に降りました。下にいた2人に私は「カメラを持っているか？空軍公式カメラだ。外に出て写真を撮るのだ。外に出て見たことを私に伝えてくれ」と言いました。外から戻った彼らが「外にUFOが編隊を組んで静止しています！」と言うので、私は「分かった、写真を撮るんだ。カメラを持って写真を撮れ」と言いました。さらに、私たちには写真も撮れるレーダーカメラがあったので、私は他の2人に「レーダーカメラのスイッチを入れろ」と言いました。

　それは、そこで起きたすべてでした。私たちのいた建物の片側の壁は、全面がガラスの観音開きの扉になっていました。レーダースコープを設定した場合、外を見ることができ、そこにUFOの姿を見ることができました。そこで私は本部を呼び出し、話を始めました。

　私「今、コンタクト中です」。本部「SACが君たちに対して作戦を仕掛けているのですか？」。私「SACではありません」。本部「では誰ですか？」。私「コズモス」。本部「ちょっと待ってください。電話で説明してください」。そこには、盗聴を防止するスイッチがあったので、こう伝えました。私「こっちの電話はスクランブルを掛けましたが、そっちは？」。本部「こちらもスクランブル済みです。コズミック・コンタクトがあったとは、どういう意味ですか？」。私「外にUFOが3機空中に静止しています」。本部「写真は撮りましたか？」。私「今、撮っています。

レーダー写真も撮っています。本物の写真です」。本部「了解。もう何も言う必要はありません。そちらに諜報員を派遣します。到着は6時間後。彼にすべて渡してください」。私「了解しました」

　彼が到着したのは、およそ6時間後。私たちはすべて密封して彼に渡しました。彼は航空実験地上軍団に戻っていきました。しかし、それらの写真を彼らが受け取ったという公式な通知を、私たちが受け取ることはありませんでした。まるで何事もなかったかのように、それは秘密にされ闇に消えたのです。しかし私たちはその写真のコピーを持っていたので、私は仲間の5人にこう言いました。「みんな、いいか、これが全員分のコピーだ。孫たちのために、持っていてくれ」

　私が知る限り、その任務は終了となりました。しかしそれが私たちの興味を引いたのです。なぜなら私たちは事実を目にしてきました。レーダー画面でも暗号化された情報でもない。その現場にいて、それらの写真を撮りました。

　その3機のUFOが動き始め、レーダーアンテナが回転すると、レーダー画面に映った形跡は1分間に4回転しました。私たちがそれらに“色をつけた”時には、それらは視界から消えていました。UFOは動き始めると一直線に上がり、ビュンと飛び去りました。するとレーダー画面からも消えたのです。私たちのレーダーは260マイルまで捉えることができます。なので、その速度を計算してみれば分かるでしょう。それはかなり速かったのです。当時の軍の在庫目録に、あれほどの速度で移動することのできるものは1つもありませんでした。これは1940年代の話です。

　なぜ私たちが核兵器の爆発を停止したか知っていますか？オリオンから来たあのETたちに命令されたからです。オリオンの彼らは降りてきて、「よく聞いてください。あなたたちは自分自身を滅ぼしかねません。あなたたちがそうすれば、地球を爆破させれば、私たちは耐えられません。あなたたちは、今それができる能力を手にしています」と言いました。その時に私たちは本当に彼らの注意を引いたので、彼らは私たちの

所にきて言いました。「いいですか、あなたたちに地球を滅ぼすことはさ
せません。だからすべての核実験を停止してほしいのです」彼らは既に
私たちが兵器を使うことを止めさせていて、こう言いました。「これ以上
の核実験はやるな」と。さて当時のソ連と米国は、彼らは有言実行する
と固く信じていました。あなたも、彼らがワシントンD.C.の上空に現れ
た時のことを知っているでしょう。私たちは、UFOを追うためジェット
機を派遣しました。ジェット機が現場に行くたびに、UFOは素早く飛び
去り、別の次元に行くのです。そのジェット機が基地に戻ると、その
UFOはワシントン上空に再び戻ってきます。ワシントンにいる誰もが死
ぬほど怖い思いをしました。奴らは何をしてくるのか？と。

＊　　　　　＊　　　　　＊

証言

ドン・フィリップスは、米国空軍に属する軍人でロッキード・スカンクワークス
やCIAの請負業者でした。ケリー・ジョンソンとロッキード・スカンクワークス
にて、U-2およびSR-71ブラックバードの設計と製造を担当。ある大きなUFO事
件が発生している間、彼は空軍に属しラスベガス空軍基地に勤務していました。

　私たちは、ニューメキシコ州ロズウェルで1947年に墜落し、回収され
た宇宙船がいくつかあったことを知っています。そうです、それは現実
に起きました。私たちは、それらの宇宙船から技術を獲得しました。そ
して、その技術の実用化に成功しました。

　私は高校卒業後大学に入ったのですが、同時にロッキード航空機会社
でも働き始めました。私が学んでいたのは設計、工学、機械、電気、航
空関連の分野でした。当時、自家用機のパイロットでしたが、現在でも
それを続けています。

　1961年にロッキード・スカンクワークスという会社で、新しい仕事を
始めました。軍に入隊するため会社を辞めた時、それは国のために働い

た後戻ってきたい仕事だと感じました。

　私は1965年に入隊し、任務の内容によりネバダ州ラスベガスの近くに配属されることになりました。そこは、私たちが航空機の試験を行っていた場所に近く、一般にエリア51の名で知られる地区。そこはドリームランド（夢の国）、ホッグファーム（養豚場）やレイク（湖）などと呼ばれていました。人はいつも、そこで何が行われているか知りたがりました。私たちがそこで行っていたのは、ブラックバードと呼ばれる特別な航空機の試験です。ブラックバードは私の誇りです。なぜなら私が担当したものだからです。それは現在でも、いくつかの世界記録を持っています。

　ではその地区で軍が何を持っているかというと、ネリス空軍基地に属するレーダーサイトです。現在、ネリス空軍基地は米国軍の飛行試験とパイロットの訓練を行う基地になっています。ラスベガスの北、砲撃練習場の北東端に位置するのが、私たちがエリア51と呼ぶ地区です。そしてラスベガスから北に延びる幹線道路を横切るように、エンジェルスピークというレーダーサイトがあります。エンジェルスピークはエリア51を監視するためのものですが、その北西にある原子力委員会の試験場を含むその他の多くの地区も探知範囲に収めていました。

　なので、エンジェルスピークは秘密のレーダー施設でした。私たちは、ラスベガスからエリア51に入っていく航空機や、そこを通過するあらゆるものを監視していました。そして1966年で最も興味深い一夜を演出したのが、そこを通過した物体でした。その夜、私は午前1時頃に大きな騒ぎを耳にしました。

　彼らは8,000フィートにいました。レーダードームはおよそ1万500フィートにありました。私は立ち上がり、自分の事務所近くの主要道まで歩いていくと、5人の同僚たちが立っていて、空を見上げていました。私も空を見上げると、光を発する物体が物凄い速度で移動しているのが目に入りました。そこは、チャールストン山の北西に少し寄った場所で

した。それらの物体が、推定時速3,000マイルから4,000マイルで移動しているのを見た瞬間、これらは鋭角に方向転換したのです。私はスカンクワークス、ロッキード航空機会社の先進技術開発部で得た特別な知識から、これらの物体は私たちのものではないと知っていました。さらにパイロットの経験から、これらの航空機に人が乗っていたら、どんな種類の力が体にかかるのだろうか？と私は考えていました。

　この状態がさらに90秒間ほど続きました。そして突然、それらは空の数百マイル西側に集団を作りました。それらは輪になり、旋回し、消えたのです。なんて壮観なんだ、と私は思いました。

　たまたま保安軍曹が勤務中でした。私たちは皆顔を見合わせて、こう言いました。「うあ、これはすごいことだ」。すると軍曹が発したのは「これに関しては何も話してはならない」でした。

　ところで私には、アンソニー・カサールという名の主任レーダー操作員をしている友人がいました。バスの扉が開くと最初に降りたのはアンソニーで、彼は他にないほど深刻な表情で顔面蒼白でした。彼はバスのステップを一歩降りると、私を見て「あの物体を見たかい？」と聞いてきました。私は「もちろん、見ていたよ。中には4分から5分も見ていた者もいた。私が見ていたのは90秒を超えるくらいだ」と答えました。彼は「こっちはレーダー画面で確認して、それを記録した。あれは敵機ではない。幽霊でもなく、本物の固体だった」と言いました。

　そして、当然彼らはレーダーで航行位置を捉えるためには、個体でなくてはならないはずです。

　彼は、それら物体の6個から7個を記録しました。レーダー操作員たちが速度を推定したところ、時速3,800〜4,200マイルの間でした。それらの宇宙船は空を素早く横切っていたかと思うと、突然停止し、60度や45度、または10度のターンを行いました。そして直後にその動きを逆行するのです。

　私がスカンクワークスで働いていた時、会社は国家安全保障局（NSA）、

国家安全保障会議（NSC）およびCIA（中央情報局）と契約を結んでいました。彼らは私たちがどこで何をしているかを常に把握していたので、私たちは何事についても沈黙を守っていました。私は自然にその団結心を身に付けました。私たちは、そこではひとつの大きな家族でした。そして私はケリー・ジョンソンの直属部下として働いており、そのチームの一員であることをとても誇りに思っていました。

その推進システムですが、存在していると聞いたことがあります。しかし私たちは、彼らがしていたことをまったく知りませんでした。その真っ当な理由として、彼らは私たちが詮索するのを望んでいませんでしたし、私たちは取り組んでいるプロジェクトに集中したいと望んでいたからです。

＊　　　　　＊　　　　　＊

証言

グラハム・ベスーン中佐は、最高機密取扱許可を持つ元海軍中佐パイロットです。軍では要人輸送機長を務め、ワシントンD.C.からの高官や民間人のほとんどを輸送しました。

私の名前は、グラハム・ベスーン。私は中佐、海軍の退役パイロットで、パイロットを訓練する正規の海軍プログラムを履修しました。すべての海軍パイロットは、航法士の訓練を受けていることが重要になります。なぜなら、私たちはすべての星系を知っていなくてはならないからです。1943年にペンサコーラ航空アカデミーを卒業すると、私は対ドイツ潜水艦作戦に加わるため南大西洋に行きました。これは徹夜の飛行でした。

私は1950年に第1輸送飛行隊に異動となり、ワシントンD.C.で会合を済ませた他の2人の将校と共に、アイスランドのケプラビークに派遣されました。アイスランドはUFO目撃の報告をしており、部隊の派遣を

要請していました。(国防総省は、それらがソ連の実験的な爆撃機だと確信していました)。

　飛行は通常だと10時間かかりますが、この夜は16ノットの向かい風がありました。時刻は１時頃、ニューファンドランドのアルゼンチアまでおよそ300〜400マイルの位置にいた時、私は水平線の水面に何かを見ました。それは夜間に都市に近づいているような見え方でした。それは物体の周りを囲む光で、まったく鮮明ではありません。私の代わりに航路を確認していた副操縦士に、私がそれを見るように伝えると、それを見た彼も何か分かりませんでした。

　私たちは、既に警備艦の上を通過していました。当時彼らは、アイスランドとニューファンドランドの間に１隻の警備艦を走らせていました。天候は快晴で北極光の活動もありませんでした。私たちは艦船の位置図面を持っていましたが、その海域には１隻もいませんでした。それで管制に再度自分たちの航行位置を知らせて、順調に針路を進んでいるか確認してもらいました。私たちは針路から外れていたのかもしれない、または目にしているのがラブラドールかグリーンランドの一部かもしれないと考えました。そして管制によれば、私たちは正しい針路をとっていました。

　こうして私たちはそれをしばらく見ていましたが、それから右側に離れていきました。機首は222度ないし225度を向いており、高度は１万フィート。それから25〜30マイル離れた位置に来た時、鮮明な光と水面上にある模様が見えました。その模様は円状で、非常に大きいものでした。

　おそらく海軍が何か海中から回収しているのか、そんな類の機密性の高いことをしていただろう、と私たちは考えました。

　私は乗務主任に、もう１人の機長であるアル・ジョーンズを呼んでくるように言いました。彼らはアルゼンチアに着陸したいと望んでいたからです。乗客は31人、そしてパイロットを含む２組の要人担当者と哨戒機パイロットたちも一緒でした。

　私の後ろには航法士、無線士、それに機長も立っていて、操縦室はいっ

ぱいでした。彼らが機の前方にやってきた時、それらの光は水面上から消え、私たちは完全な闇に囲まれていました。

そして15マイル離れた所に、小さくて黄色い丸い光の輪が現れました。それは突然私たちのいる1万フィートまで一瞬にして上昇し、私たちの機体を通り抜ける勢いでした。私は自動操縦を解除し、機首を下げました。衝突を避けるため、それが私たちの方向に向かってくる角度で、その物体の下を通過しようとしたのです。

そうしたら操縦室の外はこの飛行物体以外に何も見えなくなり、どの方向に進んだらよいか分からなくなりました。その時、大きな音が聞こえました。私は「フレッド、今のは何だ？」と叫びました。彼は見回すと、皆奥でかがんで、急いで床に伏せていますと言いました。私が視線を戻したら、その物体はいませんでした。すると彼は「それはこちらの右方にいる」と言いました。

今や、それは約1マイル離れた場所にいました。それは前方約5マイルの位置に移動し、そこでかなりの間一緒に飛行しました。

それは水平線よりは上にあり、機体の側面とドーム、そして物体の縁に色がついているのが見えました。それは我々より低い高度にありました。

その時までに、これが友好的な遭遇であることが分かりました。彼らは私たちがここにいることを知っている、そのことを私たちは知っていました。彼らは私たちに会いにやってきたのです。しかしその時、宇宙船の行動はアイスランド人が話していたことを私たちに見せるためだった、とは思いつかなかったのです。

私たちがそれをしばらく見つめていると、アルが操縦を代わってくれました。すぐにアルは自動操縦を解除してそれを追跡しようとしました。その時約60ノットの向かい風を受けていて、対気速度はおそらく120ノットか130ノットしかなかったと思います。なので、彼はこの物体を深追いするつもりはありませんでした。

アルがUFOを追跡している間、私は乗客の様子を見に行きました。ま

ず医師と話し、何を見たのか尋ねると、彼は私の目を真っ直ぐ見て「あれは空飛ぶ円盤でした。私はこんなものは信じていませんから、円盤は見ていません」と言いました。

　彼の言葉を理解するのに、数秒かかりました。1人の精神科医として、こういうものを信じることを許されていませんでした。私は再び機首に戻り「アル、間違っても見たことを誰にも話すなよ。話せば、着陸と同時に拘留されるぞ」と言いました。彼は「手遅れだ。たった今ガンダー管制を呼び出し、彼らがレーダーでこの物体を追跡できるか聞いたところだ」と答えました。

　アルゼンチアに着陸すると、私たちを尋問するため空軍がそこで待っていました。私たちの尋問を担当した大尉にとって、この種の遭遇に関する尋問はこれが初めてではありませんでした。彼は立派な報告書を作成し、ワシントンD.C.にある空軍司令部に送りました。

　最初、UFOの色は黄色でした。それが近づいてきた時私たちが異なる色を見た理由を、後で上層部の人たちから教えてもらいました。その色は縁に並んでいて黄色からオレンジ、さらに燃えるような赤へ、次にはほとんど紫っぽい赤に変わりました。上層部によれば、色の変化は費やされるエネルギーの量、いわばパワーに関係しているということです。それが減速してこちらに近づいてくると、瞬時に黄色がかったオレンジ色に戻ったのです。その周りは霧がかかっているようで、それはプラズマミストのような類のものでした。

　その飛行物体の大きさを尋ねられた時、300フィートという数字が浮かびました。数年後に公文書保管所からその報告書を入手した時、皆その直径は250〜350フィートだと言っていました。それが私たちから離れた時の推定速度は、時速1,000〜2,000マイル。私がその報告書を見た時、アル・ジョーンズは時速1,800マイルと推定していました。私の推定は1,000マイルでした。1,500マイルという人もいましたが、同じ範囲内の数字でした。レーダー報告書では、時速1,800マイルでした。

　当時あれほど速く移動する航空機を、私たちは持っていませんでした。

そしてもちろん、私は海軍飛行試験センターにいました。そこが、テストパイロットの訓練所のある場所で、我々はそこで航空機の極秘実験を行っていました。私が知る限り、あれに近い速度や丸い形を持った航空機はどこにもありませんでした。

この飛行物体は、1,500マイルを2秒か1秒で移動しました。それがどれくらいの速度でこちらに向かってきて、目の前で突然停止したかを計算すると、直径300フィートだということを考えれば、操縦席の窓からはほとんど何も見えません。

自動操縦に戻した時、パネル中央にあった磁気コンパスは前後に振れていました。私はフレッドに「あれを見たか」と言うと、彼は「見ていなかったのか？飛行物体が近くにいた時も、コンパスは回転していたよ」と答えました。

その物体がこちらから5マイルほど離れて静止していた時、他のコンパスも見ました。私たちは、バードドッグと呼ぶもの（ある局に周波数を合わせるとその局を指し示す低周波の無線装置）を持っていました。これらの2つのバードドッグは、その飛行物体を指していました。あと2つコンパスがあり、そのうち翼の中にある遠隔コンパスが反応していました。その飛行機には全部で5つの異なる定針儀があり、そのうちの3つがおかしな動きを見せていました。

私は、それがレーダーで追跡され、そのレーダー報告書はワシントンD.C.の空軍司令部に送られたと聞かされました。報告書は通常そこからライト-パターソン空軍基地に送られますが、私の上司はワトソン大佐に話した後で、その報告書をライト-パターソン空軍基地記録保管所のブルーブック計画の中で見つけ、その速度が時速1,800マイルだったことを確認したのです。「その情報をどこで見つけたのですか？」と聞くと、彼は「レーダー報告書の中に書いてあった」と言いました。ですから、彼らがそのレーダー報告書をマイクロフィルムに撮る前に、何かが起きました。なぜなら、私がマイクロフィルムに収めたものは、その記録保管所から入手したものだからです。そしてレーダー報告書は無くなったま

まです。

　ライト-パターソン空軍基地にいる長年の友達から教えられたのは、軍が映画『未知との遭遇』を制作するスティーブン・スピルバーグに、そのマイクロフィルムおよび本件に関するブルーブックの記録の閲覧をさせた、ということです。

　だから、彼（スピルバーグ）は相当高いレベルの機密取扱許可を持っていました。彼は、あなたがご存じの統制グループが関係する人々の一部と関わりを持っていたはずです。

　私が見つけた文書［関係書類は付録４を参照］は空軍がまとめた公式文書で、もともとグラッジ計画のもとで保管されていました。しかし、当該文書の表紙にはトゥインクル計画と書いて、何らかの理由で削除しなくてはならなかった報告書の多くを記載していました。

　記録文書によれば18ページありました。当時アイゼンハワーの後任になったマコーミック提督は、NATO軍司令官で連合軍最高司令官でした。その彼の補佐官が私に接触してきました。本件については、皆が知っているようでした。初代の統合参謀本部議長になったラドフォード海軍大将と同様、彼の補佐官は本件について知っていたのです。なぜなら彼が私に話したからです。なので、本件のことを知っている人はかなりいました。

　その後５月の下旬、ある情報当局者が私の家にやってきて、UFO墜落の写真を数枚見せました。私が初めて見るものでした。それと似たような写真は、これまで１つもありません。ある写真には直径100フィートの物体が写っていましたが、あまり損傷を受けていないようでした。

　この報告書はどうなるのかと聞くと、彼は「統合情報委員会というのがあって、彼らが報告書の行き先を決めるのです」と答えました。

　彼らは何度も私の所にやってきて、何枚も写真を見せました。そこに写っている多くが、丸くて光り輝く円盤状のものでフー・ファイターズと呼ばれている物体に見えました。

私は将官部の要人輸送機長であり、ワシントンD.C.からの高官や民間人のほとんどを輸送しました。彼らの何人かが、これまで目撃したことを話してくれました。例えば、太平洋上を一緒に飛行する物体や、1機の輝く円盤が要人たち飛行機の横に近づき、しばらく一緒に飛んだ後、機体の周りを飛び回りました。

　私たちの事務所はライト–パターソンにある司令部の下に入りました。そこは中枢部で、パイロットの会合が開催されていました。私は毎月1、2回は会合に、さらに年に2、3回は1週間ほどのセミナーに参加していました。

　あるとき私たちは駐機場いたのですが、そう遠くない所に金属製のトタン板でできた小屋がありました。そこは、ほとんどいつも開いていました。上司と私がその横を通るたびに、私がその小屋に行き金属製の壁の後ろにあるものに興味を示さないことを、上司は不思議がっていました。つまり彼が私に言ったことは、その小屋の中には宇宙船が1機あり、ETの遺体もあるということでした。

　それを私に伝えたのは、彼が最初の人間ではありませんでした。

　彼はフォーニィ提督（ミサイル部門の最高責任者で、ホワイトサンズに駐在の経験がありました）との話し合いから、彼は他の惑星からの宇宙船が私たちを訪問していると確信していることが分かりました。彼はワトソン大佐にこれらの多くのファイルを見せてもらっていて、さらにその小屋にあるもの（ET宇宙機と遺体）を彼に教えたのは大佐本人だというのです。なので、彼は私の興味のなさを理解できませんでした。

　私は「絶対に口外できないので、何の興味もありません」と言いました。私はこれまで見てきた経験から、ライト–パターソン空軍基地にあったのは、どこかで墜落した宇宙船であり、彼が話していた遺体は地球外生命体のものだと分かっています。

"政府の様々な評議会の中で、軍産複合体が求めたか否かにかかわらず、彼らが不当な影響力を手に入れることを私たちは防がなくてはなりません。間違った勢力が権力を手にし、悲惨な形で台頭してくる可能性は存在し、そして続いていくでしょう。この重圧が、私たちの自由と民主的なプロセスを危険にさらすことを許してはなりません。何事も当然のことと考えるべきではないのです。用心深く見識のある市民のみが、安全と自由を共に繁栄させるため、平和的な方法と目的を、巨大な産業と国防の軍事機構を適切に調和させる取り組みを推し進めることができるのです"

—— ドワイト・D・アイゼンハワー大統領
1961年1月

"もちろん、空飛ぶ円盤は実在しており、惑星間を移動しています"

—— 空軍大将ダウディング男爵
第二次世界大戦期間中の王立空軍参謀総長
1954年8月ロイターによる引用

UFO機密ファイル

アイゼンハワー大統領の時代 1953—1961年

証言

- A.H.（匿名）ボーイングエアクラフト社
- ドン・フィリップス、米国空軍、ロッキード・スカンクワークスの請負業者
- フィリップ・コルソ・Jr、米国陸軍情報部の大佐フィリップ・コルソ・Srの息子
- "ドクター B."、数々の極秘プロジェクトに従事した科学者でエンジニア

スティーブン・M・グリア医学博士による解説

ロズウェルでの事件の結果、私たちは星間に存在する知性を持つ種の生命体で、生き残った1体および多くの遺体を回収し、そして先進技術が詰まった数機の宇宙船を入手し逆行分析ができたのです。大きな変化が起こりつつありました。それは、ロズウェル墜落事件が起きて数週間以内にCIAが組織され、さらに陸軍航空軍から米国空軍が独立したことです。

私は、無線技術士のW.B.スミスが1950年11月21日付でカナダ運輸省に宛てたカナダの機密文書の写しを入手しました。スミスはこう書いています。

以下の情報を私の代わりに入手できたワシントンに駐在するカナダ大使館の職員を通じて、慎重な調査を行いました。

*a.*その［UFOの］件はアメリカ政府内で最も機密度の高いテーマで、水素爆弾よりも機密度は高い。

　*b.*空飛ぶ円盤は存在する。

［完全な文書は、付録5を参照］

　ドワイト・D・アイゼンハワーは1953年に大統領に就任しました。議会を巻き込まずに先手を打たなければいけないことを知っていたので、アイゼンハワーは自分の友人であり、外交問題評議会の会員であるネルソン・ロックフェラーに安全保障の立て直しをするため協力を求めました。冷戦が本格化し、キューバでは革命が起こり、CIAはイラン国王を政権の座につかせるなどの世界情勢の中、ロックフェラーはUFOとの邂逅_{かいこう}に専念し、星間移動する宇宙船の逆行分析から入手した驚くべきテクノロジーを管理する、新しい機関が必要だと判断したのです。

　1年後、「マジェスティック12」は闇の予算で運営される独立機関として立ち上げられました。様々な情報筋によれば、その創設メンバーにはロックフェラー、国防総省長官のチャールズ・E・ウィルソン、CIA長官のアレン・ダレス、国務省長官のジョンフォレスター・ダレス、統合参謀本部議長ラドフォード提督、およびFBI長官のJ・エドガー・フーバーが含まれていたようです。さらに外交問題評議会から6人、マンハッタン計画中に設立された科学技術に関する問題を研究するジェイソン・ソサイエティから6人選出されました。政策は12人の過半数を得たものしか、承認されません。そこからこの名前が付きました。

　アイゼンハワー時代の終わりまでに、UFO/ET関連のプロジェクトは合法で合憲な指揮系統を持つ監督・管理からどんどん切り離されていきました。大統領の反応を直に見た人たちによると、彼はそのことに激怒していたということです。いくつものETの宇宙船や遺体を自身の目で見た経験を持ち5つ星元帥まで上りつめた人間が、いきなり蚊帳の外に

置かれたのですから。

　アイゼンハワー大統領は、すぐに気づきました。このフランケンシュタインの怪物のような組織のコントロールを失ってしまったのだ、と。

＊　　　　　＊　　　　　＊

A.H.は、アメリカ政府、軍および民間企業の中にあるUFO地球外生命体グループ内から、重要な情報を入手してきた人物です。彼には、NSA（国家安全保障局）、CIA（中央情報局）、NASA（航空宇宙局）、JPL（ジェット推進研究所）、ONI（海軍情報局）、NRO（国家偵察局）、エリア51、空軍、ノースロップ社、ボーイング社、およびその他の組織に複数の友人がいました。かつて、ボーイング社の地上技術者として働いたこともありました。

　基本的に、これらのプロジェクトは「マジェスティック12」が管理していました。しかし、もうこの名前では呼ばれていません。今、新しい名前が何なのかを調査中です。エリア51で働いていた私への情報提供者は、その名前を知っていますが私に教えるのを拒んでいます。［注記：これまでMJ-12は、セクター、マジック、P.I.40などの名称を使っていて、現在は（MAJI ― the Majority Intelligence Committee）マジ／マジョリティ・インテリジェンス・コミッティーと名乗っています］。基本的に、これはワシントンD.C.の国家安全保障会議および国家安全保障企画グループと交じり合った１つの監督組織です。マジェスティック12はこれらの人々、そして国家安全保障企画グループと交じり合っています。

　彼らは完全な統制力を持っています。大統領は、もうこれらの団体を統制する力を持っていません。別の組織のようなものです。会計検査院は、何が起こっているのか知らず、資金がどこに流れていくのかも分からないのです。彼らは、その資金を闇のプロジェクト運営の中にすべて

隠しています。

　彼らは ET がどこから来ているのかについて、情報を公開することを望んでいません。しかし、その場所のいくつかは地球にあります。この地球には異星人たちが建設した地下基地があり、私の理解だと、彼らはそれをコロンブスがアメリカを発見するよりもずっと以前に建設しています。この情報は大騒動を引き起こすことになるでしょう。

　NSA（国家安全保障局）が公開を懸念しているのは、この種の情報です。NSA は追跡と迎撃に関して、NORAD（北米航空宇宙防衛司令部）、空軍、陸軍、そして NRO（国家偵察局）とも行き来しながら協力しています。彼らは全員グルです。そして、そのすべてが MAJI コントロールと呼ばれる最高機密グループに結びついているのです。

　MAJI コントロールは、ONI（海軍情報局）により行われています。それは CIA（中央情報局）や NSA（国家安全保障局）のような、最高機密収集グループです。実際に、ONI は CIA と同じような組織です。海軍内部にある最高機密組織で、NSA や CID（犯罪捜査部）と似ています。それはすべて暗号化された情報です。彼らはちょうど CIA のように、現場に出て情報収集をする工作員たちを抱えています。それはすべて極めて厳重な最高機密なのです。

＊　　　　＊　　　　＊

　証言

ドン・フィリップスは、米国空軍に属する軍人でロッキード・スカンクワークスや CIA の請負業者でした。ケリー・ジョンソンとロッキード・スカンクワークスにて、U-2 および SR-71 ブラックバードの設計と製造を担当。ある大きな UFO 事件が発生している間、彼は空軍に属しラスベガス空軍基地で勤務していました。

　私たちは、ここカリフォルニアにおいて、アメリカの指導者たちと ET

との間で複数の会談が行われた、という1954年からの記録を持っています。その書面を読んで分かったことは、ETたちがここに来て研究することを許可するように要請した、ということです。それに対する私たちの返事は「これほど進歩しているあなたたちを、私たちがどうやって阻止することができるでしょうか？」というものでした。私はこのカメラと録音機を前に言いましょう。この会談を持ったのはアイゼンハワー大統領でした。そしてその会談も、このインタビューと似たような形で録画されました。その会談に関するNATOの報告書には、12の種族がいたと記載されていました。最終的に報告書をまとめるため、これらの種族は何者なのか、何をしているのか、何ができるのかを理解するため、彼らはこれらの種族たちと接触する必要があったのです。この報告書はそのことについて触れていませんでしたが、彼らが数年ではなく、何百年もしかしたら何千年も地球にいたことを証明していました。それがこの文書に書かれているのです。

＊　　　　　＊　　　　　＊

証言

フィリップ・コルソ・ジュニアは、アイゼンハワー大統領の国家安全保障会議の一員を務めた米国陸軍情報部のフィリップ・コルソ大佐の子息です。彼の父親は、1947年のロズウェル墜落事件で死亡した地球外生命体、および空軍基地でUFO機を自分の目で見ました。研究開発部門で勤務している時、彼は様々な墜落事件から回収された地球外技術から意図的に選んだ一部を渡され、それらを発展させる目的で技術を産業界にばらまいてきました。

父は1957年に第552ミサイル大隊を指揮していた時、地球外生命体との遭遇を何度か体験しました。

最初の遭遇が起きたのは、ニューメキシコ州ホワイトサンズ近くの隔離された区域で、レッドキャニオンの洞窟でした。

兵士たちは、涼むために父をその洞窟に案内しました。父によれば、その日は仰向けで、うたた寝をしていました。彼が寝返りを打った時、何か認識できない生命体がいたので銃を抜き銃口を向けました。そして「敵か味方か？」と聞くと、相手は「どちらでもない」とテレパシーで答えたのです。

　それは、頭の中央に石のようなものがついたヘルメットの一種をかぶっており、父にレーダーを15分間止めるように頼みました。

　父は「こいつは、どうやって私がレーダーの停止命令を下せる唯一の人間だと知っているのか？」と考えていました。父はその生命体に「なぜ停止しなくてはいけないのか？こちらに何の得があるのか？」と聞きました。

　その生命体は再度テレパシーで「新しい世界……あなたたちが手に入れようと望めば」と答えました。

　その時、その言葉は父にとってはほとんど何の意味も持ちませんでした。それでも、父はその洞窟を出てレックス軍曹に連絡し、レーダーを停止するように命じたのです。

　父が洞窟を去る時、その生命体が洞窟の入り口に立っているのが見えました。その生命体は、手である種の仕草をしました。それは敬礼でも別れの手振りでも、他の何でもなかったですが、父は敬礼でそれに応えました。その最初の遭遇は、そんな形で終わりました。

　しかし同じ1957年の後日、その第552ミサイル大隊のレーダーは、時速3,000マイル超で大気圏を移動する宇宙船を捉えました。それはレッドキャニオンの近くに落ちました。

　父が基地で軽飛行機を持っていたので、パイロットと一緒に墜落現場に飛び、地上に輝く物体があるのを見つけました。父はそれを自分で調査した方が良いだろうと判断し、パイロットに基地へ戻るよう命じました。今度は隊員用の古い車でその砂漠に向かい、その宇宙船を見つけました。

　その機体は完全に滑らかで楕円形をしており、円盤というよりは葉巻

のようでした。それは横向きで岩に引っかかっており、機体は薄くなって完全に消えていくと今度は徐々に姿を現したのです。父は自分が幻覚を見ているのではないかと思ったそうです。その機体が消えていく前に、何とか乾いた草の塊を取って機体の下に放り込みました。機体が再び姿を現すと、その草の塊は完全に潰れていたので、父にはそれが物理的な形を持ったものだということが分かりました。さらに父が教えてくれたのは、その宇宙船の周りには足跡が残っていたということです。

　私がいつも感じていたのは、この話には父が語っていない部分があるということです。つまり、2回目の遭遇がなければ、機体の近くに足跡を見つけることはありません。とはいえ、これは私の意見にすぎません。

　突然その宇宙船が振動し始めたので、父は怖くなり乗ってきた車に飛び込むと、ギヤをバックに入れ急発進しました。車が飛ぶようにバックすると、エンジンが止まったのです。

　一方で、その宇宙船は空中に上昇し向きを変え、折り畳まれるように姿を消しました。

　後日、そのことを父は自身の科学者チームにいたウェルナー・フォン・ブラウンやヘルマン・オーベルトに話しました。父は彼らを知っていました。なぜなら、父はペーパークリップ作戦を統轄していたからです。ペーパークリップは、第二次世界大戦後選ばれたナチスの科学者たちをアメリカが本国に連れてきていた秘密のプログラムでした。

　父は、この問題を選ばれた人たちと議論しました。その中には、ストローム・サーモンド上院議員、FBI長官のJ・エドガー・フーバー、CIAの指導者たち、省庁のすべての部門、情報機関、さらには何人かの統合参謀本部メンバーも含まれていました。

　もちろん、後に彼はその情報を複数の大統領の目から隠しました。

　UFOおよびETに関する秘密は、彼と責任者である30人の将官たちと共有されました。その中にはトルドー将軍もいました。彼ら全員が、スターリンの一番の目標は、ロズウェルの技術を盗むことだと知っており、それは絶対に許さない覚悟でした。したがって、彼らはそれを隠す作戦

を開始しました。彼らは、CIAには敵が潜入していると感じていました。私たちの行動を紙に書き残せば、いつか資金は打ち切られ、この技術が放置されることを恐れていました。

　書面にした規約などは存在せず、あるのは戦場で鍛えられた軍人の間で交わした誓いだけでした。一緒に国に仕えた男たちの間で交わした誓いというのは、おそらく神と結んだ契約と変わりはなかったのでしょう。このことを父は誰にも話していません。私はそれを確信しています。

　トルドー将軍が亡くなった後、父は自身の著書で多くのことを書きました。最後に生き残った者がそれを話すことができる、それが彼らの取り決めでした。しかし1992年より前には、一言も話すことはありませんでした。

＊　　　　＊　　　　＊

　証言

"B博士"は、反重力、化学兵器、防御された遠隔測定および通信、超高エネルギー宇宙レーザーシステムや電磁パルス技術を含む、数々の極秘プロジェクトのために働いてきた科学者であり、技術者です。

　私は1943年生まれ。父は世界的に名の知れた科学者で、ヘンリー・フォードやハワード・ヒューズとも一緒に働きました。なので、私は幸運な精子バンク科学クラブの出身ということになります。9歳の時、ミシガン州アナーバーにあるミシガン大学との共同科学プロジェクトに取り組みました。

　ミシガン州を後にしたのは15歳。政府担当者がやってきて空軍への入隊を要請しました。彼らは16歳の私をリトルロックに連れていき、この陸軍基地のすぐ外にある化学兵器と細菌兵器戦争を担う部署に入れました。17歳の時に入隊し、ラックランド空軍基地で訓練を受けた後、キースラーそれから軍隊協会に行き、早期警戒レーダーのあるポイントアリー

ナに行きました。

　私たちは、ANF PS-35 レーダーを持っていました。それは466フィートのアンテナを取り付けた9階建ての構造になっており、そのパワーは5メガワット。HAARP（ハープ）よりもかなり低くなっており、探知距離は455マイルでした。当時、その情報はすべて機密扱いとなっていました。

　それは、いわゆる探査セットと呼ばれるものでした。当時、北カリフォルニアの上空を毎夜観察していると、何千というボギー（UFO）が、ポイントアリーナから約20マイルの場所に降りてきました。それらが降りてくる速度は、時速2万マイル。その後バハ付近まで南下して左折し、メキシコを横断しました。そこでは時速5,000マイルで飛ぶのがほぼ毎晩目撃されていました。私たちの部屋にはPPIスコープ（Planned Position Indicator Scopes ―― 平面位置表示器）という装置が備えられていましたが、その装置に不具合が生じると私が原因を調べ解決しました。

　ここは二重保安区域だったため、彼らはDDSフォーム332に記入し警備担当の軍曹に渡していましたが、そのUFO報告書のほぼ半数をシュレッダーで破棄していました。私たちは戦略空軍の飛行中隊でした。このようなことが1年中行われていましたが、1960年頃だったと思います。

　後年、私は数社を対象にしたコンサルタントになりました。ラスベガスのEG&G社にはよく出向きましたが、それは彼らがエリア51に行くときでした。また、テキサス州アマリロにある原子力委員会や、身分を隠したCIA職員と一緒に、マレーヒルにあるベル電話研究所にも行きました。CIAの仕事ではラングレーによく行きましたし、FBIの仕事ではクワンティコにも行きました。私は、いろいろなところに行きました。あれほど多くの会社に行った理由は、私が腕の良い計装専門家だったからです。

　私は、スコープス・アンリミテッドという自分の会社を持っていました。それ以前にはEHリサーチ社で働いており、報酬も良かったのですが1971年に辞めました。

ロックウェル社との契約でNASAに来る前にオートネティックスにいた頃、私はアイグラスと呼ばれる、10億ワットのレーザーシステムのプロジェクトに取り組んでいました。それは宇宙から発射して異星人を撃墜するのが目的でした。それは電子プラズマ光線と呼ばれており、宇宙に設置されています。しかし今は747（＊ボーイング747機）にも搭載されています。ポピュラーサイエンス誌の表紙に載りました。それは彼らが開発した新しいレーザープラズマ装置です。

　私はロッキード社のスカンクワークスでも働いていましたが、ラスベガスにあるEG&G工場に頻繁に出向きました。私がいつもそこに行っていたのは、私がEHリサーチ社にいた時に我々が単発試験に取り組んでいたからです。私たちは、後にEMP、電磁パルス技術として知られる技術の研究をしていました。私は測定装置を製造する草分けの1人で、EMP技術にはかなり注力しました。

　マーチン・マリエッタ社、TRW社など、これらすべての場所で働きました。私たちは、1950年代に五大湖の向こう側にあるカナダで磁気プロジェクトを行いました。それは私の本に書かれています。そのプロジェクトは、ライト−パターソン空軍基地とデンバーのマーチン・マリエッタ社でも行いました。ボール・ブラザーズ社の工場に何度も行きました。彼らは広口ガラス瓶をつくっていますが、最先端航空宇宙用品も製造しています。ロックウェル社、ロッキード社、ダグラス社、ノースロップ・グラマン・エアクラフト社、TRW社などで働きましたが、ヒューズ・エアクラフト社には深く関与していました。私はロサンゼルスにあるヒューズ社の施設で働いたことがありますが、それはここフラートンにある施設です。当時、私は両方の施設で多くの極秘プロジェクトに関わっていました。

　彼らは、反重力を扱っていました。実際、私はマリブにあるヒューズ社に出かけたものです。そこには大きなシンクタンクがありました。彼らは私の製造した装置をすべて購入してくれたので、いくつかの大規模な反重力プロジェクトで彼らに話をし、アイデアを提供しました。しか

し、米国民はそれについて決して、決して知ることはありません。

　私には航空宇宙分野で働く仲間たちがいますが、時々小さな会合を開きます。その友人の1人が円盤を飛ばしました。あなたはたぶんその円盤を見たことがあるでしょう。そう、エリア51から飛ばしたのです。この空飛ぶ円盤には小さなプルトニウム反応炉が内蔵されています。それが電気を発生させ、反重力円盤を駆動させます。私たちには次世代の推進装置もあります。それは仮想フィールドと呼ばれ、それらは流体力学波と呼ばれています。その考え方に基づき、実験室でプラズマシステムにおいて12種類の異なるレーザーを用いると、そこに流体力学波が生じます。このようにして、あなたが写真に撮った三角形の飛行物体を作りました。これらが製造されたのは英国ベントウォーターズの付近で、彼らはそこで円盤を飛ばしています。

　私がNASAを去った理由は宇宙船について話し始めたことでした。私には、サターンIIロケットの2段目をつくっていたシールビーチで一緒に働く友人が数人いました。私は、ここで一体何をしているのだ？ロケット推進を使うのは馬鹿げている、と悟り始めたのです。ウェルナー・フォン・ブラウンがそこにいて、彼の親衛隊もいました。彼らはいつも黒い服に、スキーズボンと金色ヘルメットを身に着け、まるでナチスのように盛装していました。本当にそんな格好でした。私たちは、NASAの偉い人の周りで、サターンがいかに馬鹿げているか、どのように電気重力（反重力）推進を使い始めるべきか真面目に議論しました。このせいで、私は非常に深刻な問題を引き起こし、基本的に、そのような話はしないよう警告を受けたのです。

　さて、私たちがサターンロケットを格納庫から引き出していた最初の夜、私はコンピュータ操作卓に座ってよく眠っていました。明け方の4時に、技術者の1人が近寄ってきて私を揺り起こしました。「B博士、外に来てください。何か大変なことが起きています。起こるとおっしゃっていたことです」

　彼らはちょうど鳥（サターン）を引き出し、写真を撮っていたその時、

1機の大きな円盤がカリフォルニア州シールビーチに降下してきました。それが空中静止している写真を私は持っていませんが、その降下した円盤を400人の従業員が見たのです。それは1966年の4月、朝4時のことでした。

　これらすべては、どのようにして秘密にされてきたのでしょうか？一緒に働いていた人の中で、行方不明になり消息を絶った人を私は知っています。ロッキード・スカンクワークスにいた私の友人は、素晴らしい情報提供者でオーロラに関してすべてを語ってくれました。彼は多くを話し始めましたが、姿を消してしまいました。2度と姿をみることはありません。どこに行ったか誰も知らないのです。住んでいた場所も閉鎖され、1夜のうちにいなくなってしまいました。

　　　"独自の空軍、独自の海軍、独自の資金調達機構、そして独自の国
　　　益を追求する能力を持ち、あらゆる抑制と均衡の束縛を受けず、法
　　　そのものからも自由な、影の政府が存在します"

　　　　　　　　　　　　　　　　　── 上院議員　ダニエル・K・イノウエ

UFO機密ファイル
マジェスティック12

証言

- A.H.（匿名）ボーイングエアクラフト社

スティーブン・M・グリア医学博士による解説

　1956年に「マジェスティック」または「マジェスティック12」として
アイゼンハワー大統領およびネルソン・ロックフェラーによって創立さ
れた組織は、世界最大のRICO／威力脅迫および腐敗組織になってきま
した。MJ-12／マジェスティック12という名前は、SECORからPI-40、
そして現在のMAJICへと変わってきましたが、これは単なる団体では
ありません。メイソン、ビルダーバーグ、三極委員会および外交問題評
議会に関して、大胆な陰謀論が流布されています。私はこれらすべての
組織にいる人たちを知っていますが、ほとんどの人たちはこの件につい
て何も知りません。権力者組織の内情は、巷で盛り上がっている陰謀論
よりも平凡で単純です。ディスクロージャー（情報公開）およびゼロポ
イント・エネルギーのディスクロージャー並びに導入を行えば、現在の
石油中心の経済から権力が分散化されるため、彼らは脅威を感じていま
す。私たちは、その内部にいる人間の隠れた目的についての証言が手元
にあり、その中には非常に恐ろしいものもあります。[パート4：宇宙に
展開する策略、を参照]

　秘密を維持し、大統領、CIA長官、議員最高幹部、欧州の首相のよう
な人たちをあざむくことができるレベルまで、その機密度を拡大するた

めに必要なインフラは、相当な規模で違法なものです。はっきり言いますと、UFO案件およびそれに関連するテクノロジーをコントロールするこの組織は、世界のいかなる政府や特定の指導者よりも権力を持っています。このカバール（陰謀団）は、ハイブリッドで準政府的かつ準民営化された形で活動し、国際的なネットワークを持ちながら、いかなる単一の機関や政府の管轄にも囚われずに自由に行動しています。これらの機関や政府は、この問題に関して蚊帳の外だというわけです。それどころか、厳重に管理され、少人数のみが属する独立した"闇の"または"非認可の"プロジェクトが、これらを管理します。そこにアクセスできるのは組織の中の人間だけです。そこに属していなければ、CIA長官、アメリカ大統領、上院外交委員会の議長、あるいは国連事務総長であっても、これらのプロジェクトについて知ることもアクセス権を持つこともないのです。

　実際、状況は非常に切迫しているため、私がブリーフィングを行った国防総省にいる統合参謀本部の最高幹部たちは当該プロジェクトには他の民間人同様にアクセス権を持っていません。ただし、彼らが"内側の人間"でなければの話です。しかし、これは稀なケースです。本質的に本件の内密な運営は、一部は国際的な政府による超極秘プログラム、そしてもう一部は民営の組織犯罪活動による活動として行われています。これは政府機関というより、秘密のマフィア組織のようなものなのです。

　このような権力を手に入れ維持するには、あらゆる種類のことを行わなくてはいけません。それで私が思い出すのは、「私たちはなんて複雑なクモの巣を掛けているか」と描写するロバート・フロストの詩です。しかし、あのような組織がどうやって自らを、秘密、偽り、嘘、そして不服従の複雑なしがらみから引き出すのでしょうか？

　具体的に言うと、このグループは自分たちに合法的に付与されていない権力や権利を強奪してきています。これはアメリカおよびイギリス、そして世界のその他の国でも、憲法を超えた存在なのです。したがって、こ

れは犯罪結社で第一級の陰謀団です。さらに、この組織は暗殺、殺人、誘拐、テクノロジーの窃盗などを含む犯罪を犯してきました。

　少なくとも最初は、冷戦の最中この内密の活動が秘密を保持し不安定な状態を回避するために設計されたと仮定しましょう。しかし不用意な漏洩<ruby>漏洩<rt>ろうえい</rt></ruby>や、国または世界の指導者により情報公開をする時期だと合法的に決定されるリスクがあるため、強い秘密主義で違法な活動の網を掛けることが必須になったのです。そして今、その網が活動自体を包囲してきました。

　つまり、他の干渉を寄せ付けない独立したプロジェクトの複雑さ、違憲で無許可の活動、企業パートナー（軍産複合体の"産業"部分）による先進技術の"民営化"（または窃盗）、合法的に選出され任命された指導者たちや市民に対して継続的に嘘をつくこと。これらすべて、およびこれ以上のことが継続的な秘密主義の心理に関係しています。なぜなら、情報公開が記録史上最大のスキャンダルを暴露することになるからです。

　地球上の空気呼吸をする生命体の健康に影響を及ぼす、二酸化炭素を何兆トンも大気中に不必要に垂れ流すことに市民はどのように反応するでしょうか？地球のエコシステムの崩壊は？公害によって現在は絶滅した何千もの植物や動物の取り返しのつかない犠牲には、どう反応するでしょうか？

　無許可で違憲のプロジェクトに長年何兆ドルもの大金が費やされてきたと知ったら、社会はどう反応するでしょうか？そして、この秘密組織にいる企業パートナーが税金を使い、ETの飛行物体から派生技術を開発し、それを元に特許を取得し収益性の高いテクノロジーに使っていることに、どう反応するでしょうか？納税者は騙<ruby>騙<rt>だま</rt></ruby>されてきただけではなく、テクノロジーの飛躍的進歩のためにお金も払わされてきました。しかも、それは納税者自身の税金を投入した研究のおかげなのです。その上、当該テクノロジーの知的財産窃盗には対処していません。基本的なエネルギー生成および推進テクノロジーを未公表にしながら、これらの企業パートナーたちは電子工学、小型化、およびその関連分野において技術の飛

躍的進歩や恩恵からボロ儲けをしてきました。このような秘密裏に行われる技術移転は、数兆ドル規模のテクノロジー窃盗を構成しています。しかし納税者が支払ったものなので、本来それらのテクノロジーは公有財産でなくてはならいのです。

　人類による月面着陸の前に、高度な先進技術と推進システムが存在していたため、ロケットなどの機材を使わざるを得なかった数十億ドル規模の宇宙プログラムは、旧式で不必要な実験でしかなかったという事実に、国民はどう反応するでしょうか？NASAおよび関連機関は大部分においてこの秘密主義の犠牲者であり、残りの政府や国民も同様です。NASAの中でも非常に小さな独立した派閥の人間だけが、これらのプロジェクトに隠された本当のETテクノロジーについて知っているのです。

　不可避の現実がこれです。この秘密組織は、当初の意図が大いなる善意から出たものであったとしても、組織自身が持つ秘密の権力に我を忘れ、その権力を濫用（らんよう）しているうちに、過去70年の間私たちの未来を奪いました。

　しかしながら状況は、実際これよりも悪化しています。なぜならUFO関連の闇工作プロジェクトを運営する秘密のグループもまた、初期の地球外生命体と人類の関係に対する独占的な影響力を持っているからです。そしてその関係の対応は悲惨で正真正銘の世界的大惨事という状況にまで来ています。選挙で選ばれていない、任命されたわけでもなく、自分たちで自分たちを選び、軍を重視したグループのみが、人類とETの種を超えた関係に取り組まなくてはいけない場合、何が起こるでしょうか？彼らの軍事主義に偏った視点からは、新しく管理されていないすべての開発は潜在的または真の脅威として見なされるでしょう。このようなグループの本質（異常なほど管理されていて排他的）は、世界観と考え方が均一的です。権力と管理は極めて重要な素質です。このような極端な秘密主義は、抑制と均衡、持ちつ持たれつの関係が完全に欠落している、非常に危険な環境を作り出します。そして、そのような環境では、非常に危険な決断が下されてしまうことがあり、これまでも私たち全員に影

響を及ぼすそのような決断が下されてきたことに疑う余地はありません。

このように極端な秘密主義、軍国主義、偏執症的な環境の中で、ETに対して非常に危険な行動が取られてきたことが分かってきました。実際これまで複数の内部情報提供者が私たちに説明してくれたのは、軍が地球外生命体の宇宙船を追跡し、照準を当て破壊する高度な先進技術を使っている、ということです。これが真実だという確率が100％あるとしたら（これが100％正確な情報だと、私は確信しています）、私たちは完全に制御できない、地球全体を危険にさらす、世界的な外交および社会的な危機に直面しています。

この秘密のグループに誰が所属しているのでしょうか？この問題の政策委員会に属する200〜300人で、構成される2つのグループがあります。この秘密組織の中核である国家安全保障局の長官からSAIC社の理事会に移ったボビーレイ・インマン提督は、そのグループの一員です。ハリー・トレイン大将もその一員です。ジョージ・ブッシュ・シニア、チェイニーおよびラムズフェルド、そしてリヒテンシュタイン銀行ファミリーも同様に関わっています。モルモン教が築いた企業帝国は、この件にものすごく興味を示しており、彼らはこの件に関してはホワイトハウスや国防総省よりも権力を持っているのです。さらにバチカンの内部にも、秘密の下部組織があります。

私はそのグループ内の派閥の人たち、その中にいる（ディスクロージャーの活動の）"賛成派"の人たち（ホワイト・ハットと呼ばれている）と会いました。皆さん、この組織は一枚岩の陰謀団と思っているでしょうが、それは間違いです。これら超極秘プロジェクトに関わっている50〜60％の人々は現在、この素晴らしいテクノロジーを世に出したいと望んでいます。彼らは、地球は原油が無くなりつつある、中国が工業化している、そして極地の氷塊が溶けている、ということを知っています。さらに彼らは、この高度なETテクノロジーが今日発表されたとしても、それを活かして経済、戦略、地政学、および環境の面において大惨事になることを回避するようになるには、あと10〜20年はかかるだろ

うということも知っています。彼らはそれを理解した上で、その状況を修正したいと思っているのです。しかし彼らの望みは、冷酷で反社会的な少数派に却下されました。彼らは敵、そして自分の仲間を殺すのにこれまで躊躇したことのない者たちです。

殺人株式会社

　CIA長官ウィリアム・コルビーは、かつてマジェスティックに関わっていました。彼は組織を足抜けする途中で、いくつかのハード技術と資金として5,000万ドルを私たちに提供する予定でした。私のコネで、それらの技術を世に出せるはずだと彼は知っていたのです。

　彼は私や仲の良い友人と会合を開く予定だったその週に、ポトマック川に遺体として浮いていました。奴らは、コルビーを見せしめにしたわけです。

　コルビー長官の親友でこの会合を設定したある大佐は、これは確実に殺し屋の仕業だと認めました。長官の妻はCNNの取材に対し「おかしい話です。彼が、氾濫して増水したポトマック川へ夜にカヌーで出かけ、家に鍵もかけずコーヒーメーカーやコンピュータをつけっぱなしすることはないからです。そんなことをするなんて、まったく彼らしくありません」

　その陰謀団は、その後わたしたちに目を向けました。

　コルビー長官が殺害された頃、私の右腕であり親しい友人であったシャーリー・アダミアクが転移性乳がんと診断されました。今度は、ロズウェル事件に関する完全な形での情報公開を実現させようとしていたニューメキシコ州の共和党議員スティーブ・シフが、別の種類の致死性のがんと診断されたのです。私はと言えば、転移すると致死性が高くなる悪性黒色腫にかかっていました。ここにいる3人の健康な若者、その全員が同じ月に致死性のがんと診断されました。ETの情報公開を強く

求めている時に、です。これを偶然というには、あまりにも重なりすぎて信じられませんでした。

＊　　　　＊　　　　＊

証言

A.H. は、アメリカ政府、軍および民間企業の中にある UFO 地球外生命体グループ内から重要な情報を入手してきた人物です。彼には、NSA（国家安全保障局）、CIA（中央情報局）、NASA（航空宇宙局）、JPL（ジェット推進研究所）、ONI（海軍情報局）、NRO（国家偵察局）、エリア51、空軍、ノースロップ社、ボーイング社、およびその他の組織に複数の友人がいました。かつて、ボーイング社の地上技術者として働いたこともありました。

　マジェスティック12は確かに存在しました。名前は変わっても、その地位は今も変わっていません。

　ヘンリー・キッシンジャーは、実情をよく分かっていました。彼は最新の情報を把握している、と NSA で働く友人が教えてくれました。その友人は、キッシンジャーの名前がマジェスティック12の文書に記載されているのを目撃しました。

　この NSA の証人は1974年に軍に入隊し、1985年頃に除隊。彼によれば、1950年代にヘンリー・キッシンジャーはこの組織に関わっており、その目的はこの情報の影響を研究し、信頼できる筋からこの情報を流すと何が起きるかを明らかにすることでした。彼らはその研究を行い、機密情報をランド研究所やその類のシンクタンクなど特定の外部研究グループにつかませる予定でした。さらに彼は、いくつかの文書に記載されたジョージ・ブッシュ・シニアの名前も目にしました。元 CIA 長官として、ブッシュも実情を知らされていました。

　異星人に関する状況を MI5 と MI6（英国軍事情報部第5課および第6課）を介して監視していた別の基地がロンドンにもありました。彼によ

れば、米国大統領ジミー・カーターには、海外で起きていたいくつかの出来事が通報されていました。このNSAの証人は、その送信を直接担当していました。イランやイラク上空で発生したニアミスに関しても、カーターには滞りなく情報が送られていました。イランでは数機の戦闘機（私たちがイランに売ったもの）が、複数のUFOを追跡したところ、その計器が暴走しました。そのうちの1機は危うく墜落しそうになりました。しかし、パイロットはその巨大な円形の物体から離れて何とか機体を立て直したのです。この証人はその情報を直接担当し、NSAを経由して国防総省に送りました。情報はすべて暗号化されていました。

　カーターはほとんど蚊帳の外に置かれており、統制グループは彼を信用していませんでした。彼が報道機関に対して秘密を明かし、真実を匂わせるような発言をするのではないかと懸念していたのです［UFO機密ファイル：真実はありふれた場所に隠す、を参照］。しかし彼は、イランとイラクで起きている出来事を統合参謀本部から知らされていました。ETたちは、私たちの戦時活動、特に核爆弾やその他の実験を監視しています。

　1978年頃レーガンは、異星人の存在について完全な説明を受けました。レーガンはロシアのミハイル・ゴルバチョフに、起きていることの75％を話しました。それからゴルバチョフは、私たちと大変親しくなりましたが、私にはそれがとても不思議でした。

［注記：レーガンは、スターウォーズ防衛シールド-SGを承認するため偽の情報を与えられていました］

　ゴルバチョフの2度目の訪米の際、CNNは彼のインタビューに成功しこう質問しました。「私たちはすべての核兵器を廃棄すべきだと思いますか？」。すると、彼の妻が「いいえ、異星人の宇宙船に対抗するため、すべての核兵器は廃棄すべきではありません」と答えました。

　CNNは直ちに、この話をCNNヘッドラインニュースの最初の30分で放送しました。それを聞いた私は、慌てて空のテープをビデオデッキに

入れ後半30分を録画しました。その後、このニュースは消えてしまいました。誰がそれを妨害したかはお分かりでしょう。この件に絡んできたのは、CIAです。なぜかというと、彼らは当時、CNNおよび国際ニュースのヘッドラインをすべて監視しているのを、私は知っていたからです。CIAが、このニュースを握り潰したのですが、その情報が私の耳に入って来ました。そして、この件があったことで、私のNSAの情報提供者から得たロナルド・レーガンに関する情報が正しい、と分かりました。この秘密主義は、私から言わせれば、度を超えています。その上、議会もこの情報を知る必要があります。

　これらのプロジェクトは、マジェスティック12によって管理されています。マジェスティック12というのは、国家安全保障会議すべてを監視しているワシントンD.Cに拠点をおく国家安全保障企画グループの所属メンバーと混じり合った組織なのです。彼らは完全なコントロールを手中に収めています。議会による監視も及ばないし、誰からの質問にも答える必要もありません。どのように資金を得ているのかは、分かりません。ただ、1つだけ言えることがあります。それは、会計監査院がこの現状を知らないということです。

"いわゆる空間とは、本当に何もないわけではありません。それは何もない区画というよりも、むしろ滝の底にある泡のようなものです"

—— ハル・パソフ博士
理論／実験物理学者

"1立方メートルの時空のエネルギー量は、1立方メートルあたり10の26乗(1,000,000,000,000,000,000,000,000,000)ジュールでした。
これは、地球の大洋すべてを沸騰させ完全な蒸気にするには、コーヒーカップ1杯のエネルギーで十分ということです"

—— 量子物理学者

UFO機密ファイル
ゼロポイント・エネルギー

証言
・リチャード・ドーティ氏、空軍特別捜査局 特別捜査官
・ダン・モリス曹長、国際偵察局 作戦隊員／コズミック（宇宙）レベルの機密取扱許可
・チャールズ・ブラウン中佐、グラッジ計画

スティーブン・M・グリア医学博士による解説

　プロジェクトを管理する者たちが突然、科学者が逆行分析をしている中身に気づくと、1950年代の初期までにETや宇宙船を扱う特別アクセス計画の機密化が急激に進みました。要するに、墜落したUFO機には、新しい物理学につながる重大な手がかり（星間空間旅行に必要なエネルギー生成および推進システム）が入っていたのです。この新しいシステムは、地球の既存のエネルギー生成および推進システムにとって代わることができます。これらがあれば、地球にあるすべての地政学的および経済秩序が変わるのです。

　時間をかけて上記の記述を消化していきましょう。

　実質的に、選ばれた人たちは、各家庭、ビジネス、工場および車にタダで豊富なエネルギー源を提供するテクノロジーへのアクセス権を手にしたということです。言い換えると

・外部からの燃料源は不要。

- 石油、ガス、石炭、原子力発電所、または内燃エンジンは不要。
- 道路は不要。これらのエネルギー装置は、ゼロ質量に繋がる反重力効果を生み出し、それによって地表の上を移動する交通手段を実現（そう、空飛ぶ自動車です）。
- そして、公害なし。

　このエネルギー源はゼロポイント・フィールドと定義、星間移動を可能にしたものです。しかし、この桁外れで無限のエネルギー源は、人類に知らせていませんでした。

ゼロポイント・エネルギーの簡単な説明

　私たちの３次元の物理的宇宙は、文字通りあらゆるところに広がる量子エネルギーの海の中を浮遊しています。何も知らない魚のように、私たちはその水の存在には気づいていません。科学者にとって、その手がかりは100年以上も存在していたのですが、それを理解するには従来とは異なる視点から物事を考えなくてはなりません。

　ケンブリッジ大学のハロルド・プトフ博士は、このエネルギーの量子の海の調査を行った最初の１人でした。摂氏－273度（－273℃）、または零度ケルビン（０K）は、宇宙の中で最も低い温度です。ニュートン物理学の法則によると、すべての分子は絶対零度で活動を停止しエネルギーはゼロになります。当然、科学者たちはかつて海底についても同じこと（光はなく、エネルギーもなく、生命体もいない）を言っていました。その後、人類は自ら確認するために潜水艦を深海部へ送り込みました。そしてなんと、熱水噴出孔から吹き出しているエネルギーや化学合成に存在するすべての食物連鎖（地球上の生命の起源につながった原始スープ）を発見したのです。

　プトフ博士は、似たような発見をしました。彼が絶対零度を計測した

時、真空の代わりに、大釜で煮えたぎるようなエネルギーを見つけ衝撃を受けました。すべての平方センチメートルが物質で満たされる空間でした。彼は、それにふさわしいゼロポイント・エネルギーと名付けました。亜原子粒子を小刻みに動かし、文字通り消えたり現れたりさせるのは、ゼロポイント・エネルギーなのです。ここで実際に起こっていることは、光子（フォトン）が衝突し、他の亜原子粒子に吸収されている、ということです。この過程はそれらを励起させ高いエネルギー状態にし、4次元のゼロポイント・フィールドと私たちの3次元の物質世界の間でエネルギーの交換を生み出します。それらが現れるのはほんの1,000分の1秒か100万分の1秒にすぎません。しかしその発現は、物質領域と人間の五感を超えたところに立派な何か（フリーエネルギーの絶え間ない供給）が存在することを示す、もう1つの兆候です。

　さらに2つの実験により、ゼロポイント・フィールドの存在が証明されてきました。最初に証明したのはカシミール効果です。2つの導電板を真空中で互いに向かい合わせることで、ヘンドリック・カシミールは理論を立てました。ゼロポイント・フィールドが実際に存在すれば、2つの板の間の総エネルギーは他の場所よりも低くなるため、互いに引き寄せあうだろうというものです。実際に、その理論通りの現象が起こりました。

　劇的な実験であり、量子物理学が"奇妙な科学とひどい魔法"と呼ばれてきたもう1つの例には、ソノルミネンスと呼ばれるZPE（最近接発達領域）関連現象（音波が光のエネルギーに変換されるもの）が関わっています。小さなガラス球に水を満たし、20キロヘルツの和声の音波で共鳴させ、そのフラスコの真ん中に非常に小さな気泡を吹き込むと、その気泡はリズミカルに摂氏30,000万度の高温状態になり、圧壊して非常に短い発光を起こします。

3次元 対 4次元電気回路

　皆さんの自宅の壁の中に組み込まれているのは、銅線で構成されている電気回路です。原子の川のように銅配線を流れるのが電流で、正の電荷を持つ陽子の分離により生成されるその動きは一方向へ向かい、負の電荷を持つ電子は反対の方向へ移動します。ランプをコンセントに差し込むと、電流が銅線を通り電球のフィラメントに入り、これで光がつきます。原子の分離を引き起こすのは双極子、つまり電磁気装置です。

　充電池から石炭および原子力発電所まで現在の電源は、1つ基本的な問題を共有しています。電流が（電磁気装置または双極子）電流を起こした源にフィードバックされると、それが電源を破壊します。その結果、磁場にあるそのエネルギーは消散し、供給量の30％しか戻ってきません。これで私たちが100年以上使っているシステムは、信じられないほど非効率ということになります。当然、電力会社は回路が非効率であってほしいわけです。結局のところ彼らは、私たちが使用するすべてのアンペア数で儲けているのですから。さらに化石燃料および原子力業界も、その小銭の多くを手にしています。その双極子にエネルギーを与えるのは彼らの燃料だからです。

　良い方向に進めることができたはずなのに、どこで悪い方向に行ってしまったのか解き明かすために、20世紀の変わり目そしてニコラ・テスラに目を向けることにします。彼は、人類は3次元に存在し思考しているかもしれないが、自然（および電気）は実際には4次元（4つ目の次元とは時空）で作用することを選ぶ、そのことに気づいた優秀な科学者です。逆回転するボルテックス内の電磁場に高電圧システムを適用することにより、テスラは発電機の真空内において陽子および電子が光速で流れるのを自然に認識させることができました。つまりゼロポイント・エネルギーという4次元の側面を組み込んだのです。さらに、エネルギー出力量が減少するのではなく、テスラは真空での陽子と電子の流れが供給量の一滴も失うことなく、恒久的に続くことを発見しました。これは

油井の開発と考えてみてください。一旦、吹き出したら掘削機は不要になり、あとは圧力に任せるだけです。テスラも、永久磁石を双極子として使うことで、流動が永久磁石を通って戻っていく、材料に組み込まれているならば、流動が破壊されるのを防ぐ、ということを解明しました。

テスラの最後の課題は、恒久的に流れるフリーエネルギーの流れをとらえる方法を解明することでした。彼の解決方法は、比較的簡単なものです。彼は、磁石から絶え間なく流れる磁場ベクトルから磁場を分離し、何十億年以上も持続するエネルギーの流れを生み出す材料を見つけました。真のオーバーユニティ・システムです。

1901年テスラは、海上にあるいくつかの船に電線を介さずに電気を流すため、地球の磁場を巨大な双極子として使う準備をしていました。フリーエネルギーをもたらし、世界を変えるはずの実験でした。しかし、J・P・モルガンが干渉してきたのです。世界で最も裕福なその実業家は、家庭とビジネスに電気を届けるのに使われる銅線に投資をしてきたのですが、お金を取らずにエネルギーを供給するのはまったくアメリカ的ではないと判断したようです。

テスラが実験を行う前に、J・P・モルガンはワシントンにいる自分の友達にテスラの研究を中止させ、書類および発明などをすべて押収し、テスラを一文無しにしました。

真のオーバーユニティ装置の製造方法を考え出した科学者はすべて、時の権力者たちにより買収されたり、研究を停止させられたり、あるいは口を封じられて（殺されて）きました。これが歴史を通してずっと繰り返されているパターンなのです。覚えておいてほしいのは、真のオーバーユニティ・システムを発明するだけではダメで、それを握り潰さない然るべき人たちに売らなくてはなりません。それができないと、自分で設計したものを製造しなくてはならず、それには多額の資金が必要になります。いずれにせよ、特許が必要になりますが、それは2つ目の問題をはらんでいます。米国特許法では、あるテクノロジーまたは装置が国家安全保障に危険をおよぼすか否か、政府が恣意的に判断することが

できます。長年にわたって国防総省、CIA、NSA、連邦取引委員会およびエネルギー省の内部にいるいかがわしい者たちは、世界の現状（エネルギー事業からの巨額の利益）を保持し、何千という特許を却下するために、この法律の解釈を悪用してきました。

　またヘンリー・モレイの大発見を、特許商標庁は無視し、彼の研究所は荒らされました。電気重力学の創始者の1人であるT・タウンゼント・ブラウンは、2万～20万ボルトの高電圧を活用することで、ゼロポイント・エネルギーを取り出せることを発見しました。この効果で、充電した蓄電器は質量を失い文字通り地面から浮きました。ちょうどUFOのように。大手石油会社は競争を歓迎しなかったため、当局はブラウンの特許申請を却下し、研究資料をすべて押収したのです。

　その他の発明家たちは幽霊会社との提携に誘い込まれ、彼らの発明は無期限に塩漬け（お蔵入り）にされてしまいました。ジョン・ケリー、ヴィクトル・シャウベルガー、およびオーティス・カーは嫌がらせを受け、殺害されました。もう1人の電気重力物理学者であるジョン・サール教授は、彼を毒殺しようとした2人のCIA職員にだまされ、アダム・トロムブリも同じ目に遭いました。

　1980年代スタン・マイヤーはマイクロ波システムを構築した工場でエンジニアとして働いていましたが、彼は非常に低い周波数だと水が直ちに水素と酸素に変わることに気づきました。この観察結果に基づいて、彼の双子の兄弟スティーブはスタンに協力し、ある電圧で電極を水に入れて、ブラウンガスという磁気を帯びた水素と酸素の混合物を作ることができる電気回路を開発しました。これは実質的に、水がガソリンにとって代わりました。それが機能した証拠に、マイヤーズ兄弟は砂浜で走行できるオープンカーを改良し、その噂が広まったのです。

　ここでCIAが登場します。彼らはリアジェットを改良するためスタンを雇いたいと思っていたと主張していました。スタンは当然ながら神経質になっていて、公共の場（地元のクラッカー・バレル）で昼食がてら会うことを求めていました。そこでスタンが飲み物を口にすると自分の

喉を押さえて「毒を盛られた」と、苦しそうな声で言いました。そこから駐車場まで走っていき、倒れて息絶えました。

2010年末までに国家安全保障命令（2010年10月21日付、セキュリティニュース）の下、5,135件の発明が押収されました。

これらのフリーエネルギー・システムが存在していること、そして何兆ドルの税金に値する秘密の闇の工作プログラムにお金を払ったのは私たち市民である、ことを理解することが重要です。何百兆ドルというお金が投入された石炭、石油、ウランなどの燃料施設ですが、それらは時代遅れです。「だからと言って、秘密主義は良いことになりませんよね？」と言う人もいるでしょう。それは、馬や馬車の製造者を廃業に追い込むことになったので、自動車は発明されるべきではなかった、あるいはロイヤルタイプライター社が廃業に追い込まれたので、コンピュータは発明されるべきではなかった、と主張するようなものです。

化石燃料のマクロ経済秩序、および余裕で食える少数の持てる者たちは、フリーエネルギー・システムが定着するのを許すわけがありません。何十億の船を持ち上げるとしても、どんなにこのテクノロジーの波が地球を救うことになっても、です。彼らに反対すれば、電動ノコに突っ込むのも同然です。

私たちは、新地球エネルギー・インキュベーター、つまり特許や知的財産を持たないゼロポイント・エネルギー（ZPE）に関するオープンソースの研究開発プロジェクトの創造を通じて、この難題の解決を提案しています。［新地球インキュベーター基金；コンセプトを参照］

＊　　　　　＊　　　　　＊

証言

リチャード・ドーティは、空軍特別捜査局（AFOSI）の対諜報活動 特別捜査官でした。8年以上、彼はニューメキシコ州にあるカートランド空軍基地、ネリス空軍基地（いわゆるエリア51）、およびその他の場所において UFO ／地球外生命体

に特化した任務を課せられていました。

　自分のキャリアの晩年、ET の宇宙船内で見つかったアクリル板のような長方形の物体に関するアメリカの科学者の理解を説明した文書を、ワシントンで読んだことがあります。それはゼロポイント・エネルギーを利用したエネルギー装置でした。この装置は非常に小さな電灯から全体にエネルギーを供給できる形でつながっていました。それぞれの宇宙船にその装置が1つずつ搭載されていたのですが、ホースメサの西側で墜落した宇宙船には、コロナで発見された装置よりも大きなものが搭載されていました。その理由を科学者たちは理解していなかったと思いますが、その装置は同じ形で機能していました。

＊　　　　　＊　　　　　＊

　証言
ダン・モリスは、長年にわたって地球外生命体のプロジェクトに関わった退役空軍曹長です。空軍から退役した後、彼は超極秘の機関である国家偵察局 NRO に採用され、そこでは特に地球外生命体に関わる作戦に取り組んでいました。彼は、（最高機密よりも38段階上の）コズミック（宇宙）レベルの機密取扱許可を受けていました。彼の知る限り、歴代のアメリカ大統領も持っていなかったものでした。

　UFO には地球外のものと地球人がつくったものの両方があります。UFO に取り組んでいた者たちは、眠っていませんでした。T・タウンゼント・ブラウンはアメリカ側の人間で、ドイツ軍と同等の知識を持っていました。そこで1つ問題がありました。タウンゼント・ブラウンが取り組んでいる反重力、電磁推進、秘密や彼自身を、手元に引き留めておかなくてはならなかったのです。
　テスラの時代でさえ、技術移転可能なフリーエネルギーを持っていました。アンテナを立て地面に杭を打ちさえすれば、家の電気をつけるこ

とができて、必要なエネルギーは手に入れることが可能だったのです。しかし何を燃料にするというのでしょう？20世紀は、原油でエネルギーを作っていました。世界の原油は誰が支配しているでしょうか？多くの人が、イラク、イランおよびサウジアラビアが原油を握っていると思っています。そうではありません。私たちアメリカが支配しています。そしてイギリスです。まあ、これを秘密の政府（原油を支配する世界で一番裕福な人間たち）と呼びたがる人もいるでしょう。内燃エンジンがあれば、自動車は必要ありません。長さ約16インチ、横約8インチ、幅約10インチのゼロポイント・エネルギー装置を持っていれば、地元の電力会社の供給を受ける必要はありません。これらの装置は、何も燃やしません。公害ゼロなのです。しかも駆動する部分がないので、磨耗することもありません。動くのは重力場の電子です。電子フィールドで電子は逆方向に回転します、いいですか？その装置を自動車にいれると、車体が寿命で錆びて崩れ落ちても、装置ははるかに長持ちします。

　原油で回っている世界経済に対して、これが何を起こすのでしょうか？

＊　　　　　＊　　　　　＊

証言

アメリカ空軍のチャールズ・ブラウン中佐：空軍の英雄として第二次大戦から帰還した後、ブラウン中佐は空軍特別捜査局に入りました。彼はグラッジ計画に配属され、UFO調査の責任者になりました。

　技術マニュアルとMIT（マサチューセッツ工科大学）での研究から、完全な乾燥から完全な湿潤に環境が変わった場合、エンジン効率が2％改善されることを私は知っていました。さて、［私たちが発見したこの方法で］空気に湿気を与えることで、内燃機関の効率が20～30％改善しました。

　当然、工学分野の人間や科学者たちはそれを信じようとしませんでし

た。それで私は、よく考えもせずに、エンジン効率を著しく改善するこれらの装置を販売し始めました。そうしたら奇妙なことが起き始め、政府、特に連邦取引委員会が介入してきました。EPA（環境保護庁）はそれが機能することに満足したのですが、政府からの支援は何もありませんでした。ついにEPA長官は、ノースカロライナ州にある同庁の研究所長に電話をし、私と一緒に試験をするように頼みました。こうして私は、長官が研究所長にディーゼル車を用意させたことは何も知らずに出向きました。私が知る限り、その結果は目を見張る素晴らしいものでした。それはEPA研究所でテストされた中で、あらゆる排出物を同時に低減させ、しかも燃費を23％も向上させた最初のディーゼルだったのです。私が知る限り、いずれの項目についてもこれと同等の結果を出した人はいませんでした。

　連邦取引委員会は後日、文字通り違法行為を働きました。ワシントンのある大手販売業者の弁護士に宛てた明確な声明の中で「それが機能するかどうかはどうでもよい。人々にはこれらの大型米国車を買ってほしくない」と述べました。この報告を読んだ時、1979年か80年に政府の役人がそんなことを言うとは想像もできませんでした。

　それで私は議会に行くためワシントンに飛びました。そこで科学技術委員会に所属する上院議員、そして法律顧問にも会いました。彼は長々と質問をしたのですが、私は証拠書類を揃えていたので彼は対処すると言いました。私がFTC（連邦取引委員会）の態度の不公正さを指摘すると、彼らは連邦取引委員会委員長宛てに厳しい非難の手紙を書き、その写しを私に送ってきてくれました。

　その日から3週間のうちに、私は車を失い、さらに約10万ドル相当の装置と試験車両が盗まれました。私は小さなスプライト型レーシングカーに乗る陸軍レースチームを後援していたのですが、レースで優勝した直後に奴らはその車から私の装置を盗んだのです。その陸軍チームのキャプテンは曹長でした。私たちはスーパーカーを生み出していました。それを奴らは、カリフォルニア州バンナイズの陸軍から盗みました。

それから3週間後、私は経済的にも精神的に参ってしまいました。これは単なる話のネタではなく、現実に起こったことなのです。人生の9年間を戦闘地域および周辺で過ごした人間として、ここに戻ってこなくてはいけない。これはとてもトラウマ的なことでした。

　私たちは、あるプロジェクトを海事管理局と共同で遂行したのですが、これはとてもうまくいきました。結論を言うと、排出を40％低減しながら馬力を20％向上、つまり燃料の20％を削減しました。

　プロジェクトの終わる2か月前に彼らは「契約が打ち切られ、このプロジェクトを中止する」と言いました。そんなことはできないはずだ、と私は言ったのですが、「既に中止した」と言われました。そこで私は「といっても、プロジェクトは間もなく終了です」と言いました。そして残り2か月分の資金は支払い済みです。彼らは「その試験結果は公表しません。あなたのメモと記録のすべてを出してください」と言ってきたのです。

　「それらの記録やメモを所有する権利はあなたたちにはありません」と私は言いました。すると彼らは、「資金を出しているので、その権利はあります。政府と争わないでください」と言いました。そうして、私は持っていたものすべてのコピーを何部か取り、方々にばらまき、すべての原本を彼らに送ったのです。当時私が知らなかったことは、そのプロジェクトを立ち上げた主任技師に電話を入れたのですが、彼は1度も出ませんでした。その補佐役の技師にも電話を入れましたが、彼も出ませんでした。それでとうとう私は経理担当者に電話をすると、「この2人は、もうここにいません」と彼は言いました。「どういう意味ですか？」と私が言うと、「海事管理局は研究部門を廃止しました」という答えが返ってきました。

　つまり、何者かがこの技術の成功を望まなかったのです。その後の出張中でのことです。午前0時を2分すぎて私の誕生日になった時、私が床に入る準備をしているとホテルの部屋の電話が鳴りました。電話の相手は「直ちに部屋から出てください」と言うので、「その理由と名前を言

えば、出るとしよう」と答えました。電話の主はホテルの受付係で、私の部屋に爆弾が仕掛けられているという電話がかかってきた、と言うのです。

　私が電話を切って外に出ると、既に宿泊者全員がホテルから避難を始めていました。私は「ホリデー・インに移る」と伝え、実際に移動しました。私が車を駐車した場所は目の前の照明のある一角。そのくたびれた旧式車には、パデュー大学で気密試験を行うため数千ドルの装置を積んでいました。

　翌朝7時15分に部屋から窓の外を見ると、私が車を停めた場所には何もありませんでした。彼らが盗んでいったのです。2、3週間後に警察が私の車を探し出したのですが、燃料タンクはドリルの穴だらけで、試験装置はすべて無くなっていました。

　気化器の試作品を作ったのですが、それも無くなっていました。私は再び精神的に打ちのめされました。

　私の部屋に爆弾があるという電話があったということは、誰かが私の後をつけていたのです。間違いなく、電話も盗聴されていたのでしょう。これには何ら道理に適うような理由がありませんでした。私の装置は、この車販売ディーラーを通して購入される乗用車、トラック、またはバンなど、すべての米国製新車に取り付け無料で提供されました。私は米国製に限定するという条件を付けました。

　この過程の中で、燃焼を促進する分子とラジカルが生成されます。それは瓶の中に雷を発生させ、燃費を大幅に向上させ排出を減少させる分子を作り出します。

　私の発明は、古い車を使い続けたい人のための改良装置として役立ちます。しかし特に、18輪車、ディーゼル車、都市部のディーゼルバス、曳き船、外洋船舶など、深刻な公害を生み出す輸送手段に対しては有効です。ヨーロッパ、英国およびドイツのマックス・プランク研究所での調査に基づくと、発電所での活用の可能性も開かれています。そこから上がる白煙を見ることはなくなるでしょう。これが最小限の投資で実現

できると、私は90％確信しています。

　いずれにせよ、私の発明は空気中の他の要素を含め酸素を増やします。増えるのは酸化体だけです。使用する燃料が少なくなれば、二酸化炭素を減少させます。私が知る限り、これはおそらく最も欠点のない発明です。

　実は、数年前に米国政府のある機関から私は助言をもらっていました。私が主張していることが実際にできるのなら、それは新しい科学の領域であると。これに対抗できる発明はどこにもないので、新しい科学の領域であることは、ずっと分かっていました。それは、あらゆる熱サイクルエンジンの燃焼用空気、つまり混合気の質を高める1つの方法です。私はそれをプロパンで試し、ディーゼルとガソリンでは数百万マイルの作動試験を行いました。オクタン価75〜125のガソリンでも試験をしました。これを使えば、通常ならオクタン価92を必要とする乗り物をノッキングせずにオクタン価75で走らせることができるのです。私はそれを3か月間行いました。この技術の可能性ということに関して言えば、私の実験はほんの始まりにすぎませんでした。

　もし25年前に石油会社が完全に私を支持していたら、地球の限りある資源、石油の利用寿命を延ばしていたかもしれません。

"いくつかの統計によると、2兆3,000億ドルの取引が追跡でき
ません"

― 国防総省長官　ドナルド・ラムズフェルド

2001年9月10日

"私たちはこれまで、実際に地球外の存在に接触されて（恐らく訪
問も受けて）きました。アメリカ政府は、地球のその他の国家と
結託して、この情報を一般市民から隠すことを固く決意していま
す"

― ヴィクター・マルケッティ、元CIA副長官付特別補佐官

UFO機密ファイル

非認可特別アクセスプロジェクト（USAP）

証言

- ジョン・メイナード氏、国防情報局
- W.H.；米国空軍二等軍曹
- ウィリアムジョン・ポウェレック氏、米国空軍コンピュータ操作プログラミング専門技師
- クリフォード・ストーン三等軍曹、米国陸軍 回収部隊、

スティーブン・M・グリア医学博士による解説

　アイゼンハワー時代の終わりまでには、これらのUFO/ETプロジェクトはますます区画化されていき、国防総省にいる内部関係者の間で作られた軍産複合体の巧妙な迷路の中に消えていきました。その見返りとして、内部関係者たちは数十億ドルという闇の工作資金（税金）を、複数の世界大手の防衛請負業者の懐に流したのです。

　こうして議会の監視から解放された、これらの特別アクセスプロジェクトは、「非認可特別アクセスプロジェクト」、別名USAPとして知られるようになりました。

　USAPとは何か？極秘の、誰からの干渉も受けないよう切り離されており、極秘情報の取扱許可を持っている者でさえ、特別なアクセス権を求められる、非認可のプロジェクトなのです。つまり、あなたの上司または大統領を含め誰かがこのプロジェクトに関して尋ねてきたら、あなたは「そんなプロジェクトは存在しません」と答えるのです。別の言い

方をすると、嘘をつくということです。これら USAP に関わる人間は、これらのプロジェクトの存在を外に漏らさないことに関しては極めて真剣で、その秘密を維持するためなら何をやることもいといません。

　すべての USAP の中で最大級に大事なことは、UFO/ET に関することです。

　これに関与している人たちの大半は、この運営の違法性に気づいています。「説得力のある反証」は、多くのレベルで存在します。特殊化および区画化（誰からの干渉も受けないよう切り離されていること）しているおかげで、数々の工作はそれらに関わる人間にさえ、自分たちの仕事が UFO/ET 問題に関係していると知られずに存在することができるのです。

　気づいている人間にとって、金銭的な見返りや秘密の漏洩に対する罰則は非常に大きな効果があります。ある上席の内部情報提供者によれば、少なくとも 1 万人の者が 1 人当たり 1,000 万ドル以上を受け取っており、一方で沈黙の掟を破る脅威としてみなされた個人や彼らの家族に対して TWEP の指令（Terminate With Extreme Prejudice ＝極端な偏見で解雇する、軍事用語で暗殺、処刑の意味）が遂行されているということです。

　この問題で蚊帳の外に置かれた歴代の大統領たちには、手を引くようにという警告が出されてきました。1963 年 7 月、ケネディ大統領はベルリンに飛び「私は、ベルリン市民である」と宣言した有名な演説を行いました。エアフォース・ワンの機内にいた、ある軍人がこんなことを話してくれました。

「長時間のフライト中に、ある時ケネディは UFO 問題について議論していました。UFO は本物だと知っていて、その証拠も見たことがあると彼は認めた後、こう述べました。"この件はすべて自分の管理下にはなく、その理由も分からない" と。ケネディは、この真実を公表したかったができなかったと言ったのです。この件は自分の管理下になく、その理由

も分からない、とアメリカの大統領であり軍の最高司令官でもある人に言わしめたのですよ」

　彼が、その年の後半に暗殺される前に、真実を知ったのではないかと私は思っています。

　私自身も何度か命を狙われたことがあり、親しい友人や同僚も殺されました。

　一体どうやって、こんなに制御不能になってきたのでしょうか？

　強欲は、確実に優先順位のトップにあります。USAP用の闇の予算は、少なく見積もっても年間で800億ドルから1,000億ドルほどです。数兆ドルの税金は、過去70年以上の間、秘密裏に様々な分野に流用されてきました。

- 地球外テクノロジーの逆行分析
- 非線形推進および通信システムを使った実験
- 地球で複製されたUFO（Alien Reproduction Vehicle）の製造
- 市民に対して虚偽情報を流す大規模なキャンペーン
- 市民を騙すため、偽のET出現のでっちあげ、または演出
- 選出議員による監督、許可または認識のないまま、秘密の地下基地の建設と維持
- 宇宙の兵器化
- 何十億ドルもの賄賂

　私が軍産複合体の請負業者事業の憂慮すべき一端を共有しているのは、USAPがニセのプロジェクトに資金を隠しながら、その資金を超極秘扱いのプロジェクトに流し、議会、アメリカの大統領や国民に情報を開示しない、その手法を示すためです。

　1994年ディック・ダマートは、バード上院議員が委員長を務めるアメリカ上院歳出委員会の主席弁護士でした。彼が私に個人的に教えてくれ

たのですが、400億～800億ドルの資金が、彼らが入り込めない極秘情報の取扱許可または上院の召喚状をもってしてもアクセスできないプロジェクトに流れ込んでいました。彼が言うには、その資金は確実に UFO 関連のプロジェクトに使われているが、彼らはアクセスできませんでした。私は彼がこう警告したのを覚えています。「スティーブン、君が相手にしているのは、すべての闇のプロジェクトを扱う代表チームのような組織だ、幸運を祈る」と。

　このような悪巧みを知っている者たちで私が話したのは、彼だけではありませんでした。1995年7月、イギリス国防省の元大臣ヒル・ノートン卿とこの件で話している時に分かったのですが、彼も同様に蚊帳の外に置かれていました。彼は、MI-5および国防省のトップだったのにもかかわらず、です。

　アメリカ政府が製造しているのは、ほぼありません。軍のために B-2 ステルス機を製造したのは、アメリカ軍ではなく民間の防衛関連企業です。民間企業は、USAP を実質的に誰も近寄れないようにすることで、政府よりも上手に秘密を隠しています。民間部門を通じて USAP にアクセスしようとすると所有権で保護されており、国防総省を通じてアクセスしようとすると秘密の迷路の中に隠されている、という具合です。

　これらのプロジェクトを運営するため、彼らはどのように国民から資金を入手しているのでしょうか？

　例えば証言者の1人は、カリフォルニア州ラホーヤにあるサイク（SAIC：サイエンス・アプリケーション・インターナショナル・コーポレーション）で働いていました。SAIC は、請負業者の中でも収益性の高い事業部門であり、彼らは会社の中に会社を持ち、さらにその会社の中に会社を持っていました。そうするよう指示を受けていたのです。この証言者は SAIC に雇われて、基本的にたくさんのファイルキャビネットがあるオフィスに勤務していました。彼女の担当業務は、研究用の助

成金または提案に基づいて数百万ドルの資金を処理することでした。その資金は彼らのオフィスに入り、裏口から出て闇のプロジェクトに流れていました。そこで作成された報告書は政府の監査担当者に送られており、まったくのでっちあげでした。

　あれは明らかに詐欺ですが、これはこのシステムがどのように機能するのか小さな例にすぎません。別の例ですが、B-2ステルス爆撃機の実際の製造コストは、数億ドルかもしれません。彼らは議会に対して、1機20億ドルかかると言っています。その差額の13億ドルは電磁重力研究、またはその他の非認可特別アクセスプロジェクトに流用されています。これが資金作りの方法です。TS-SCI（極秘特別区画諜報または情報）の性質上、その区画された内部に属していない限り、外部の人間に報告はしません。相手が誰であろうと関係ありません。連邦議会予算事務局に報告なんてあり得ません。監査担当者あるいは誰であっても、彼らは資金の流れは報告などしないのです。

　そういうわけで、ラムズフェルドは「23億ドルの使途不明金があります」と発言しました。もう1度言いますが、これはジョージW・ブッシュおよびディック・チェイニー政権にいた保守的な共和党の国防総省長官の発言です。あなたが、私のことを信じないのであれば、彼のことを信じるのでしょう。これは単に使途不明だと。しかしこれがそのやり方なのです。ほんの小さな1例にすぎません。その多くが、水増し請求をしています。500％のコスト超過について聞いたことがあるでしょう。まあ、これは本質的にコスト超過ではありません。この一部は単に闇のプロジェクトに入る、流用されるのです。しかし国防総省やCIAだけではありません。最初のブッシュ政権、つまり父親のブッシュが大統領の時政権で働いた人たちが私に、「HUD（住宅都市開発省）およびその他の機関から、価格を釣り上げてお金を引き出し、闇のプロジェクトに流用していた。それが日常的に行われていた」と証言しています。

　そしてさらに闇の深い、非道な方法があります。

　1997年、連邦議員およびウィルソン大将（情報部門／統合参謀情報部

部長）向けにペンタゴンで会合を開いた直後、私は元議員およびSAIC
の上級役員と会いました。場所はナショナル空港に近いクリスタル・シ
ティにある、その元議員のコンドミニアム。ジョージ・ブッシュ・シニ
アに対し非公式に"助言"をしていたその元議員は、そのグループがい
かに危険なのかを私が本当に理解しているか質問し始めました。

　そこで会った両者に名前は公表しないでくれと頼まれましたが、私に
自白剤を飲ませても今ここで話すことは真実です。彼らは「私たちは反
重力装置を使っています。彼らは真夜中すぎに様々な場所から発射しま
す。さらに、世界中で数千億ドルもする秘密のクスリや武器を動かして
います」と言いました。彼によれば、あるグループが存在し8,000人の
集団で構成されており、世界中で禁制品を動かしています。それはすべ
て現金で追跡不可能だからです。彼らは、軽微なセキュリティ違反を犯
したとしてその内の2,000人を殺害してきました

　これは陰謀論ではありません。これらは実体験から得た大きな情報が
２つあり、このグループが何を目的にしているのか私に警告を与えてい
ます。

本当は誰が政府を動かしているのでしょうか？

　このグループは、準政府、準民間の存在で国境を超えて活動していま
す。活動の大半は、高度な地球外テクノロジーの理解と応用に関連する、
民間の"その他の制作作業"の請負プロジェクトが中心です。関連する
区画化されたユニット（これもUSAPなのですが）は、偽情報、市民を
欺く活動、いわゆるアブダクション（誘拐）およびミューティレーショ
ン、偵察およびUFOの追跡、宇宙ベースの兵器システムおよび専門的
な連絡グループに関わっています。

　この存在はカバール（陰謀団）と考えてみてください。これを構成し
ているのは、特定のハイテク企業、国際政策分析コミュニティーの中の
選ばれた連絡係、少数の選ばれた宗教グループ、大手石油企業、プライ

ベートバンク、科学コミュニティー、メディアおよびその他のグループの中にいる、中間レベルのUSAP関係の軍事および諜報工作員、すなわち"闇のユニット"です。これらの事業体と個人の身元の中には私たちが知っている者もいますが、ほとんどが分からない状態になっています。

意思決定機関を構成している人間のおよそ3分の2は、現在この件に関してある種の情報公開に賛成しています。彼らは概して、過去の行きすぎた行為において共犯の可能性が低い若いメンバーです。残りのメンバーたちは、直近の情報開示に関して反対している強硬派、または態度を決めかねている人たちです。残念ながら、彼らが主導権を握っています。

実際の政策および意思決定は、現時点では、USAP関連の軍事および諜報高官とは異なり、圧倒的に民間部門で行われているようです。一方である情報によれば、特定の工作分野においては、かなり相対的な自治権が存在するようです。現時点での私たちの判断ですが、特定の隠密工作および情報公開の可否に関して議論が高まってきています。

ホワイトハウス高官、軍および議会のリーダー、国連加盟国、その他の世界の指導者たちは、UFO問題に関して日頃から説明を受けているわけではありません。仮にこの問題を問い合わせても、彼らはその工作活動について何か説明してもらえることもなく、いかなる工作活動の存在も確認されることはありません。概して、この秘密の組織の性質上、これらのリーダーたちがそのような質問を誰にするべきか、分からないようになっているのです。

複数の証言者によると、特定の国々、特に中国は独自の目的を積極的に追求してきましたが、国際的な協力関係は広範囲で存在します。広範囲にある多様な民間の拠点を除けば、作戦活動が行われる主な基地には、カリフォルニア州のエドワーズ空軍基地、ネバダ州のネリス空軍基地、特にS4およびその周辺の施設、ニューメキシコ州のロスアラモス、アリゾナ州のフォートフアチュカ（陸軍情報本部）、アラバマ州のレッドストーン兵器廠、および、ユタ州の遠隔地に所在し比較的新しく拡大を進めて

いる、飛行機でしか行けない地下施設やその他の基地が含まれています。その他の施設および作戦拠点は、英国、豪州およびロシアを含む様々な国に存在します。これらの工作活動に関わる部隊が、国家偵察局（NRO）、国家安全保障局（NSA）、CIA、国防情報局（DIA）、空軍特別捜査局（AFOSI）、海軍情報局、陸軍情報局、空軍情報局、FBIおよびMAJIコントロールとして知られたグループを含む、数えきれないほどの機関に潜入しています。科学、技術および先進技術工作の大半は、民間の産業および研究会社を中心に行われています。重要でまた死を招くセキュリティは、民間の契約業者が提供しています。

1994年バリー・ゴールドウォーター上院議員は私に、「当時ET問題を隠していたことはとんでもない間違いだが、それを今隠していることもとんでもない間違いである」と言いました。私はこれに関して彼に同意するのですが、隠したいという思いは、過去も現在も愚かさに根差しているものではありません。それよりも恐れと不信感に根差していると思っています。

普段私は心理療法隠語が嫌いなのですが、これに関するすべての心理状態というのは重要だと信じています。私が信じていることは、秘密主義、特にこれほどの秘密主義というのは常に病気の兆候だということです。家族に秘密がある場合、それは恐れ、不安感および不信感から生まれる疾病です。これは、地域社会、会社および社会に広がる可能性があると私は感じています。究極的に言えば、隠そうとする意欲は、根本的な不信感およびあふれるほどの恐れと不安感から派生した深刻な沈滞の症状です。

UFOおよびETの場合、1940年代初頭および1950年代は恐れと不確実性の時代でした。ソビエト連邦は勢力を拡大、そして巨大な殺傷能力の高い核兵器で完全武装しながら、スプートニクを打ち上げ、宇宙開発競争で私たちアメリカを打ち負かしていました。今や地球外の宇宙船が現れ、それらは死亡した（1体のみ生存していた）生命体と一緒に回収されています。パニック。恐怖。混乱。数えきれない不明な点が、恐れ

と共に生まれました。

　なぜ彼らはここにいるのでしょうか？一般市民はどう反応するのでしょうか？どのように彼らのテクノロジーを確実に手に入れ、不倶戴天の敵の手に渡さないようにできるのでしょうか？世界最強の空軍が自国の領空を支配できないことを、国民に言えるでしょうか？宗教的信仰に対して何が起こるのでしょうか？経済的秩序、政治的安定、そして既存のテクノロジーの管理者たちに対して何が起こるのでしょうか？

　私の意見では、最初の頃の秘密主義は予測可能で、理解可能とさえ言えるもので、正当化できる可能性がありました。しかし数十年が経ち、特に冷戦が終わったので、恐れだけでは秘密主義を完全に説明できません。つまるところ2017年は1947年とは違うのです。私たちは、宇宙旅行、月面着陸、他の恒星系の周りにある惑星の発見、宇宙の彼方で生物の構成単位の発見をし、人口の半分がUFOは実在すると信じています。さらにソビエト連邦は崩壊しました。

　現在の秘密主義を説明する重要な要素は３つあります。強欲、支配および何十年にも及んだ秘密主義の惰性です。

　強欲と支配は簡単に理解できますが、官僚による大規模な隠密工作の惰性は別の問題です。何十年にも及ぶ工作活動、嘘、市民への欺瞞を行ってきた後、そのようなグループが紡いできた巣を、どうやって解いていくと言うのでしょうか？ある種類の人間にとって秘密の権力というのは中毒的な魅力があります。秘密を持ち、知っていることで彼らは興奮しているのです。さらに宇宙のウォーターゲートのような亡霊がいて、様々な人たちがこの人やあの人を辞めさせることを求めています。官僚たちが熟練している現状維持がやりやすくなっています。

　そして今や恐怖も存在します。それは、ソーシャルメディアの時代において暴露される恐怖だけではなく、異なるものを嫌う、および未知のものに対する原始的な恐れです。これらの地球外生命体は誰なのか、なぜ彼らはここにいるのか、よくもまあ私たちの許可なしで領空に侵入してくるものだ。人類は、あらゆる場所からくる自分たちとは異なる、未

知のものを恐れ、憎む伝統があります。人類の世界を荒廃させているいまだに続く人種、民族、宗教および国家主義的偏見および憎しみを見てください。未知のものおよび異なるものに対して、ほぼ植え付けられた排外的な反応があるのです。そしてETたちは私たちとは大きく異なることは確かで、例えばアイルランドのプロテスタント教徒とカトリック教徒との違いのようなものです。

かつて私は、UFO関連の軍および情報工作に関わったある物理学者に、なぜ私たちは先進宇宙技術をベースにした兵器でこれらの宇宙船を破壊しようとしていたのか、と尋ねました。彼は興奮してこう言いました。「これらの兵器を扱う無鉄砲な連中は傲慢で抑えが効かないので、UFOが私たちの領空に進入することは敵対的な対応に値する侮辱とみなすのです。用心していないと、彼らは私たちを星間衝突に巻き込むことになります」

つまり、未知のものに対する恐れ、強欲と支配、制度からくる遅滞。これらは現在動いている力と私が認識しているもので、継続的な秘密主義を推し進めています。

しかし、私たちはそこからどこへ向かうのでしょうか？ 私たちは、この極端な秘密主義のはびこる状況を、どのようにして情報開示へと変革できるのでしょうか？

古い中国のことわざに「方向を変えなければ、今向かっている場所にたどりつくだろう」というのがあります。まさにその通りです。この分野で私たちが進んでいる場所は、極めて危険です。特にこの影響が広範囲に及ぶ重要なことに関する極端な秘密主義は、民主主義をむしばみ、憲法を打ち破り、計りしれない技術力を選出されていない一部の人間の手に集中させ、地球全体を危険にさらしてしまいます。

秘密主義は終わらなくてはなりません。大衆は完全な情報開示を要求するべきです。

現在または過去に関与したアメリカ政府機関

　活動は超極秘 USAP（非認可特別アクセスプロジェクト）に区画化されています。これは誰に対しても、指揮系統にいる上席者に対してさえも認可されていないことを意味します。

　NRO（国家偵察局）
　NSA（国家安全保障局）
　CIA（中央情報局）
　情報部（陸軍、空軍、海軍）
　AFOSI（空軍特別捜査局）
　DARPA（国防高等研究計画局）
　FBI（連邦捜査局）
　宇宙軍およびその他

関与していると思われる民間企業体

　ノースロップ・グラマン社
　ボーイング・エアクラフト社
　ロッキードマーチン社（デンバー・リサーチセンターを含む様々な施設）
　BDM（元ブラドック、ダン＆マクドナルド社）
　E-Systems 株式会社
　EG&G 株式会社
　　（エドガートン、ゲルムシャウセン・アンド・グライヤー株式会社）
　ワッケンハット株式会社
　ヴィレッジ・スーパーコンピューティング、アリゾナ州フェニックス
　フィリップス・ラボラトリー
　マクドネル・ダグラス

TRW 株式会社

ロックウェル・インターナショナル

ブーズアレン・アンド・ハミルトン株式会社

マイターコーポレーション

SAIC（サイエンス・アプリケーションズ・インターナショナル株式会社）

ベクテル・コープおよびその他

[UFO／地球外生命体問題に関わるプロジェクトおよび施設の完全一覧、および関与していると思われる民間事業体一覧は、付録13を参照]

＊　　　　　＊　　　　　＊

証言

ジョン・メイナードは国防情報局（DIA）の軍事情報分析官でした。国防情報局にいる間、秘密保持を目的とした区画化について精通するようになりました。

NRO、国家偵察局は基本的に空軍が運営しています。退役後にこれまで私が接触した人々から聞いて理解したところでは、偵察局は特にUFOと地球外知性体の活動を含め、責任担当範囲が増えてきています。

彼らは、ブルーブック計画を中断したところから再開したと言っていいでしょう。ブルーブック計画は基本的に空軍自体のものでしたが、その活動は最終的に国家偵察局の管轄下に入りました。

現在これは基本的に共同サービスですが、空軍と統合参謀本部が運営しています。彼らの仕事は不気味なものです。その正確な中身についてあまり多く知られていませんが、SR-71の後継機を運用しています。それは、ロサンゼルスからロンドンの間を約18分で飛行する能力を持つデルタ型航空機だと考えられており、宇宙空間に近い所を飛行します。非常に高速です。衛星画像の役割の優先順位は低くなってしまいました。タレントキーホールは依然としてありますし、オムニもまだあります。も

はや私がその暗号名すら知らないものが複数ありますが、その偵察のほとんどは航空機で行われています。

　反重力に関して言えば、彼らはそれに長い長い間取り組んでいますが、私はそれを知っています。しかし基本的に私が見てきたのは磁気パルスエンジンです。それは飛ぶときに、とても変わった痕跡を残します。使用するのは通常の燃料ですが、それに合わせた磁気パルスエンジンを搭載しています。その特徴としては、ロープの上に乗った石鹸のような飛行機雲を背後に作ります。

　誰でも知っているように政府は広い範囲に及んでいて、あらゆる場所で皆のポケットや生活の中に入り込んでいます。同じことがUFO/ETの問題についても当てはまりますが、何が起こっているのか完全に知っている人はほとんどいません。その中身は闇の秘密活動の中にしっかりと隠されています。その背景をじっくり観察したいなら、NSA（国家安全保障局）の外部の民間組織ドライドン・インダストリーズのようなNSAの直接の契約業者に目を向ければ良いでしょう。彼らはなぜ海軍のパイロットたちを使って偵察にSR-71を飛ばしているのでしょうか？そのことを考えるなら、NSAは何を見ているのでしょうか？なぜ彼らはこんなことをしているのでしょうか？彼らは訓練のためにそれを使っているのではありません。それは1つの目的のためです。

　組織内の幹部レベルで、国家安全保障顧問が参加すると、内情に通じたNSAトップの出身者として厚遇されると言ってよいでしょう。

　彼が知っている範囲は限られています。というのは、彼はただ指名された者にすぎないからです。その点に関して言えば、CIAで新しく指名された者も同様です。彼らには知らされることはありますが、ごく限られた知識になります。闇の秘密領域にいる一部の者だけが、非常に具体的な内情を知ることになるのです。

　しかし、NROについてあまり多くのことは知られていません。それは実に目立たない組織の1つです。この質問が上がるたびに、それは単に偵察を行う空軍の1組織である、以上となります。これでは多くの疑問

が残されたままです。しかし、UFO、諜報、地球外生命体問題に関する限り、この組織はまさしく頂点にあります。敢えて言いますが、大統領はそれについて限られたことしか知りません。私はカーターが何も知らなかったことを知っています。私は、そのカーター政権で働いていました。彼らはそれを堅い秘密にしていました。

　彼らがロズウェルで失敗したのは、認めるよりも隠蔽したことです。その理由は、UFOと地球外生命体関連の活動がこの政府が認めることになるよりも遙かに長期間続いているからでした。ジョージ・W・ブッシュ（大統領）が「誰よりもこれについてよく知っている者がいるとすれば、それはチェイニーだろう」と言いながらチェイニー（副大統領）に振ったのは滑稽でした。彼は何かとても興味深いことを知っています。

　この問題に関与している企業の中で、大手の1つはアトランティック・リサーチ社です。この会社について、そんなに頻繁に耳にすることはありません。言ってみれば、これは非常に目立たないようにした内部関係者で武器売買コンサルタントです。彼らの仕事の大部分が情報機関の内部で行われます。TRW、ジョンソン・コントロール、ハネウェル、これらのすべてがどこかの時点で情報分野に関わるようになりました。特定の活動は彼らに外注されていました。アトランティック・リサーチ社はずっと以前からその1つでした。これらはペンタゴン（国防総省）の人々によってつくられた組織で、ある極秘の区画化された計画を実行するために、プロジェクト、補助金、資産を受け取っていました。あまりにも秘密で区画化されていたために、内情を知る人間は4人ほどにすぎなかったでしょう。それほど、厳重に統制されていたのです。

　退役軍人が始めた企業に目を向けるべきでしょう。カリフォルニア州在住のボビー・インマンと彼が監督する小グループSAIC（サイク社）がその一例です。そこで私たちが問うのは、誰が実際にJPL（ジェット推進研究所）を支配しているのか？ということです。なぜJPLが組織されたのでしょうか？他にも、エイムズ研究所やフォートデトリック研究所に対しても同じ問いかけをします。フォートデトリック研究所からは非

常に興味を引く研究成果が出ています。そしてハリーダイアモンド研究所はとても長い間活動していますが、彼らのことはあまり耳にしません。なぜなら、彼らは基本的にすべて軍と契約しており、特定の専門性を持っているからです。

あなたが逆行分析（Reverse engineering）やその仕組みなどの記録を見たことがあるかどうかは知りませんが、とても変わっています。組み立て方を教えてくれる技術者を1人と、目的の仕様を準備すれば、その誰かが残した記録から望みの装置を組み立てることができる。逆行分析記録があれば組み立てられるようになります。分解して、それがどのように機能するかを解析するのです。

私はロズウェルで回収した物体から組み立てたものをいくつか思い出せます。1950年代の中頃に、カナダでも極秘となった墜落事件が1つありました。それらの物体を使ったいくつかの技術計画が間違いなく存在しました。

宇宙における兵器は今なお大きな謎に包まれています。基本的に闇の秘密計画は、常にそのようなことをやろうとしてきました。スターウォーズ計画は無用の長物でした。その大部分は存在しませんでした。それはすべて理論上のものでした。レーザー兵器これについてはまったく別の話です。レーザー分野では、まったく新しい技術の急速な進歩があります。切断だけでなく、パルスレーザーはそれを照射することで基本的に何でも破壊します。

宇宙に兵器を置いていると私は確信しています。おそらく私の気持ちの中には何の疑いもありません。彼らは1960年代終わりから1970年代初めの頃スターウォーズ計画が始まるずっと前から、それらを開発しようとしていました。ニクソンは、その線で宇宙兵器の製造を望んでおり、そしてその計画が始まりました。人々はそれを望んだのです。

英国と合衆国とカナダは、これらの秘密の最大の加担者ですが、後に彼らはオーストラリアも引き入れました。

これらの武器売買コンサルタントにも、まさに同じことが言えます。彼

らに何か話をさせることができるでしょうか？できません。それこそ彼らの利益だから話すわけはありません。彼らは自分自身の利益を損ねること、自分に一発食らわすことなどしません。実は彼らは、現在だけでなく1900年以前から何年も私たち市民からUFOおよび地球外生命体などの情報を隠してきています。ですから、真実はそこにあるのです。もう公の場に出てきて、これが真実ですよ、と言うべきタイミングです。

*　　　　*　　　　*

証言

W.H.は、1963年から1977年の間アメリカ空軍の二等軍曹として従軍しました。1963年6月13日、彼はジョン・F・ケネディ大統領と共にドイツのウィースバーデンにあるウィースバーデン空軍基地に飛行機で到着しました。

　1966年の夏、空軍の高官および科学者の一団を迎えにいくようワシントンに呼び戻された時、私はコロラドスプリングスに駐留していました。私たちは、ワシントンD.C.にあるアンドリュース空軍基地から、オハイオ州デイトンにあるライト-パターソン空軍基地に飛びました。ブルーハンガーという場所に連れていかれ、そこには彼らが実験を行っていた様々なUFO機の残がいがありました。そこはベル研究所が関わっている場所で、ジェネラル・エレクトリックや多くのハイテク企業が知識を得ていた場所でした。例えば、電磁気推進システムが最初に使われたのはどこか知っていますか？ディズニーランドのモノレールなのです。
　ブルーハンガーの中で、私はお皿の形をした乗り物を見ました。推測で見積もると、それは直径が30〜35フィートで、高さが恐らく12〜14フィートだったと思います。それは、ニューメキシコ州の墜落現場のうちの1つから回収された地球外のものでした。説明担当者によれば、ニューメキシコ州フォーコーナーズ（アメリカ西部にある、4つの州の境界線が集まった地点、その周辺地域の呼称）では100件を超える墜落

があったということです。その理由は、フォーコーナーズ地域に大きな
ドーム型のレーダーがあり、そのレーダーが稼働中にこれらの宇宙船が
レーダーの上を通り抜けると、すべての制御を失い墜落してしまったと
いうことでした。

　そのETの宇宙船には、入り口に降りていくような開口部があり、窓
はありませんでした。機体には継ぎ目がなくアルミニウムのような色を
していました。

　私たちはそこからロサンゼルスに行き、翌朝にはそこを出てハワイ州
のヒッカム空軍基地に飛びました。後に分かったことは、実際に着陸し
たのはカウアイ島にあるバーキングサンズという警備の厳しい海軍基地
でした。私たちは西側を見下ろす監視所に案内され、背後から朝日が上っ
てくる時に、誰かが「宇宙船だ」と叫びました。

　その宇宙船は左側の海から出て右側に移動し、たぶん200ヤード離れ
た中央、海面から100ヤードの位置に移動しました。その宇宙船も円盤
状で船腹の中央には周期的に光が移動していました。のぞき窓のような
ものは見えませんでした。それは現れたかと思うとすぐに消えたのです。
そして私たち全員がそれについて話していると、また誰かが「戻ってき
た」と叫びました。

　今度はさらに近く、100ヤードの距離で海面から200フィートの位置に
現れました。その宇宙船はその場に浮いたまま前後に揺れ、上下に動き、
離れては近づき、そして斜めになって海に戻っていきました。驚いたの
は、海の中から出てきた時と再び海に戻っていった時のことでした。海
に入る時爆発や爆縮はなかったのです。「どうなってるのだ？」と私が尋
ねると、「電磁気推進システムを使うと、基本的に殻の中にある。水に入
る時、このエネルギーが先に出て、宇宙船がそのエネルギーについてい
く。海から出てくる時も同じ原理です」と教えられました。

　これは1966年秋の出来事でした。その目的は、その宇宙船が海から出
てくる事実を周知することだったと思います。したがって、その宇宙船
は水の中でも運行できるということです。今日まで、なぜそれを見に乗

組員が連れていかれたのか分かりません。私は特別出撃任務スチュワード兼搬入搬出責任者として乗務についていました。私は既に大統領レベルの機密取扱許可を持っていました。かなり高位の機密取扱許可を持っているというのが、その任務に呼ばれた唯一の理由だったのだと思います。

1966年の夏、私たちは緊急で海軍の高官、民間のエンジニアおよび科学者と一緒に飛んでいました。これはプロジェクト・マーキュリーと呼ばれていたものです。ホワイトサンズに到着後、機体から降りるとバスに乗せられました。バスのすべての窓は黒塗り。私たちは身分証明書を提示しなくてはならず、彼らは確認リストを持っており、すべての名前にチェックが入れられました。それから45分～1時間ほど移動して、垂直に切り立った断崖を成す峡谷に到着したのです。

峡谷に着くと、別のセキュリティグループがやってきて再び身分証明書を確認しました。そこにはオハイオ州のブルーハンガーにあったものと形が酷似した、三脚の着陸装置そして扉が前に倒れて開く宇宙船がありました。

そして生きているETが2体いたのです。身長は5フィート以下で、グレイリングと呼ぶものでした。それらとの距離は100ヤードほど。幸いバスの運転手が双眼鏡を持っていたので、それで照準を合わせてそれらを見ていました。

彼らは大きな目をしており、細い口、長く細い腕と手があり、体は細く、アルミニウム色をしたツナギの飛行服を着ていました。その飛行機から降りた彼らはETの周りにいて、それから宇宙船の中を見ました。

2体のETとの対面と宇宙船内部の見学は、約2時間続きました。全員がバスに戻ると、皆一言も話しませんでした。私が理解する限り、意思疎通はすべてテレパシーで行われていました。

プロジェクト・マーキュリーはホワイトサンズ、プロジェクトXはハワイのカウアイ島が拠点でした。飛行機の中で誰かが話し合いをしていましたが、何も書面やマニフェストに記録されておらず、ミッションシー

トにも彼らの名前は記載されていませんでした。

　私にはCIAに属するウェスリー・ボンドという親しい友人がいました。彼は、就任する新しい大統領にUFOおよびET現象に関する説明を担当していました。例えば、レーガン大統領はじっくりと説明を受けました。彼はレーガンに「現在、確認しているETは37種です。39種いるかもしれません」と言いました。また彼はカーター大統領の場合についても私に教えてくれました。アリゾナ州シエラビスタのそばにあるフォートフアチュカに行き、大統領は実際のETを目にしました。その時カーターは目に涙を浮かべて、「おお神よ、彼らは生きている」と言ったそうです。

　2014年2月、ウェスリーから電話があり彼は「この情報のすべてを公開する用意ができた」と言いました。そして彼は多くの情報を私と共有しました。彼は多くのコンピュータを持っており、ラップトップ型PCを2台、最新型のPCを2台、さらに彼がすべての情報を記録してきた数えきれないほどのDVDがありました。その数は100枚を超えていたと思います。

　彼はアリゾナ州フェニックスにある超安宿に泊まっていました。私が翌日そこを尋ねると、彼はいませんでした。そこにはPCやDVDなど一切ありませんでした。彼がそれらを保管ユニットに入れどこかに隠したことを知っています。彼らが彼に保管ユニットのありかを白状させたのかどうかは分かりません。しかし彼の性格から、彼らにその場所を教えなかったはずです。ですから、誰かが彼を殺害しすべての情報を持ち去ったのでしょう。

　USAPの裏にある秘密主義、そしてUFO、ET現象およびそれが存在する事実に関して、情報公開がされてこなかった理由に関して、個人的に一番大きな理由は、業界の強欲が関係していると信じています。多くの企業は、このテクノロジーから桁外れの利益を得てきました。推進システムに関してはベル研究所およびジェネラル・エレクトリック社などの通信業界の両社、そしてそれを共有した「フォーチュン100」に入るその他の企業などです。これが個人的な感想です。もう1つは、これま

で世界は用意が整っている、つまり人々はUFOやET現象は本当に存在すると信じていると思います。この世界はこの情報を聞く準備ができており、私たちは隠蔽のゲームには飽き飽きしているのです。

*　　　　*　　　　*

証言

ウィリアム・ジョン・ポウェレックは、1960年中頃に空軍のコンピュータオペレーションおよびプログラミング・スペシャリストとして、最初にポープ空軍基地で、後にベトナムで従軍しました。彼の要請により、彼の証言は彼自身の死後に公表される予定になっていました。

　人生初のUFO目撃は、私を新しいパラダイムへと目覚めさせてくれました。ある夜、若い女性とノースカロライナ州ファイエットビルから30マイル離れた林の中にいると、カエル、コオロギ、鳴き声を出す生き物すべてが電気のスイッチが切れたように静かになり、1機のUFOが300フィート離れた場所で存在を知らしめました。それは20〜30秒後に姿を現し、200〜300フィート離れた場所で高さ40か50フィートの位置で、東南から北西に向けて私たちの横を通りすぎました。その時刻は午後11時25分。小さな湖の上で姿を消した後、20〜30秒の静寂が続き、カエル、コオロギ、鳴き声を出す生き物すべてが鳴き始めました。まるで誰かが電気のスイッチを入れたかのように。

　人生の中でそれはかなり劇的な出来事だったので、林の中で一体何が起きていたのか私は問いかけ始めました。

　除隊後、私はラスコ・エレクトロニクス社を手伝うよう依頼されました。当時、ラスコといえば、世界最大のアクセス制御機器メーカー兼取り付け業者でした。1、2年経たないうちに私は当時キノコのように乱立していた、デンバー地区の企業レベルの仕事から軍関連の仕事、政府関連の仕事を担当し、再びセキュリティアクセス権限を有効化しました。

これがきっかけで国務省の仕事を多く請け負うことになりました。この期間、私は大きな企業用システムに加えて、国家安全保障のためセキュリティシステムを開発していました。

1979年、コロラド州ノースグレンにある会社を見つけました。当時、競争馬の替え玉が大きな問題になっており、その会社は馬用の埋め込み型チップを開発していました。似たような馬が2頭いて、出来の悪い馬に対し皆が速い馬だと思っているときに、それが勝たない方に賭ける、あるいはその逆も行われていました。そのピル（とも呼ばれる）は、当時既に皮下注射器で馬の皮下に埋め込めるほど小さかったのです。私はそれを見せられ、それは機能しました。それは、7、8フィート離れた場所から磁気探知機のような装置で読み込むことができました。

この装置は原始的なテクノロジーでしたが、当時のセキュリティ業界において私たちの多くは誘拐された被害者を追跡し居場所の特定に懸念を持っていました。特に、当時ヨーロッパで起きていた海軍将校やイタリア首相の誘拐では、機密情報を引き出す、惨殺される、あるいはその両方が起こっていました。セキュリティ業界の1つの目標は、そういった人たちを追跡し素早く居所を突き止めることのできるテクノロジーを開発することでした。

ヴァージニア州にあるSCIF（機密情報隔離施設）の部屋での会議に、このテクノロジーを持っていきました。この会議を設定したのはCIAにいる私の友人と国務省の友人ボブで、その時はこのテクノロジーを適切に活用するだろうと思った人たちに紹介するのが目的でした。その部屋で私たちは顔を合わせたのですが、関わったのがセキュリティの厳しい会議のため、ある人たちは氏名や所属を明かそうとしませんでした。私は、2人の友人が正しいタイミングで正しい人たちを会議に呼び、彼ら全員が信頼できる人物であると信頼するしかありません。

それは間違いでした。その会議の後に分かったのですが、参加者のうちの2人は会議に招待されていませんでした。にもかかわらず、彼らはその会議のこと、誰が参加するのかを知っていました。後の調査で判明

したのは、彼らは農務省に勤めており、そのうちの1人は財務省に勤めていたということです。この2人を調べる動機になったのは、彼らの質問の内容や質問の仕方、彼らの態度、ボディランゲージでした。それらすべてが、その会議で意図したこと以外の目的で、このテクノロジーを使う理由があることを示唆していました。実際、彼らの最大の懸念は、この装置を20億個どれだけ早く製造できるか、そして固有の識別番号をつけることができるか、でした。このピル型の装置は非常に小さく、機能において高い柔軟性を備えていました。これは基本的に応答装置です。この装置に周波数を送ると、固有の番号を送り返します。この番号は1度チップが製造されると変えることはできません。このチップに搭載することのできる機能は、温度、血圧、脈拍、脳からの波形のモニターなど様々ですが、その実用化には今後の研究が必要でした。

　何年も経ってから、東部に住む女性が1999年に体からチップを取り出したという話を読みました。ウェブサイトでは大げさに書かれていましたが、実際にはデンバーからのチップを少し変えて改良したものでした。埋め込まれたのは1980年か81年だと、彼女は信じていました。

　そのチップを製造した男性は、その後お金の心配を2度としなかったそうです。そしてすぐにこのテクノロジーの多くを、私たちの知らない人に渡しました。そのテクノロジーは彼には渡らず、誰かがそれを持って行ってしまい、その人物の正体が分からなかったので、ワシントンにいる私の情報提供者は心配になりました。

　1984年、私は極小のニオブ酸リチウム製チップの作り方を発見したニューサウスウェールズ大学の教授に出会いました。彼は、偶然そのチップに傷をつけてしまったのですが、たまたまRF発信機と受信機を持っていて、特定の周波数を使うとエネルギービームをチップに送信し、それが番号を返信することを発見しました。

　私たちは、コロラド州デンバーにあるシステムズ・グループ社に彼を連れていき、そこでテストを行いました。彼が持ってきたのは原始的で小さなチップ。完全に受動的で非常に小さく、32分の1インチほどの大

きさで、2,000分の1インチの厚さしかありませでした。エッチング処理を施すことで、各チップに固有のシグネチャーをつけることができます。理論上このチップはサイズとエッチングの大きさによりますが何十億個に固有の番号を振ることが可能なのです。実際、私たちが行ったテストは興味深いもので、発信機と受信機を設置し、吊り天井か吸気グリルを外してトランシーバーをアンテナ代わりにそこに組み込みました。そして、食器棚に取り付けた小さな装置を、数百フィート離れた所から、かなり原始的なアンテナでしたが吊り天井のグリルで読み取ることができました。どの周波数を扱っていたのか知らなかったので、ベニヤ板のような薄い層を重ねた材料を通して読み取れる一般的なアンテナを素早く考えなくてはなりませんでした。

　私たちは非常に感心し、改めてこのテクノロジーには真の価値があると感じました。今度は、情報コミュニティーのために多くの仕事を行ったヴァージニア州の下請け会社に、さらに細心の注意を払ってこれを再び持っていきました。今回は国務省のセキュリティ部長ボブ、そしてCIAの親しい友人と一緒でした。

　今回もまた、会議が始まるギリギリに正式な信任状を持った人物2人が会議に入ってきました。私たちが正体を知らない人たちです。申し分のない信任状でしたが、私の情報提供者2人からは招待されてはいませんでした。にもかかわらず、彼らは私たちの電話の内容を知っていました。その時間、場所、そして何について話すのかも知っていたのです。私は盗聴防止機能付き回線で電話をかけたことになっていたのですがね。

　この件で懸念したことは（改めて記録している）当時の国務省長官の名前です。私はD.C.にあるフォギー・ボトム（国務省の俗称）用のセキュリティシステム、少なくともその大半を設計したので、長官をよく知るようになり互いのことを知っていたのです。

　定年の前にボブがやりたがっていたことの1つは、家族、特に高校生の息子2人に国外に住む経験をさせてやることでした。なので、彼は自ら降格し東アフリカのセキュリティ部長の職に就いたのです。その会議

の直後、彼は家族と一緒にナイロビに引っ越しました。

　ボブと私は、ワシントンの情報提供者を通じて密かに連絡をとっていました。私たちは、例の2人の男性が誰なのか調査を始めました。私が引っかかったのは、ニューサウスウェールズ大学の教授が急に巨額の補助金を手にしたことです。そのテクノロジーの移転が行われ、彼は残りの人生で、まったく働く必要がなくなりました。

　サンフランシスコにいる私の友達は国家安全保障の他の部分と人物の追跡に関わっていたので、私は彼にこのテクノロジーについて密かに話していました。FABにおける物理的なセキュリティシステムへのアクセス制御、カメラへの侵入者監視などの作業を行うプロジェクトを行っていました。その会社は、シーメンス（欧州エレクトロニクス会社）の1部門でシリコンバレーにあり、彼から聞いたのはその会社は私が彼に説明したチップと恐ろしいほど似ているものを何十億個と製造していました。

　1年後その会社は、工場を閉鎖するので教授にセキュリティシステムを買い戻す気はないかと尋ねました。

　私が気になったのは、彼らは何十億個のチップを製造し、それらがどこに行ったのか誰も知らないことです。それらはすべて消えてしまいました。

　一方でボブは、例の2人の男性の正体、彼らの雇い主、そして目的を突き止めることを諦めていませんでした。彼と私は政府の中で実際に何か起こっているのか、誰が何をコントロールしているのか、彼の持つ懸念など、長い間話し合いました。なぜなら、彼は不審なことが数多く起こっているのだと気づいたからです。さらに調査を進めるため彼はいくつかのコネを作っており、そしてCIAの共通の友人に連絡してきました。この長期の請負業者として働いていた友人が私に連絡してきて、「ボブが耳寄りな情報を掴んだぞ。出張でアメリカに戻ってきたので、会おう」と言いました。

　数日後ボブは、2人の息子をナイロビにある私立の高校に車で送って

から仕事に向かう途中で信号待ちをしている時に、時速60マイルで走ってきた強化改造されたランドローバーに横から衝突されました。それで彼は即死。午前7時に酔っ払っていたというイギリス人は、病院に運ばれましたが直後に姿が見えなくなりました。彼が書面で残したすべての証拠および彼の身分はすべて偽物だと証明されました。それは殺人でした。

ボブはこの埋め込み型チップテクノロジーに関与した者にあまりにも近づきすぎてしまったのだと、私はずっと心配していました。私たちは、政府に実情を知られずにそれを行っていたのは誰かを、突き止めようとしていました。その者は、いつでもどこでも政府に入り込み何が起こっているのか即時に突き止める能力を持っているのです。

1980年代の初期からこの調査をしてきて私が信じるに至ったことは、世界には強力な勢力が少なくとも4つ存在するということです。彼らは想像を超えた富、先進テクノロジーを持っており、様々なプログラム、特に、アメリカ政府およびロシア政府や中国政府の中にさえ存在する闇のプログラムを乗っ取ってきました。彼らにとって政治は、私たちが知っている政治とは、同じではありません。彼らの目的は、アメリカ政府のそれとはまったく異なるものです。少なくとも私たちが認識している政府の本当の目的とは異なるものです。信じられないほど、彼らは周りで起きているすべてのことを細かいレベルで追跡することができます。

それら4つの勢力に名前を勝手につけたのですが、彼ら自身がどう呼んでいるのかにはまったく関係ありません。その名前はフォー・ホースメン（4人の所有者）です。彼らは、時に協力したり対立したりします。彼らは低いレベルで言えば、誰が世界の成功権力者の地位かを争い続けています。この4つの勢力の共通点は、どうやらあらゆるモノ、そして人を支配するという絶対的な欲求のようです。そして彼らそれぞれに独自の哲学があります。それらが、彼ら、そして彼があの行動を導いているようです。これが、ネバダで私たちが体験した数々の奇妙なことを引き起こした原因だと信じています。奇妙なことに、これは私個人が政府

内の悪人に持っていったチップ・テクノロジーに起こったことにも関係しています。なぜなら、私たちの本当の目的のためにチップテクノロジーを使うことができなかったからです。

前回のミーティングに来た2人の男性、彼らはNSA、NRO、その類の信任状を持っていました。後に確認したところ、そんなものは存在しませんでした。にもかかわらず、彼らの信任状に怪しいところは皆無でした。アクセスコントロール要件の点で、そこにあった身分照会システムはバイオメトリック、指紋、眼球など、アクセスコード番号さえも、すべてのアクセスコントロールの仕組みの要件を許可したのです。彼らはすべてを知っていました。彼らはすべて持っていました。実際、それらの機関が持っていたものよりも質の高いものでした。それは、まさに眼から鱗が落ちる体験でした。つまり、無尽蔵の予算を持っていたということです。

私はこれまで、大手の石油会社や大手のコンピュータ会社で働いてきました。そして、非常に高性能なセキュリティシステムを設計してきました。商業部門にいる誰も、私に対して、少なくとも企業の要件や目的を超えたものに関与しているという懸念を伝えてきた人はいませんでした。彼らは本当の企業人でした。特定の任務を行うため、民間人、つまり企業の指揮系統から外れた人物を雇っている人たちがいるとしたら、私はそれについてまったく知る由もなかったでしょう。

私が唯一奇妙な分野だと言えるのは、アメリカの航空宇宙業界です。数社の航空宇宙会社でシステムの物理的な設計や、少しですがコンサルティングもやりました。知識において私よりも多くのことを知っているような人たちと出会うこともありました。中には、完璧ではありませんが、ボディランゲージのコントロールの上手な人もいました。私たちは様々な会社と出会うことがありました。特にカリフォルニア州やデンバー地区にある会社ではプロジェクトが走っていました。彼らは、闇というのを超えたセキュリティ作業を行っており、私はそれらに間接的に関わっていたので、その違いが分かりました。特定のコメントが長い期

間にわたり述べられていて、それらをつなぎ合わせるわけです。額面通りだと、あるコメントは何の意味も持ちません。しかし、4、5年の期間で述べられた4つ、5つのコメントで、話の筋が見え始めるのです。

その話の筋は基本的に、航空宇宙業界の中には闇のプロジェクトの闇がさらに深くなったことを示唆する作業がたくさんある、ということです。電気重力、スカラー・テクノロジーなどの研究が行われています。議会や軍で闇の予算を承認する人たちでさえ、それらに気づいていないと思います。それらは、これまでずっと表には出ていません。それらの資金は別の仕組みから出ているのです。あるケースでは、私の知っている闇のプロジェクトは1980年代に何十億という追加資金を獲得しましたが、それは100万ドルを超える予算ではなかったかと密かに教えてもらいました。そして、その闇のプロジェクトを通じて数十億の資産が別のものに注ぎ込まれたのだ、とある男性が私に認めたのです。

それはノースロップ社の第29プラントでのことでした。

これら一連の出来事のシナリオに目を向けると、現実を直視し、少なくともサングラスをかけざるを得なくなり始めます。そうすれば輝く太陽に目を向け、全容を解明することができるでしょう。私が関わっていたことのおかげで、1985年までには冷戦が終わりに近づくことを知っていました。それまでに、冷戦は別の戦争に変異していました。そして予算がなくなり始めたので、そのビジネスから足を洗う準備をしなくてはいけなかったのです。その後私は、SAIC、TRI-COR、および武器売買コンサルタント数社に対するコンサルティング業務をやることになりました。ゆっくりとそのビジネスから抜けていき、消費者業界に参入しました。まさかと思うでしょうが、1989年にニューメキシコ州でケーブル会社を始めたのです。

私が定期的に出会う内情を知らないと思われる人たちのメンタリティ、というか態度はどういうものでしょうか？彼らは組織の指揮系統に入っていません。彼らの態度というのは、見た目、行動および趣味が官僚そのものです。彼らのそばに27年いたおかげで、独自の特色を知っていま

す。しかしこの種の人たちは、本流の政府にいたら目にする目的とは異なるものを持っています。

　例えば、1980年の初期の一定期間、私たちはフードスタンプ制度を止めてキャッシュレジスターと組み合わせたクレジットカード・マシーンに移行するよう、農務省とメリーランド州政府を説得するため、プロジェクトに取り組んでいました。それはシンプルなスワイプするIDカード、または必要であればキーボードを備えた高性能のアクセス制御カードのようなものになります。本人のみがフードスタンプを入手できるよう、個人識別番号をキーパッドに組み込まれます。なぜなら、当時そして現在でもそうだと思いますが、フードスタンプの分野には大きな割合の詐欺が蔓延し被害は年間数十億ドルに上るからです。私たちは、このプログラムを仕切っている農務省の高官レベルの人間たちとたくさん会わなくてはなりませんでした。そして彼らはアクセス制御機器について非常に精通しており、特に私たちが彼らを教育した後は、年間に何十億ドルの税金の節約に役立つテクノロジーの制限や能力に精通するようになりました。そのプロジェクトは立ち消えになりました。

　当時の政治というのは、問題の解決を望んでいないというものでした。実際、大都市では様々な委員会の多くの委員が時々見返りを得ていないのであれば、彼らの目的は何だろうかと考えると思います。私たちは、例えば農務省の人たちと多くの接点を持っていました。しかし農務省の会議で会ったその人は、他の人たちを超えた知識を持っており、態度も違っていました。ほぼ政治に無関心で、技術的な面にフォーカスし非常に冷たいものでした。私たちが聞かれる質問はどのくらい早く製造できるか？製造工場はどのくらい早く立ち上げられるか？一定期間でいくつ製造可能か？装置の信頼性は？消去可能か？人間の体内に埋め込んだ後のマイナス面はあるのか？体は拒絶反応を起こすのか？などのようなものでした。興味深いことに、これらの質問は官僚たちから聞かれたことではありませんでした。彼らは、私たちが問題を解決、または克服する契約があると思い込んでいたからです。

私の意見では、これらの埋め込み型装置はずっと配布されてきたと思っています。軍において多くの特殊部隊の兵士たちが、過去少なくとも10年の間この装置を体内に埋め込まれてきたことを示す兆候があります。前述したように、その他の人たちも体に同装置を埋め込まれてきました。ある女性は装置のせいでヒリヒリしたので、外科医に取り出してもらっています。それが、私がデンバーからワシントンに持っていった1979年のテクノロジーと酷似したものだということが判明しました。

[注記：ウィリアム・ポウェレックが言及してきた埋め込み型装置は、でっち上げのエイリアンによる誘拐事件のために開発されてきました —— SG]

[パート4：Cosmic Deceptionsの考えうる偽旗イベントに関するリチャード・ドーティの証言を参照]

"真実が世に出る時がきた。ひそかに空軍の高官たちは、UFOについて真面目に懸念している。公務上の機密および愚弄により、多くの市民が未確認飛行物体はたわ言だと信じ込まされている。私は、議会に対し、未確認飛行物体の情報を機密にすることで生じる危険を低減させる行動を要請する"

—— 海軍中将 ロスコー・ヒレンケッター
初代 CIA 長官

"主要メディアにいる重要な人物はすべて、CIA が抱えている"

—— ウィリアム・コルビー、元 CIA 長官

"ジャーナリストの仕事は真実を損ない、あからさまな嘘をつき、おとしめ、中傷し、富の足元にこびへつらい、そして日々の糧のため国そして自らの人種を売ることである。あなたはそれを知っている、そして私も知っている。独立系の報道機関に祝杯をあげるとは、なんと愚行なことなのだろうか？舞台裏にいる金持ちが持つ道具や器は何なのだろう？私たちは操り人形で、彼らが糸を引くと私たちは踊るのだ。私たちの才能、可能性、そして人生は、すべて他の人間の財産である。私たちは知的な売春婦なのだ"

—— ジョン・スウィントン、元編集長
ニューヨーク・タイムズ紙、およびニューヨーク・サン紙

"私たちは知ることになるだろう。私たちの偽情報は、アメリカ国民が信じているすべてが偽物であるときに完成する"

—— ウィリアム・ケイシー、元 CIA 長官

UFO機密ファイル

真実はありふれた場所に隠す

証言

- リチャード・ドーティ氏、空軍特別捜査局 特別捜査官
- ダニエル・シーハン、弁護士
- ジョン・キャラハン、元連邦航空局 部門責任者
- ジョージ A. ファイラー 3 世 少佐、空軍情報将校
- ロバート・ウッド博士、マクドネル・ダグラス・エアロスペース社 エンジニア
- マイケル・シュラット、軍事航空宇宙 歴史学者

スティーブン・M・グリア医学博士による解説

　秘密主義の構造は科学および学術分野にも及んでおり、そこでは偽情報を拡散する意図的な取り組みが数十年間続いています。情報を誤りだと証明するプロ、CIA が資金を提供している委員会、政治的な門番、メディアの腐敗、権力者たちはこれまで UFO および ET に関する真実を隠すため心理的な偽情報キャンペーンを使い続けてきました。

　その偽情報キャンペーンは1952年、プロジェクト・ブルーブックで正式に始まりました。このプロジェクトはアメリカ空軍が立ち上げ、UFO活動に対する市民の恐怖を和らげること、そしてその調査のため全力を尽くしていると伝えるのが目的でした。ブルーブックは後に、オハイオ州立大学の物理学の教授 J・アレン・ハイネック博士が指揮を執るようになりましたが、彼は最終的に、そのキャンペーンは UFO の事例を否

定し市民が真実にたどり着かないようにするために資金が提供されていたと、公に認めました。

　プロジェクト・ブルーブックに応えて、1953年に数学者で物理学者のハワード・P・ロバートソンが委員長を務めるロバートソン委員会という学術委員会が発足されました。当時最も評価の高い物理学者および教授たち数人で構成されたロバートソン委員会は、UFO事件簿に対して公正で、独立した学術的な分析を提供するという任務を課せられました。

　再び、そのUFO委員会の本性があらわになりました。今回は、ある内部文書に委員会の人間はCIAの要請に応えCIAの下で働いており、「彼らは評価が高い科学者および学者なので、それだけは公表できない」と記載されています。その文書はさらに「情報を否定する目的は、現在強い心理的反応を引き起こしている'空飛ぶ円盤'に対する市民の関心を薄れさせることである」と書いているのです。

　次は、1968年発足のコンドン委員会。この「客観的な委員会」はコロラド大学の教授であるエドワード・コンドン博士が委員長を務めました。

　コンドンおよび全委員会は、CIAと協力していました。

　学術界に関しては以上にして、次は主流メディアの話に移りましょう。

　ロナルド・レーガン大統領と規制緩和のおかげで、今や一部のCEOたちが何をニュースに流すのかを決めています。そして彼らは、自分たちの目的を支えるためなら、どんな話もでっち上げ、または握りつぶします。私たちは、メディアがこの話を報道する際に、情報コミュニティーがメディアに影響を与えるのを直接観察してきました。私たちの手元に、1つの内部メモがあります。これが言及しているのは、UFO/ET問題を隠しておくための心理戦で、ありふれた場所に隠すという手法を使ったものです。

　ありふれた場所にUFOをどうやって隠すのでしょうか？「フェニックスの光」を例に説明しましょう。1997年3月13日、山岳部時間の夜7時30分から10時30分の間に、フェニックス上空で記録に残る史上最大の目撃事件の1つが起こりました。特徴のある2つの出来事に関して、様々

な大きさの光が何千という人に目撃されたことが報告されました。1つは、フットボール競技場の数個分の長さの三角の形をした宇宙船が目撃されたということです。

　この歴史的な出来事を目撃した1人であるアリゾナ州知事ファイフ・サイミントンは、この状況をどのように鎮静化させたのでしょうか？目撃事件の翌日に開いた記者会見で、彼は宇宙人のコスチュームを着たスタッフを1人、手錠をかけた状態で舞台に登場させました。

　その場にいた全員が笑いました。彼はこの目撃事件を愚弄することで、科学的に高い信用を持つ人間が調査することをタブーにしたのです。

　私たちがメディアの売買について話していた時、TIME/Life社の理事の1人が一度私にこう言いました。「グリア博士、私たちは基本的に王様の腹心に言われたことを書き取る書記官なのです。ジャーナリズムは死んでいます」と。

　これは深刻な問題で、単にUFO/ETのテーマに限ったことではありません。あるCIAの文書には「広報課は、今やアメリカにある主要な通信社、新聞、週刊ニュース、テレビ・ネットワークの記者たちと結びついている。多くの場合、これまで広報課は国家安全保障の利益に悪影響を与える情報源および方法を危険にさらす可能性のある記事を延期、変更、保留、および没にするよう、記者たちを説得してきた」と書いてあります。

　メディアの腐敗が意味するのは、憲法による基本的な保護とともに民主主義がこれまで蝕まれてきたということです。エリートメディアを通じて情報の流れをコントロールするならば、その情報を入手できる唯一の場所はタブロイド紙で、そこが彼らの望む場所であり、そこなら情報が本当だとは思われないからです。あるいは、インターネット上です。その理由は、そこは数多くの偽情報が本物の情報と混じって存在するので判断がつきかねるからです。そこは、完全な混乱を作り出します。

　したがって、私たちは映画『トゥルーマン・ショー』の中に住んでい

137

るようなものです。皆が、報道の自由を信じています。そんな自由はありません。皆、民主主義の中に生きていると信じています。民主主義などありません。皆、腐敗していない科学的な秩序があると信じています。本当ではありません。

　2001年5月、ディスクロージャー・プロジェクト（www.SiriusDisclosure.com）は、ワシントン D.C. にあるナショナルプレス・クラブで大規模で国際的な記者会見を開きました。伝説のホワイトハウス担当記者サラ・マクレンドンが主催したイベントには、UFO 事件およびプロジェクトに関する機密情報を扱った政府、軍、情報機関、および企業の証言者20人以上が登場しました。その会場となったナショナルプレス・クラブの大宴会場は世界中からきたメディア関係者で大入りとなり、記者会見は一時的に CNN、BBC、FOX およびその他多くの地方局で報道されました。

　インターネット上で最も視聴された報道イベントとなった2時間の記者会見で、私たちは、UFO、秘密のエネルギーおよび推進システム・プロジェクトを扱う違法な秘密工作に関する完全な調査を求めました。議会での公聴会が要請され、メディアはこの問題を徹底的に調査するよう求めました。何千人もの市民が議員およびジョージ・W・ブッシュ大統領に宛てて、ディスクロージャー・プロジェクトに参加した400人以上の軍および政府関係の目撃者が証言に立てるような、完全で開かれた、誠実な公聴会を求める手紙を書きました。

　興味深いことに、インターネットホスティング会社のコネクトライブ社によれば、記者会見の最初の1時間はプレスクラブの部外者によって外部から電子的に妨害を受けていました。後に情報筋が確認したのは、それは会見の放送を妨害する電子戦争だったということです。

　事前に説明を受け、ニュース雑誌プログラムで大規模な暴露を計画していた巨大メディアネットワークの複数のシニア・プロデューサーが、後に彼らの調査結果を進められない、またはプログラムを放送できないと言ってきました。その訳を尋ねると、単に「とにかく彼らがやらせてくれないのです」と答えるのです。「彼ら」とは誰のことかと聞くと、「グ

リア博士、それはご存じでしょう」と言われました。

その通りです。

＊　　　　　＊　　　　　＊

証言

リチャード・ドーティは、空軍特別捜査局（AFOSI）の対諜報活動 特別捜査官でした。８年以上、彼はニューメキシコ州にあるカートランド空軍基地、ネリス空軍基地（いわゆるエリア51）、およびその他の場所においてUFO／地球外生命体に特化した任務を課せられていました。

　基地を守るために対諜報活動で私たちが行ったことの一部は、基地の指示を仰ぐ人間を基地の外から採用することでした。カートランド基地にいた時、私たちは誰でも採用する「詐欺師」と呼ばれる人間で構成されるグループを抱えていました。そして彼らは、外でマスコミの人間を主に採用しました。その理由は、彼らが物事を最初に知る者たちだからです。なので、アルバカーキおよびサンタフェ地区にある各通信社、テレビ局、ラジオ局には、密告者がいました。

　その中には、アルバカーキの地方局から採用された女性の密告者がいて、全米ネットワークの支局で働き私たちにすべての情報を流しました。彼女を担当したのは私たちではなくワシントンから来た人間でしたが、彼女は今後予定されていることを私たちに話しました。

　こういった種類の“役立つ人間（アセット）”が、報道が出るのを阻止してくれたのです。それはUFOだけに限らず、空軍や軍、または基地の安全保障、もしくはスパイ活動などに関係するあらゆるものが対象でした。彼が耳にして、興味深いと思った、または私たちが知るべきだと思った情報を知らせてくれました。また、上の地位にいるプロデューサーおよびディレクターも、情報が放送されるのを防いでくれました。

　彼らには大金を払いました。このような人材を獲得できる理由の１つ

は、金払いよく現金で払うことです。彼らに渡す書式があります。50ドル以上になると署名をしなくてはいけないものです。現金の支払いによっては金額が大きいので、彼らには「これをIRS（国税庁）に報告しなくてはいけませんから」と伝えていました。もちろん、私たちはIRSにこの書式を提出しませんが、そんなことを彼らには言いません。

常に資金がありました。私たちは、様々な場所で資金を調達しました。対諜報活動をしていて5,000ドルが必要な場合、彼らが私たちに数字を伝えます。それはこの場所にあって、担当者がその金額をある銀行に預金すると、私たちはその資金を使う、あるいは彼らが私たちにクーポンや、その類のものを提供してくれます。しかし、それとは別の資金源もありました。その出どころは不明ですが、すべて政府の上のところから出ている資金だったはずです。議会がその資金を割り当てており、多くの秘密のプロジェクトや機密費があったので、その一部を私たちは手にしていたと思います。

これら特別アクセスプロジェクトおよび活動の資金調達の仕組みに関しては、すべて上のレベル、私の給与等級よりはるか上で行われています。それに関しては私は知るよしもありません。

* * *

証言

ダニエル・シーハン弁護士。憲法修正第1条部門でフロイド・アブラムスの下で次席弁護士として、NBCニュースおよびニューヨークタイムズ紙の代理人を務めました。彼は、ペンタゴン・ペーパーズ訴訟の弁護団の1人、F・リー・ベイリー法律事務所で法廷弁護士として、ウォーターゲート事件でジェームズ・マコードの弁護人、カレン・シルクウッド事件では主任弁護人を務めました。

政府は隠し事ができるのでしょうか？主要メディアからニュースを出さないようにできるのでしょうか？

私は、オクラホマ州のカー・マギー核施設に対するカレン・シルクウッド訴訟で主任弁護人でした。市民が知らなかったのは、彼らが民間各施設から純度98％の核兵器級のプルトニウムをイスラエル、イラン、南アフリカおよびブラジルに密輸していたことです。実のところ、オペレーションズ・ディレクターズのイスラエル課を手助けしていたCIAは、その情報をつかんでいました。そして私はこの情報を、エネルギーおよび環境問題を扱う下院通商委員会／小委員会の委員長を務めるピーター・D・H・ストックトンに直接伝えました。彼は直々に、ジョン・ディングル議員に伝えると、ディングルはCIA長官のスタンスフィールド・ターナーに対峙して、調査を行うよう要求しました。彼らは調査を行い、それが真実だと確認しながら、アメリカ国民には知らせませんでした。これは、アメリカ合衆国が主要加盟国である核不拡散条約の明白で、完全な破棄です。

　ニューヨークタイムズ紙は、これを知っていたとしても、記事にすることはありません。中央情報局および国家安全保障局は、アメリカの主要な全米報道機関それぞれの内部に実際に人を送り込んでいます。実は、私がこれまで読んだ機密文書によれば、それを読んだ1990年の時点で、42人のCIA、NSAの正式な職員、および軍の情報高官たちがアメリカにある大手報道機関10社の地方局に雇われていました。彼らの仕事は、国家安全保障に関わるいかなる情報も公表されないようにすることでした。なので、私はそれが真実だと知っていますし、机を挟んで彼らと話したこともあります。そして彼らは、自分たちの身分ややっていることを認めました。なぜならイラン・コントラ事件に関わる記事を没にしたからです。タイム誌の内部には、CIA職員の工作員が働いていました。

　報道の自由というものは、自ら作り上げた神話なのです。ニューヨークタイムズ紙の記者キース・シュナイダーは、コントラ事件の最中、航空機の尾翼番号、麻薬密輸活動など彼らが行っているすべてのデータを彼らに提供しました。キース・シュナイダー自ら私に「いいかい、ダン。ニューヨークタイムズ社には、情報コミュニティー内部に優秀な情報提

供者がいるんだ」と言いました。私は「そうだ、キース。君は、ニューヨークタイムズ社の法務顧問だった人間に話しているんだ。テディ・ソレンソンから宣誓供述書をとったのは私たち自身だ」と応えました。

彼は「率直に言って、情報コミュニティーにいる私たちの情報提供者は、君の取材内容を裏付けることはしないだろう。それならニューヨークタイムズ紙は記事にすることはしない」

これが、現在アメリカ合衆国に存在する種類の報道の自由なのです。

*　　　　*　　　　*

証言

ジョン・キャラハン、ワシントンD.C.にあるFAA（米国連邦航空局）の元事故調査部長。

この事件は、1986年アラスカにいる同僚からの1本の電話で始まりました。彼は「大変です。事務所にマスコミが殺到していて、対応に困っています。先週こちらの上空で、1機のUFOがおよそ30分間にわたり747機を追いかけたのです。どうやらそのことが漏れてしまい、報道陣が来ています。なんと言えばいいか教えてください」と言うのです。

そこで私はベテラン政府職員として、「現在調査中なので、これからデータをまとめます」という常套句を彼に教え、アトランティックシティにあるFAA技術センターに、彼らが持っているディスクとテープのすべてを今夜送ってほしいと伝えました。

彼らは軍に電話をかけ、すべてのテープがほしいと伝えました。FAAは米国とその領土上空の空域をすべて管轄しており、それはロケットを発射している軍のものではありません。それは米国政府に属し、FAAの管轄下にあるのです。

軍はテープが不足しているので、それらを再使用しなければならないと言ってきました。

私が不思議だったのは、軍のテープが消えたことでした。おかしいと思いました。レーダーテープを保存しなくてはいけない期間が30日から15日間になったことで、軍がその訪問者たちの正体を私たちよりも知っており、それを他の誰にも知られたくなかったのだと感じました。当然これに関わった下部の人間は、上層部で何が進行しているのか実際には知りません。誰かが電話をかけてきて、それらのテープを再使用せよと言われたら、彼らはそれに従うだけで、それを気にも留めません。

　FAA長官は、この事件に何か懸念すべきことがあるか調べるため、FAAの副長官だった私の上司と私をアトランティックシティに派遣しました。すべてのデータに目を通すのに2日かかりました。我々は、この部屋をUFO遭遇時のアンカレッジの部屋とまったく同じように設定するように指示しました。その時に管制官が見たものすべてを見聞きできるようにするため、私たちは全データをこのレーダー画面に映し出すよう求めました。

　フェンスの側で作業をし、データを見せていた人々の一部は、既にテープを確認していたので、彼らはそこに映っているものを見せることを快く思いませんでした。しかし、私たちはそのテープの全内容を見ました。

　日本航空747機がアラスカ州を横切って北西から入ってきました。その高度は3万1,000フィートから3万5,000フィートの間でした。時刻は夜の11時頃。そのパイロットは管制官にその高度に他機がいるか尋ねましたが、いないとの回答でした。そのパイロットは、11時ないし1時の方角で約8マイル離れた位置に何かがいると言いました。

　この747機の機首には周囲の気象状態を探査するレーダーが搭載されており、このレーダーが目標物を捉えていました。彼はこの目標を自分の目で見ました。その目標は、彼の表現によれば、巨大な（747機の4倍の大きさ）球体で周囲にライトが付いていました。

　その軍の管制官は「アンカレッジの北35マイルで彼（*747機）が見えています。彼の位置から11時ないし1時の方角にいるのは何ですか？」FAAの管制官は「誰［どの定期便］もいませんが？そちらのものです

か？」と言うと、軍の管制官は「軍のものではありません。軍の航空機はその西側にいます」と応えました。

　その交信の間、日本人パイロットは数回にわたり「それは今11時の位置にいます。今は1時の位置。今3時の位置です」と言っていました。そのUFOは747機の周囲を跳ね回っていました。747機のパイロットがそう言うと、軍の管制官が割って入りその位置を確認しました。軍は高度探査レーダー、長距離レーダーや近距離レーダーも持っているので、1つのシステムに映らなくても、もう一方のレーダーで捉えることができます。軍の管制官の発言を聞くと、彼は1度「高度探査レーダーか測距離レーダーで捉えています」と言っています。つまり彼らは軍のシステムで目標を捉えていたのです。

　こうして、レーダーによる追跡は31分間続きました。そのUFOは、日本航空747機を追ってあちらこちらと位置を変えていました。しばらくして、管制局は747機に高度を変えさせましたが、UFOは依然としてついてきたのです。管制局は747機に360度旋回を指示。747機が360度旋回を行う場合、旋回が終わるまでに数分かかります。広い空域を飛行することになっても、UFOは依然としてついてきました。その位置は正面だったり側面だったり、または後方だったりしました。彼らは、それを747機の正面1時の方角で7、8マイル離れた所に確認しました。（約10秒後の）次の走査では、それは航空機の後方、やはり7、8マイルの位置にいたのです。

　それは常に、目標物から7、8マイル離れた位置にいました。

[10秒以下で数マイルを移動する、よく知られたこのUFOの非線形の動きに注目してください。これは他の多くの証言の中にある十数例におよぶUFO、レーダー事件でも裏付けられています。スティーブン・M・グリア医学博士の著書── ディスクロージャー：軍と政府の目撃者が明かす現代史における最大の秘密、およびwww.youtube.com/user/SDisclosureにて目撃者の証言を参照──SG]

やっと日本航空747機が空域を出ていく時、次にアラスカへ入ってくるのはユナイテッドの航空機です。管制官はユナイテッド機のパイロットに対し、日本航空747機が1機のUFOに追跡されていたので、ユナイテッド航空機をその高度に留めるのでUFO機を確認するよう要請しました。ユナイテッドのパイロットは「はい、もちろんです」と承諾しました。管制所はユナイテッド機に約20度の左旋回を指示し、高度を保ったまま日本航空747機に向かわせるようにしました。

　2機の航空機が通過すると、そのUFOはこの空域でユナイテッド機を着陸進入するまで追いかけ、そしてUFOはそのまま消えたのです。

　届いた報告書を読んだ時、FAAは自らを守ることを決めました。彼がそう言ったことだとしても、目標を見たと言ってはなりません。彼らは彼にその報告書を、それが目標（target）ではないように聞こえる「位置標識（position symbol）」という言葉を使い修正させました。もしそれが目標でないなら、私たちがレーダー上で識別している他の多くの位置標識も、目標ではないことになります。それを読んで私は、「何やら胡散臭い。誰かが何かを恐れているか、彼らは何かを隠蔽しようとしている」と思いました。

　翌日我々がワシントンに戻ると、FAA長官から電話があり何か問題があったか知りたいということでした。私の上司は、「私たちはそれを録画したのですが、そこには何かがいたかもしれません」と答えると、長官は私たちに自分の部屋にきて5分間の簡単な概要報告をするよう言いました。

　それで私たちは、ワシントンD.C.にあるFAA本部の10階に上がり、長官に対し5分間の報告を行いました。当時の長官はエンゲン提督でした。彼は、そのビデオを観たいと望んだので、私はすぐにその用意をしました。

　約5分後に彼はスタッフに、会合をすべて中止するように言いました。そして半時間あまりをかけて、ビデオの残りを見たのです。

そのビデオが終わると長官は私たちに意見を求めましたが、私の上司は、それが何であるか分かりません、と政治的にうまい答え方をしました。長官は、自分が許可するまで口外しないようにと言いました。

　翌日、私にレーガン大統領の科学調査グループ、またはCIAの人間から電話がかかってきたのですが、その人物はこの件について何か聞きたがっていました。私は「何の話か存じ上げないので、おそらくエンゲン提督に電話するのがよいと思います」と言いました。

　それから数分後に提督から電話があり、翌朝9時にラウンドルームで説明会を開くので、持っているすべての資料を持ってきてほしい。彼らが望むものは何でも提供するように、と言われました。

　基本的にFAAは、この件から手を引きたがっていました。

　それで私は、技術センターの人間を全員連れていきました。彼らは印刷した資料を入れたあらゆる箱を持ってきて、それらで部屋はいっぱいになりました。そこにはFBIから3人、CIAから3人、レーガン政権の科学調査チームから3人、その他の人々の所属は知らなかったのですが、彼らは皆興奮していました。

　私たちがビデオを見せると、彼らはその時の周波数、アンテナの回転速度、レーダーは何基あったか？アンテナの数は？データはどのように処理されたか？などいろいろな質問をしてきたのです。彼らは皆興奮していました。まるでそれが彼らにとってUFOを捉えた30分のレーダーデータのような興奮ぶりでした。

　彼らが私の意見を聞くので、UFOが飛んでいたように見えましたと答えました。FAAのテープに一貫して映っていなかった理由は、それが航空機にしてはあまりにも大きすぎたため、それを気象現象と解釈し記録しようとしなかったためでした［システムはそのような事物を除去するようにプログラムされています］。その日本人パイロットは確かにそれを見ており、それを絵に描きました。その日本人パイロットは彼自身の証言で、自国をはずかしめていると彼らに責められました。

　質問が終わるとCIAの人間は参加者全員に対して、この事件は起こっ

ていない、この会議も開催していない、そして記録もされていない、と誓わせました。彼はこう言いました。もし彼らが公の前に出て、米国民に対してUFOにそこで遭遇したと言えば、国中にパニックを引き起こすだろう、と。

　彼らは、そのデータを持っていきました。オリジナルの録画、そしてFAAの最初の報告書と一緒に提出されたそのパイロットの報告書を持っていたのは私だけです。それらはすべて階下の私のデスクの上にありました。

　彼らはそれを要求しなかったので、私は渡しませんでした。後日私が退職するとき、それはすべて私の事務室にあったので私のものになったのです。それ以来、私たちはそれを公表していません。

　[これらの資料の全部を我々は入手している。その中にはレーダーのビデオ、航空管制官の肉声筆記録、FAA報告書、およびこの事件のコンピュータ打ち出し記録があります。この日本航空747機パイロットの悲劇は、この問題の秘密を保つ上で嘲笑の力がいかに強いかを痛烈に思い出させる。彼は長い間事務職に追いやられ、屈辱を与えられた ── SG]

　軍の管制官は、それを見たと言いました。FAA管制官は、それを見たと言いました。しばらくしてから、そのFAA管制官は証言を変え、実際にその目標を見たのではなく、何か別のものだったと言ったのです。これは、彼らの報告書作成に何者かが介在していると思わせます。

　だが、自分がUFO事件に関わっていたと人に言えば、彼らは必ずあなたを少しおかしいと見なすだろう。これが私たちの国の現状です。テレビ番組に出てUFOを見たと言う人々は、夜中に外に出てアライグマやワニ狩りに行っているような無学な田舎者だけです。なので、あなたがUFOを見たと言えば、自ら変わり者の仲間入りにすることになります。おそらくこれが、UFOについて話を耳にしない理由の1つです。しかし私に関する限り、1機のUFOが大空を横切り半時間以上も日本航

空747機を追跡するのをレーダーで見ました。私が知る限り、それはアメリカ政府が持つどんなものよりも速かったのです。

　NORAD（北米防空軍）の上級下士官はそれについて知っていて、私を脇に寄せこう言いました。「言った通りだろう？」と。私は、記録された報告書か何かがあるはずだと主張しました。すると彼は、「君が提出する報告書ならある」と言いました。「それは約1インチの厚さで、最初の2頁は目撃に関すること。残りは基本的に君の心理分析結果、君の家族、君の血縁関係、その他あらゆることが書かれている」、と。

「空軍がそれに目を通せば、麻薬をやっていたとか、母親は共産主義者だったとか、その他あらゆる理由を使って、君の信用を完全に落とすことができるのです。決して昇進できず、向こう3年半北極でテント暮らしをし、昇進の希望も無いまま気象観測気球のお守りをすることになります。なので、そのメッセージは極めて明確です。ただ口を閉ざし、誰にも何も言うな」

［関連書類は付録6を参照］

＊　　　　　　＊　　　　　　＊

証言

ジョージ・ファイラー少佐は空軍の情報将校でした。彼は様々な航空機や空中給油機の航法士で、将官や議員に対してアメリカ軍の能力および軍への脅威に関する説明を何度も担当しました。

　私自身は、1962年頃まで何も見たことがありませんでした。この時私たちは、空中給油機でイングランド上空を飛行しており、ロンドン管制から1機のUFOを迎撃してほしいと要請が入りました。ちょうど給油任務を終えていたので、それを受け入れることにしました。その時私たちは北海上空にいて、イングランド中心部まで飛行するように要請を受けたのです。この物体を迎撃するため時速約400マイルで急降下しまし

た。彼らから機首方位を教えてもらうと、UFOはオックスフォードやストーンヘンジ地区から約20〜30マイルあたりでほぼ空中静止していました。私はそれをレーダーで捉えると、とても大きなレーダー反射でした。

　私たちは、よくフォース湾にあるフォース橋近くの上空を飛行していました。それはサンフランシスコ橋のようにとても巨大な橋で、そのUFOからの反射は大きさと強度においてその橋と似ていました。つまり、それはとても大きなレーダー反射だったのです。明らかにロンドン管制はそれをレーダーで捉えており、私たちをこの物体に誘導していました。UFOから約1マイルまで近づいた時、それは離陸して宇宙へ飛び去っていきました。時速数千マイルで、ほぼ垂直に上昇。正直に言って、少なくとも私の知る限り、あれほどの性能を私たちは持っていませんでした。

　私の最も妥当な推測では、それは分厚い円盤型で少なくとも、何かこのような発光源が上部と底部にありました。その物体はただの平らな皿型ではなく、その上部はドーム型でした。レーダー反射が正しかったとすると、それはおそらく直径500ヤードはあったでしょう。つまり、それほど巨大だったということです。私たちはそれを飛行日誌に書きました。

　私は、今住んでいるここでも1度目撃したことがあります。ここはニュージャージー州メドフォードにあるブライアーウッドレイクで、ここに越してきたばかりでした。朝の3時頃だったと思うのですが、妻と一緒に就寝していました。その時突然、深夜に部屋がとても明るくなったのです。私はベッドから飛び起き、日よけを開け外の湖に目を向けました。

　潜水艦が水面に浮かんでくるのを見たことがある人は多くないと思いますが、直径は約30フィートの円盤が水面に浮かび、水がそこから流れ出ているように見えました。宇宙船の周囲はイオン化されていて、北極光にとてもよく似ていました。それはしばらく湖を横切り、それから猛スピードで飛び去ったのです。そのことがあったので、私は多くの隣人たちに確認すると、いかに多くの人々が実際にこれらの湖で宇宙船を見

ていたか、それは驚くべきものでした。

　時々私は、世界中で起きたUFO目撃についても将官たちに説明を行っていました。印象に残っているのは1976年テヘランの近くで起きた有名な遭遇事件です。

　その頃この大佐が言っていたのは、F-106が最高速度の世界記録を打ち立てたということ。彼らはこの航空機の飛行速度を限界まで上げ、谷間で空中静止していたUFOに向かって急降下しようとしました。ちょうど私がイングランドで経験したように、彼らがその宇宙船に近づくと、それは彼らをその場に残して飛び去ったのです。彼らの速度は時速1,500マイルくらいでした。とにかく、当時この種の航空機が急降下時に出す最高速度です。しかし、誰が操縦していたにせよ、それらの宇宙船はその後長い年月の間に我々が持った何物をも遙かに凌駕する性能を持っていたのです。今でもそうだと思っています。

　それは人間がつくった航空機ではなく、異質の推進原理を持ち、ここに飛来し偵察しているのだと思います。

　私はUFOを見たことのある多くの宇宙飛行士たち、軍のパイロットたちとも話をしたことがあります。そして思い出すのは、かつてギリシャのアテネで私の上司だったラミッジ大尉のことです。彼は朝鮮戦争時に1度遭遇しました。それは翼の外側にピタリとつけて約1時間一緒に飛行したのです。翼の外側につけただけでなく、彼の周りをアクロバット飛行しました。何％かは正確に知りませんが、目撃経験はあるかと聞けばパイロットと航空機乗組員の約10％は目撃しています。

　数年前、私はこの部屋で当時情報機関にいた大佐から、B-52乗組員全員がUFOを目撃したと聞きました。これらの人々は自ら進んでカメラの前に座ってUFOについて語ることをしませんが、驚くべき数の人々がUFOを目撃しているのです。様々なプログラムを公表する時期にきていると、私は思います。嘲笑することで、これほどまでに秘密が守られてきました。誰かがこのような話をすれば、人々はこう言うでしょう。「彼は頭がおかしいにちがいない、彼はUFOを信じているのだから」。誰

かが何かを見た時、人々はこの嘲笑を利用しますが、私の経験では驚くべき数の警察官が、FBI職員が、軍人たちがUFOを目撃してきているのです。

　私は時々核兵器を輸送したこともあります。言い換えれば、核兵器を輸送する上で私の精神状態は十分に健全であったわけです。しかしUFOの目撃を報告すれば、私は精神的に適格ではない、ということになるわけです。

＊　　　　＊　　　　＊

ロバート・ウッド博士：マクドネル・ダグラス・エアロスペース社のエンジニア

　私はコロラド大学で航空工学の学位を、その後コーネル大学で物理学の博士号を取得しました。私は若い技術者としてマクドネル・ダグラス社に入り、そこで43年間を過ごしました。その間に同社の研究開発の様々な側面にも担当者として関与。最後に担当したのが宇宙ステーション計画でした。

　1960年代の後半、かなり多くのUFO関連情報が一般に知られていました。ある日、上司のレイが私に、ICBM（大陸間弾道ミサイル）の生みの親であるシュリーバー将軍は近々引退するのだが、空軍は彼のためにシンポジウムのようなものを開くことを望んでいる、と言いました。そこで私たちを含む、各請負業者は次の10年間を予測するよう宿題を出されました。私たちの担当は、宇宙との往還について話すことでした。

　私は、上司が原子力推進志向であることを知っていて、原子力推進については皆が聞き飽きていたのです。そこで私はこう言いました「レイ、UFOはいかにして原子力推進を使っているのかを話すのはどうでしょう？」と。彼は、その提案を気に入り、私にその方向で進めるよう依頼しました。

私は様々な雑誌を購読したくなり、結局ジム・マクドナルドと会うことになりました。彼は、私には経営陣に対して進言できることがあると説得しました。なぜなら、私はUFOが現実であると結論を導きだしていたからです。ある日私は車で職場に向かいながら、私はジムに対して「他に解決策はない。UFOは疑いもなく現実で、それは明らかに地球外のものだ。それは何らかの方法で機能している。私たちがその仕組みを解明すべきだ。なぜなら、私たちは重力制御法を発見する最後の航空宇宙会社にはなりたくないからだ。我々がその最初になるべきだ」と言いました。

　私は会社の経営陣に対して説明会を開いたところ、彼らは非常に理解を示しました。私は、この問題を調査するためかなり妥当な計画を提案されたので、強力磁場により光速を変えることができるか、といったような実験をいくつか行いました。

　私が取り組んでいたその機密プログラムは隠語レベルの状態で、弾道ミサイル防衛プログラムに関するものでした。CIAのような情報機関が特定分野の専門契約業者に対して、その分野での敵の能力を探ってくれと頼むのはごく普通のことです。したがって、このプログラムはソ連の弾道ミサイル防衛計画を研究することでした。すると、複数の特別な書庫へのアクセスを持つことになり、例えば空軍が運営する書庫にいき機密資料に触れることができるのです。

　その書庫を使わなくてはいけないとき、彼らがUFOについてどんな資料を持っているのかを知ろうとしました。約1年の間に、私は様々な報告書の中にこの問題に関する相当数の資料を見つけ出していました。

　一緒に働いていた我々のグループの資料庫係が言うには、彼はこの資料庫に20年間いるがその問題の分類全体がまさに消えてしまったのです。

　私はコンドン委員会に行って、私たちのしていることを話すように勧められました。それで私は、私たちの会社はUFO問題について調査をしているのですが、貴委員会はその調査内容を聞くつもりはありませんか、と丁寧な手紙を書きました。

コンドン（＊エドワード・コンドン博士、核物理学者）から丁重な招待状が返ってきました。私たちは、超伝導物質のループを使って一方向に強力な磁場を形成しながら、同時にそれを帯電させることにより、地球静電場の中でそれを浮揚させる方法を説明する資料を準備しました。我々の結論は、それを実現するのに必要な超伝導電流の10分の1しか現在は得られていないというものでした。もちろん我々のチームは「なんだ、たったの10分の1じゃないか、あと2年もすれば達成できるだろう」と考えていました。

　この問題に対するコンドンの無関心さは、委員たちのそれとは際立って対照的でした。彼は委員会を招集すると、委員たちは円形になって座り私たちの説明を聞きました。コンドンが「したがって、あなたたちにはできないということだ」と言うと、委員たちは驚きの目で彼を見て「しかし、たったの10分の1じゃないですか」と発言しました。こうして私は彼らのうち、ロイ・クレイグと他の数人と仲良くなったのです。このコンドン委員会は、客観的な研究グループではなかった、というのが私の結論です。

　私はコンドンに手紙を書き、委員会を2つのグループに分けるのが望ましいと提案しました。つまり一方は信じる派、他方は信じない派に分け、その双方にそれぞれの視点から研究させるというものです。私は「失礼ながら、この手紙の写しをすべての委員に送ります」と書きました。宛先は委員たちから密かに教えてもらっていたのです。

　コンドンはそれに激怒し、当時ダグラス社とマクドネル社が合併してできた新会社の会長だったジェームズ・S・マクドネルに電話をかけ、私をクビにしようとしたのです。

　ジム・マクドネルに関して言えば、私は彼のことが好きでした。非常にエネルギッシュな物理学者で、時を逸することなく行動していました。ある時私は、彼が住んでいたツーソンを通って旅行した折に、私には2時間の飛行機の待ち時間があったのですが、彼は空港に出てきて私とビールを飲んでくれたのです。

彼は「ET……何かをつかんだと思う」と言いました。私は「何をつか
んだのですか？」と尋ねると、彼は「答えをつかんだようだが、まだ話
せない。確証を得なくてはいけないのだ」と答えました。

　彼が拳銃自殺を図ったのは、それから6週間後でした。そして数か月
後、彼はとうとう亡くなってしまいました。私たちの防諜活動員が使う
説得技術について知っているので、彼らはジムに自殺を決心させる能力
を持っていたのだと思います。それが事の真相だったに違いありませ
ん。

＊　　　　　＊　　　　　＊

証言

マイケル・シュラット、軍事航空宇宙分野の歴史学者

　スーパーのレジに行くと、UFO記事の載ったタブロイド紙を置いてあ
る棚があります。その記事に書かれてあるのは実際に起こった出来事か
もしれません。でもタブロイド紙を通して記事になると、その信憑性が
損なわれます。この手法は50年間功を奏してきたので、いまさら彼らが
変えるわけがありません。

"説明のつかない報告書の多くは、知的で技術的に申し分がなく、品行を疑うことはできない人物から提出されてきた。さらに、空軍が正式に受領したこれらの報告書には、民間のUFO研究団体の多くが発行している素晴らしい報告書の内容のほんの一部しか含まれていない"

—— E・B・ルベイリー少将
情報責任者、空軍長官付
"未確認飛行物体"（No.55）；下院軍時委員会による公聴会、
1966年4月5日

"UFOは存在すると確信している。なぜなら自分の目でみたからだ"

*　　　　*　　　　*

"これまで見てきた中で、一番とんでもないものだった。大きくて、非常に輝いていて、色が変わり、月に近い大きさだった。それを10分ほど見ていたが、誰もそれが何か分からなかった。1つ確実に言えることは、空で未確認の物体を見たことがあると言う人たちを、今後馬鹿にしないということだ"

—— ジミー・カーター大統領

UFO機密ファイル

軍による目撃 1961―1997年

文書

- CIA 文書 ―― マリリン・モンロー盗聴 ―― 1962年8月23日

証言

- マイケル・スミス、アメリカ空軍レーダー管制官
- クリフォード・ストーン三等軍曹、米国陸軍 回収部隊
- ニック・ポープ、英国国防省
- ラリー・ウォレン保安兵、英国ベントウォーターズ空軍基地
- ヒル–ノートン卿、英国国防省 元参謀長
- ダニエル・シーハン、弁護士
- ジョン・ウェイガント、上等兵（海兵隊）

スティーブン・M・グリア医学博士による解説

　ジョン・F・ケネディは、大統領としての短い任期の間やるべきこと
は山積みでした。ピッグス湾およびキューバ・ミサイル危機に加え、ア
メリカの情報機関（UFO および ET 問題をコントロールしている秘密作
戦実行グループを含め）を抑えなくてはいけなかったのです。

　ジャック・ケネディは、軍産複合体の縮小、冷戦の終結、そしてソビ
エト連邦との和平の締結を視野に入れていました。彼はベトナム戦争か
らの撤退を望んでおり、麻薬の販売を含め悪辣な陰謀に関与していたCIA
の事実上の解体を計画していました。

そうです、JFK も UFO 問題の情報公開を望んでいたのです。

しかしアメリカの陰に潜むファシスト帝国は、それを許すつもりはまったくありませんでした。

彼らが最初に狙ったのは、大統領の愛人でした。

＊　　　　＊　　　　＊

仕事を通じて、私は情報および国家安全保障コミュニティー内の深部の人間と接触に成功しました。数人の NSA 高官は、安全に保管するため長年かけて文書を提供してきました。その文書の中に、1962年に行われた盗聴記録の特大コピーがありました。その暗号名は「プロジェクト・ムーンダスト」および「プロジェクト46」。機密扱いに分類される、その原本は現在も機密解除されていません。その文書を手にした私は、それをしかるべき人たちに渡すことができました。

この文書は、マリリン・モンローを盗聴した記録を要約してありました。その日付は、彼らが彼女の死体を見つけた夜の前日になっていたのです。

私は、このファイルに再入力した盗聴記録と印刷された文書のコピーを含めてきました。ご覧の通り、これは当時ケネディ兄弟に振られて取り乱し傷ついたモンローが、ロバート・ケネディ、ニューヨーク社交界の有名人、および美術商の友人に電話をかけた時の会話の記録です。彼女は彼らに、ジャック・ケネディから聞いた1940年代ニューメキシコ州で回収された宇宙からの物体に関して記者会見を開き、それを公表する、と話していました。

ケネディ大統領は明らかに彼女を信用して、その UFO 墜落で回収された ET の宇宙船や破片を見たという情報を打ち明けていたのです。

この文書を受け取った後、ロサンゼルス市警の情報部隊に所属し、その盗聴機器を仕掛け、モンローの死亡時までモニター作業が円滑に進められるよう協力し、彼女がどのように殺されたのか知っていた人物を探

し出しました。彼女が、アメリカ情報コミュニティーのスパイ連絡係たちに殺害されたのは疑いの余地はありません。

　ご覧のように、その文書の原本に署名した人物はCIAの中で組織に潜り込んだスパイ退治や、リーク防止に異常な熱意を燃やした伝説的な人物、ジェームズ・アングルトンでした。

　私はこの文書の真贋（しんがん）を世界でもトップクラスの鑑定士に鑑定してもらったところ、これは本物で間違いありません。

　私の意見では、この盗聴記録はマリリン・モンローがロズウェル墜落事件の機密情報を直ちに公表する意図を要約していたので、それが彼女の死刑執行令状になったのでしょう。もしかしたら大統領をトラブルに巻き込まずに、世界に公表しても害はないネタだと感じたのかもしれません（振られた女の怨念は地獄よりも恐ろしい）。

　もしかしたら、その時点では彼女にはどうでも良かったのかもしれません。

　36時間後、彼女は「薬物の過剰摂取」が原因で遺体となって発見されました。

　私がこの情報を友人で、アカデミー賞受賞俳優のバール・アイブスに話した時、彼は驚きませんでした。「マリリン・モンローと私は非常に親しかったので、これははっきり言える。彼女を知っている者は皆、彼女が殺害されたことを知っている。しかし私は、今日その理由がやっと分かった」と彼は言いました。

文書1：CIAによるマリリン・モンローの盗聴（再入力）

> 非公開の機密情報
> 国：米国ニューヨーク
> 報告書番号：xxxxxxxxxxxxxxxx
> 件名：マリリン・モンロー
> 日付：1962年8月3日
> 頁数：xxxxxxxx
> 関連資料：ムーンダスト・プロジェクト46

　レポーター［ドロシー・キルガレン］と彼女の親友［ハワード・ルースバーグ］の電話での会話の盗聴（A）マリリン・モンローと司法長官ロバート・ケネディの電話での会話の盗聴の一部（B）内容の分析評価：

1. ロスバーグは、キルガレンと対象者の再起とケネディとの破局について話した。ロスバーグはキルガレンに、彼女がハリウッドの「取り巻きグループ」が主催するパーティーに出席していて、再び街の話題になりつつある、と話した。ロスバーグは、彼女に話したい秘密があるとはっきり述べた。その内容は、大統領および司法長官との密会で得たことは間違いない。その秘密の1つで言及されたのは、大統領が宇宙からの物体を調査する目的で秘密の空軍基地を訪問したこと。キルガレンは、その訪問の情報の出どころを知っているかもしれないと答えた。1950年中頃キルガレンは、アメリカとイギリス政府が墜落した宇宙船および死体の出どころを調査する秘密の作戦について、イギリス政府高官から聞いた。キルガレンは、その話が1940年代後半ニューメキシコ州に端を発すると信じていた。キルガレンは、この話が真実ならジャック自身、そしてNASAから月に人間を送るという彼の計画に大きな困惑をもたらすことになるだろう、と言った。

2. 対象人物は、繰り返し司法長官に電話をかけ、大統領とその弟が自分を無視したやり方に不満を述べた。

3. 対象人物は、記者会見を開きすべてを話すと脅迫した。

4. 対象人物は、キューバにある「複数の基地」について言及し、大統領がカストロ暗殺を計画していることも知っていた。

5. 対象人物は、自分の「秘密の日記」およびそれを公表したら新聞社がどう扱うだろうか、について言及した。

機密

ジェームズ・アングルトン

文書2：CIA によるマリリン・モンローの盗聴（原本）

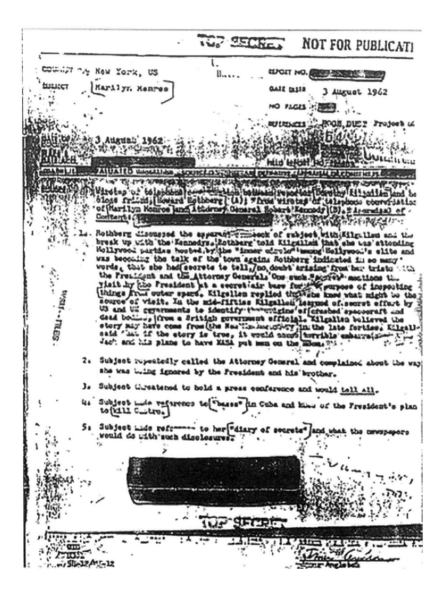

TOP SECRET   NOT FOR PUBLICATI

COUNTRY: New York, US   REPORT NO.

SUBJECT: Marilyn Monroe   DATE DISTR: 3 August 1962
                                     NO PAGES:
                                     REFERENCES: MOON DUST Project

DATE: 3 August 1962

1. Wiretap of telephone conversation between reporter Dorothy Kilgallen and be close friend Howard Rothberg (A) From wiretap of telephone conversation of Marilyn Monroe and Attorney General Robert Kennedy (B) Appraisal of Content:

1. Rothberg discussed the apparent break of subject with Kilgallen and the break up with the Kennedys. Rothberg told Kilgallen that she was attending Hollywood parties hosted by the "inner circle" among Hollywood's elite and was becoming the talk of the town again. Rothberg indicated in so many words, that she had secrets to tell, no doubt arising from her trists with the President and the Attorney General. One such secret mentions the visit by the President at a secret air base for the purpose of inspecting things from outer space. Kilgallen replied that she knew what might be the source of visit. In the mid-fifties Kilgallen learned of secret effort by US and UK governments to identify the origins of crashed spacecraft and dead bodies, from a British government official. Kilgallen believed the story may have come from the New York mercury in the late forties. Kilgallen said that if the story is true, it would cause terrible embarassment for Jack and his plans to have NASA put men on the Moon.

2. Subject repeatedly called the Attorney General and complained about the way she was being ignored by the President and his brother.

3. Subject threatened to hold a press conference and would tell all.

4. Subject made reference to "bases" in Cuba and knew of the President's plan to kill Castro.

5. Subject made reference to her "diary of secrets" and what the newspapers would do with such disclosures.

TOP SECRET

161

マイケル・スミス、米国空軍レーダー管制官

　私は、1969年から73年まで空軍に勤務し、航空管制警戒オペレーターを務めました。オレゴン州クラマスフォールズに配属されていた1970年の初期、そのレーダーサイトに出勤すると、現場の人間たちはレーダー上で約8,000フィートに空中静止している1機のUFOを見ていました。UFOは、そこに10分ほど静止した後、ゆっくりと降下しレーダーから見えなくなりました。姿を消してから5～10分後、再び8,000フィートの位置に静止した状態で突然現れたのです。次のレーダーの走査で、その位置は200マイル離れた位置に静止して10分ほど止まり、同じサイクルをさらに2回繰り返しました。

　私は、UFOを目撃した際に通常行うべきことを学びました。NORADに通知するが、必ずしもメモをとらない、というより、何かを書き留めることはせず、口外しないということです。これは、関係者以外極秘です。

　その年の後半のある晩NORADから電話がかかってきて、カリフォルニアの海岸線上空にUFOが現れる、と事前に知らされました。どうすればよいのか尋ねると、「何もしなくていい。書き留めるな。これは単なる事前通知だ」と彼らに言われました。

　その後1972年の後半、ミシガン州スーセントマリーで第753レーダ飛行中隊に駐留している時に、I-75（州間高速道路75号線）の先にあるマキナック橋から3機のUFOを追いかけて、とりみだした警察官たちから電話が2回かかってきたことがありました。すぐにレーダーを確認すると、UFOが映っているではありませんか。私はすぐにNORADに電話をかけましたが、キンチェロー空軍基地に帰航するB-52爆撃機がいたので彼らは心配していました。そのUFO3機に2機を近づけたくなかった彼らは、爆撃機を急いで迂回させたのです。

　あの夜、警察署、郡保安官事務所および関係各所からかかってきた多

くの電話に対応した私は、レーダーに何も映っていませんでした、と答えました。

＊　　　　＊　　　　＊

証言

米国陸軍クリフォード・ストーン軍曹は、墜落したETの宇宙船を回収する陸軍の公式任務において自分自身の目で生きている、および死亡した地球外生命体を目撃してきました。彼には、秘密作戦の基地や秘密アクセスプロジェクト等へのアクセス権が与えられていました。

墜落したUFO回収作業の訓練のため、陸軍は私をアラバマ州フォートマクレランにあるNBC学校（NBCとはNuclear（核）、Biological（生物）、Chemical（化学）の頭文字）に派遣しました。私がUFO回収に関わるのは、常にNBC部隊の一員としてでした。私たちは現場に入り回収作業を行う。密かに人知れず残骸を採取できるようなら、実行します。フェイクニュースなど、正式に認可された偽装プログラムを稼働させる必要があれば、それも実行します。

もちろん高度先進の宇宙船もありますが、それらの墜落は多くありません。とはいえ、私は皆さんと同様に命ある知的生命体がそれらを作っていると思います。ということは、エラーを起こす可能性があるということです。

回収作業は、有害物質を含む航空機事故と同じ方法で実行します。ブルーフライ計画によるUFOの回収作業では、いわゆる現場分析というものを行います。

つまり、現場にはミサイルの仕組み、航空機の仕組みを知っている専門家がいて、彼らが見ているのはそれらの製造に使われている資材なのです。彼らは普段とは違う資材であれば指摘するのですが、それで1つ

可能性のある結論が導き出されます。この惑星上には存在しない物質ということです。これがブルーフライチームの目的です。直ちに現場分析を行うことが非常に重要でした。墜落した宇宙船の残骸を、まるで危険物質のように梱包し、予防措置を取ります。私は今でも、ETは敵対心を持っていないと言えますが、それでも事故や死人が出る可能性は常にありました。

　当然そのような資材、特に大きな宇宙船であれば、私たちはそれを隠そうとするわけです。そして、それはたまに目にする円盤またはくさびの形をしていました。それから特にその資材をトラックに積んで持ち込む場合は、予防措置を講じます。私たちの最大の懸念は、その物体が地球外から来たことで与える、生物学的な影響でした。

　目撃事件や墜落したETの宇宙船を回収する作業がありますが、前述したように回収作業の数は少なくて、発生するのは稀でした。1969年インディアンタウン・ギャップで回収作業が発生。当時の季節は冬。降雪はなく、私たちは第96民事戦闘団で実働演習の最中でした。NBC（核・生物・化学）担当下士官だった私は、宇宙船が墜落したのでその回収の支援が必要だと知らされました。

　それはくさびの形をした宇宙船でした。現場に着くと、既にチームが組織されており物体の周りに投光器が設置されていました。幸い民間人や野次馬といった問題もなく、私はAPD27を持ってその物体にできるだけ近づき、線量を計測するように指示されました。その作業をしながら気づいたことは、自分が見ている遺体が地球のものではないということでした。感情的になりたくないので、これ以上それに深入りするのは気が進みません。

　私たちが関わったのは、1976年9月19日に起きたイラン事件です。2機の戦闘機が同時に故障した原因を究明しようと、徹底的な調査が行われました。空軍パイロットの1人がUFOの降下を目撃した場所で、異常が検知されたのです。私たちはそれらの異常を音声装置で記録し、その場所を映像にも撮ったのですが、フィルムには奇妙なものが映ってい

ました。私はその着陸場所で起きたことのすべてを知っているわけではないのですが、これだけは言えます。そこで起きたことが原因で、調査団が２週間から３週間派遣されました。［関連資料は付録２および３を参照］

　1986年、私たちは１機のUFOを２度にわたり攻撃しましたが、そのUFOは何事もなかったかのように飛び去っていきました。同年、20機以上のUFOが輪のような編隊を組んでブラジルの飛行機の周りを飛び回る事件もありました。

　私は1989年の夏ベルギーおよびドイツ上空で発生したUFO事件、およびソ連国境付近で起きた恐ろしい事件にも関わりました。その物体が巨大であったので、ソ連は非常に動揺していました。物体は三角形をしており、その二等分線はフットボール場約３個分の長さがあったのです。その物体はいわゆる緩衝地帯の上空を越えて飛びました。

　私たちは不安を募らせ身の毛がよだつ思いをしましたが、恐怖による身震いだけでなくある種の生理的な影響も生じたのです。ひとたびこの事件が終息すると、戦闘機に警戒態勢を取らせました。彼らには、ソ連機が緩衝地帯を越えて近づいてくる可能性があるので、それを迎撃するのだ、と説明しました。ソ連もまた同じ行動をとっていました。UFOがソ連領空に引き返したため、ソ連はそれを迎撃しようと戦闘機を緊急発進させました。物体の移動速度は少しも速くなかったのです。しかし、この事件があった夜に限ってそれを攻撃する者は誰もいませんでした。

　その物体は写真に収められており、ソ連との間で協議も行われました。その協議の間、全員が集められ説明を受けました。そこで言われたのは、ロシア軍のミグ27戦闘機が緩衝地帯の奥深くまで迷い込んだため問題となり、警戒態勢がとられることになった、それ以上のことではない、と。しかし、それはミグ27ではありませんでした。その時何を見たかは、私たち自身が正確に知っていました。米軍には、訓練に使うソ連軍と自軍のあらゆる航空機のシルエットが描かれたフラッシュカードがあります。

なので、目撃した機体は普通のものではなかったのです。それは空気動力学的に妥当なものではありませんでした。つまり、その物体は空中にとどまる手段を持っておらず、推進システムもないのに、完全に無音だったのです。

これは、私に不安な気持ちをわずかに抱かせ、ここから抜け出し家族の元に帰りたいと思わせた事件の1つでした。私たちは、この件の対応を上層部に任せました。ソ連はベルギー政府を通して米国政府に公式の抗議をしてきたのです。それは、ベルギー当局が他国と共に、偵察任務目的で米軍ステルス航空機がソ連領空へ侵入することを許している、との内容でした。私たちはソ連に連絡をし話し合いを持つ中で、ソ連軍事連絡使節団に対して本件は米軍ステルス機とは何の関係もないと説明しました。

一方で、ベルギー当局も独自にUFOを何度も目撃していました。私たちは、それをテレビで見ました。それらの目撃について知られていないことは、隠蔽と呼びたくないがそこにはとてつもない目撃に関する具体的な情報を秘密にしようとする動きがあったということです。UFOが地下に潜っていくように見せるため、レーダー画面の映像フィルムを修正していたのですが、実際にはUFOはそんなことはしませんでした。それは地下600フィートまで潜ることになっていたと思います。もちろん、そのような事実はありません。それは目に見えており、人々がそれを目撃し、パイロットたちも見たのです。パイロットの航空機はそれを自動追跡しました。しかし、こうしたことは私たちが喜んで答える質問をさらに増やすものだったので、私たちはこれを報道機関から隠すことに決め、それをうまくやってのけました。

ベントウォーターズ（イングランド）は、とても興味深いもう1つの事件でした。物理的証拠という点では写真、そして映像記録もありました。インパクトポイントと呼ばれる地区でいくつか異常をみつけ、その中には通常よりも高い背景放射線の証拠があり、さらには木々の頂部もなぎ倒されていました。

そして目撃者も多数いました。

　そこでは技術的な質問が行われ、事実として私が知っているのは、英国および米国両方のレーダー技術者数人が質問を受けていました。その中には、異なる2つの夜に勤務していた人たちで私の知り合いが数人いました。

　私たちがそこに行ったのは1980年12月下旬。欧州連合軍最高司令部（NATO）に説明を行うため、そこでの資料やレーダー記録、すべてをリンゼイ空軍基地に持ち帰りました。その情報は特別な配送業者によりヴァージニア州フォート・ベルボワに当時あった米国空軍現地活動群、現地活動センターに送られました。[関連資料は付録7を参照]

＊　　　　＊　　　　＊

証言

ニック・ポープは1990年代の数年間、英国国防省のUFO現象研究調査部門を率いた同省職員。

　英国で最も有名なUFO事例はレンデルシャムの森事件です。これはベントウォーターズ事例とも呼ばれています。この事例では、1980年12月の数夜にわたり一連のUFO事件が発生。表向きはサフォーク州にある英国空軍ベントウォーターズ基地とウッドブリッジ空軍基地が関係していますが、実際にはそれらの基地は米国空軍によって運営されていました。

　この事例では一連の遭遇が発生しており、中には空で異常な飛び方をする光体を目撃した人もいました。しかしさらに重大なことが起こったのです。光体が現れた最初の夜、構造性を持つ金属製の飛行物体が空ではなく地面すれすれを移動しているのが目撃されました。それは2つの基地に隣接するレンデルシャムの森の中を動いていました。ある時点で、おおよそ三角形をした小さな金属製の飛行物体は、実際に降下し森の中

の空き地に着陸したように見えました。

　この時の目撃者たちはすべて軍人でしたので、彼らは観察能力を鍛えられていて、見間違うことはありません。これまで懐疑論者の中には、近くの灯台を見誤ったのかもしれないと言う者もいました。それは2つの理由からあり得ません。まず、彼らは観察能力を訓練された軍人であり、灯台は見慣れていて勤務中ほぼ毎夜それを見ていました。次に、その遭遇事件のあったある時点で、確実にその灯台はUFOと同時にはっきりと見えていたのです。したがって、その物体は懐疑論者たちが時々示唆するあの灯台ではあり得ませんでした。

　この事例は、私自身の勤務期間より10年前のことです。私はこの件を見直し、ファイルのすべてに目を通しました。注目できた最も重要な点は、物理的証拠でした。この飛行物体が着陸した後に、担当者たちは白昼に着陸場所まで戻り、森の地面に三角形の窪みを発見したのです。その窪みを線で結ぶと、ほぼ完璧な正三角形を示しました。

　その場所では放射能検査が行われていました。その内容を読むと、この物体は降下、または上昇しながら何本かの枝を折り、樹皮をいくらか剝いでいたのです。

　私は当時チャールズ・ハルト中佐によって記録された数字を、国防省の一部である国防放射能防護局に送りました。（彼は基地の副指揮官で、彼自身もこれらの事件の1つを目撃していたのです）。

　その地面の窪みの放射能は、背景放射能の本来あるべき値の10倍でした。

　ここで重要なことを言いますが、その値は比較的低いものでした。なので、ハルト中佐と彼のチームはこれによって危険に曝されることはありませんでした。これはまだ低いレベルの放射能でした。しかし繰り返しますが、科学的な観点から、それはポイントではありません。重要なのは、その場所のすぐ外側での対照測定と比較した場合、この飛行物体が森に降下したその場所で、通常の10倍という値が得られたことです。

　だから、これは極めて重大なことだと私は考えています。なぜなら、

この件においては訓練された軍の観測者による目撃があり、ある時点で
この飛行物体は近くのワッテン空軍基地からレーダーで追跡されている
からです。つまり、レーダーによる捕捉、訓練された軍人による目撃、そ
の出来事の後では通常の現実の中で否定し得ない、科学的に測定された
放射能の証拠がありました。誰の基準に照らしても、それは極めて重大
な出来事だったのです。

　私は軍関係者による目撃供述を読み、これらに関わった人々による証
言を聞きましたが、事件が発生した夜には国防省に上げられたファイル
に記録された以上のものが起こっていたことを示していました。

［当時、米国の管理下にあったベントウォーターズ空軍基地には、秘密裏に核兵
器が保管されていたことが分かりました。UFOが民間の原子力発電所、核兵器
を持った軍事施設などに極めて強い関心を持っていることを示す事件も発生
してきました ── SG］

＊　　　　＊　　　　＊

証言

ラリー・ウォレンは英国ベントウォーターズ空軍基地の保安兵でした。

　私の名前はラリー・ウォレン。1980年12月に東アングリア地方のサ
フォーク州にある第81戦術戦闘航空団に配属されました。そこはNATO
（北大西洋条約機構）ベントウォーターズ空軍基地にあり、ウッドブリッ
ジ空軍基地に隣接していました。私は専任保安兵で、当時そこで秘密裏
に保管されていた核兵器を警備するのが仕事でした。

　1980年12月11日に私の機密情報取扱許可の通知、PRPが届き、私は
許可を受けました。当時の私は、資格として機密取扱許可を持っていま
した。

　そのUFO事件はウッドブリッジ基地の近くで起きました。そこは私

たちの姉妹基地で6マイル離れており、ベントウォーターズ基地とはレンデルシャムの森として知られる松の森で隔てられています。私は飛行機整備場警備の第2週目に入り、夜間勤務でした。

　私たちは、ちょうど休憩を終えたところでした。前の小隊、C-小隊がボクシングデーの早朝にUFOに遭遇したのは私の出来事の2夜前です。保安警察官のジョン・バローズと空軍兵パーカーが、ウッドブリッジ基地の東ゲートにいました。バローズは滑走路東端の森の中に何か物体らしきものを見たのです。そこには様々な色の光が見えたので、彼は航空機が墜落したのかと思いました。彼はベントウォーターズ基地中央保安管理所に電話を入れ、見えているものを報告。軍曹のジム・ペニストンという交替勤務監督官が応答し、さらに数名が現地に到着しました。

　この件に関与していたわけではないのですが、知っている内容を話します。彼らはその現象を追って森の中へ入りました。彼らは航空機の墜落があったに違いないと考え、そのための手順に取りかかったのです。

　しかし、それが航空機ではなく、底辺が約6フィート、頂点の高さは9フィートの三角形の物体だと気づきました。それはガラスのようで密度のある黒さでした。その物体が三脚あるいはその類の脚部の上に乗っていたかどうかは不明でしたが、その周囲には色とりどりの照明がついていました。彼自身の証言に基づいて私が確かに知っていることは、ペニストン軍曹とこれらの将兵たちが携帯武器を持ってきたということ。それは警察官が持つような38口径の銃でした。彼らがこの物体に遭遇し、それがこれまで見たことのないものだと分かると、ペニストン軍曹は回転式連発拳銃を抜いたのです。彼らは当時私たちが皆そうだったように航空機や異常な物体を認識できるよう高度に訓練されていました。ペニストン軍曹は、拳銃を抜いてその物体に狙いを定めました。

　ある時点で、彼はこの現象にかなり近くまで寄りその側壁にあるパネルを観察すると、そこには象形文字に似たある種の言語が描かれていました。どこかで見た覚えがあるものの何の文字かは特定できませんでし

た。それは浮き彫りになっていて、彼はそれに触り表面の感触を調べますとやや温かく感じました。その質感は、稠密さや堅さからまるでガラスのようでした。彼らはこの不透明なガラス越しに、内部で何かが動いているのを感じとったのです。ペニストン軍曹はある声を耳にしました。これらの将兵たちには、基地と無線連絡が取れなかった空白の4時間がありました。幸いにも他の一部の将兵たちがはっきりと応答し、現地の状況を知ることができました。中にはカメラを持ってきた者もいて、写真を何枚か撮っていました。

　彼らは、翌朝事情聴取を受けました。彼らは放心状態で森から救出され、直ちに供述を行い、空軍のある部隊が彼らにソディウム・ペンタトールだという注射を打ちました。

　空軍兵バローズが私に直接語ったところでは、彼は2日以内にこの現象が再び起きることを知っていました。それは現実になりました。彼らのその日の勤務は終わり、私の勤務となりました。

　この遭遇で残された証拠（地面に着陸痕）がありました。それは事件だったので、英国サフォーク警察は翌朝これに対応。事件は基地保安警察作戦担当から報告されました。調査の現場にいたチャールズ・ハルト中佐がこれについて極めて正確に説明することができます。これらの着陸痕は正確に9フィートの間隔で三角形を形成しており、それは2トン半の重さの何かが地面にあったことを示していました。何かが明らかに通過したコルシカ松の林冠には、すき間が1箇所空いていました。背景放射能の測定が行われていて、その詳細情報はニック・ポーが国防省経由で実際に提供することができます。

　測定値は、その地域で通常自然に見られる放射能の25倍。当時基地の災害対策要員だったネベルス軍曹がガイガーカウンターを持っており、測定方法を知っていました。これらの放射能の値はこの中心地点から測定されたもので、木々などに残留放射能が検出されました。

　私はベントウォーターズ空軍基地駐機場の端の周辺歩哨区域18と呼ばれる、とても離れた地区に配置されたのですが、そこは1つの警戒地点

でした。私が持ち場に向かった後約１時間半は、何事も起きませんでした。私が最初に気づいたのは、当時基地を囲んでいたやや低いフェンスに向かって何頭かの鹿が走る動物が立てる物音でした。この鹿の群れがフェンスを飛び越えると、私の持ち場を通りすぎ、まさに滑走路を走っていきました。それらは驚いていたようでした。

　突然、開放周波数上での交信が耳に入ってきました。当時モトローラ社の無線機を使っており、保安用と作戦用に４チャンネルがありました。そこから聞こえ始めたのは、ウッドブリッジ基地に向かう森の上空の光体群の動きを説明する無線交信。「あの光体群がまた戻ってきた」。それを聞いて、私は上を見あげていました。

　このとき、保安警察のブルース・イングランド少尉から呼び出しがありました。彼はこの時の交替勤務指揮官で、彼は「ウォレン、持ち場を離れろ。政府車両（GOV）が迎えにいく」と言いました。

　１台のトラックが止まると、その運転手は私の直属上官であるバスティンザ軍曹。助手席にはイングランド少尉、後部座席には私と同様の新人、他の隊員たちが座っていました。私は乗るように言われ、私たちは直ちにベントウォーターズ基地の駐車場に向かいました。基地CO（指揮官）を探す人々の交信が飛び交っており、彼らは「周波数を変えろ。無線機をすべて切れ」と言っていました。

　言っておきますが、これらのすべてはCSC（通信システム制御装置）でその夜に作成されたテープに記録されたのです。それらは盗まれました。その期間の日誌も同様でした。これに関してもチャールズ・ハルト中佐が確認してくれます。数日後、彼が見に行ったらなくなっていました。任務に就いていた隊員の名簿、事件報告書など、すべて。それらは消えてしまったのです。

　我々は武器をNATO装備にしていましたが、これはとても異例のことで、上層部は切羽詰まった雰囲気でした。私たちは森に続く伐採道に入ると、森に入って約半マイルの所に１台の装甲車がありました。私がこれについてこれまで話してこなかったのは、それは書いたので２度と話

す必要がないと思ったからです。

　森の中での感じはとても奇妙で、動作は普通ではありませんでした。森に入ると、すぐに知覚がおかしくなりました。何か問題があり、明らかに何かがおかしかったのです。

　私たちが足を止めると、そこには別の車両が何台かありました。武器を取り上げられた後、私たちは４人１組に別れ森の中へ進みました。この夜ハルト中佐が少人数の上層部の人間と現場におり、ある時点でイングランド少尉も加わりました。無線での連絡が頻繁に行われている中、私たち下士官は黙っていなくてはいけませんでした。しかし他の開放チャンネルで、誰かが「ここに来ている者はこれらのホットスポットを避けろ。そこを歩いてはならない」と言っているのが聞こえてきました。

　彼らはこれらの物体が戻ってくることを予想していた、と私は考えています。

　ところで、バローズ軍曹は最初の夜からそれが戻ってくることを知っており、その現象の近くに戻るという考えに取り憑かれ、勤務外に私服でそこにやってきました。周辺区域で森につながる経路を確保していた１人が、無線でハルト大佐に「空軍兵バローズと他２人がそちらで合流したいと言っています」と呼びかけている声が実際のテープに残っていて、聞くことができます。

　ハルトはそれに応答して、「今は駄目だと言ってくれ、来られるようになったらこちらから連絡する。今は誰にも来てほしくない」と言いました。

　私たちがこの小さな集団で森の中を進んだ時、バスティンザ軍曹、交替勤務管理官ロバート・ボール、そして他にも大勢の人間が一緒でした。コルシカ松林の端にあるカペルグリーンと呼ばれる空き地に着くと、そこの地面ではある現象が起きていました。それは、もや、または地面を覆う霧のように見えました。そこには映画撮影用カメラがあり、とても大きなビデオカメラがありました。当時としては、大変大きなもので

た。これらはベントウォーターズ基地の広報部からもって来たもので、その現象が戻ってくる期待があったのです。フィルムに何かの痕跡が映っていることは立証されてきました。これは私だけが言っているわけではありません。今話している事柄のすべては、証拠の中身でどこの裁判所に行ってもほぼ裏付けることができますし、それについて私は行う用意ができています。

　私はこれを観察していたのですが、まるで映画を見ているようでした。もやが、地面にただよい、皆がそれを注視していました。災害対策チームも待機していました。左方に農家が1軒たっていました。私はそれまでこの森に来たことがありませんでした。この家には明かりがついていたので中には人がいたのでしょう。犬が吠えていたのを、はっきり覚えています。そして光体がやってくるのを見ました。

　そして、この空き地からはオーフォード灯台の光をとてもはっきりと見ることができました。この事例はこの灯台の見誤りだと書かれて大げさに話されたと言われてきたのです。実はこの灯台は100年以上もそこにあったので、誰にとっても何の驚きでもありませんでした。この赤いバスケットボール型の物体は、北海方面から木々を越えてやってきました。それを航空機の尾灯だと思ったのですが、動きはとても速かったのです。説明するのは難しいですが地面に漂うもやは、構造を持っているように見えその幅は50フィート。このバスケットボール大の琥珀色の光体は、固体のように見えずそれは、もやの真上20フィートの所にありました。これに対し私や他の人々も目を凝らした時、直ちにカメラがそれに向けられ皆、反応していました。その時爆発が起きました。それを描写するのは非常に難しいですが、この物体は極めて明るい多数のかけらに分裂したのです。

　私も他の人々も眼にやけどを負いました。これに関する文書を私は持っています。なぜなら、ある将校の助言を受けて、私はそれらをベントウォーターズ基地から密かに持ち出してきたからです。彼は「君の軍歴は君がいなくなるとすぐに消えるだろう」と言いました。こうして、

私の眼は損傷を受け、網膜などの閃光火傷を負いました。この火傷は
アーク溶接の光を約10分間凝視（これは勧められるものではありませ
ん）したのと同じ損傷だと医学的に立証されています。その時はすべて
がとても異様でした。

　この光の爆発はとても静かで、光の爆発が起きた場所には底辺がおそ
らく30フィートでピラミッドのような型の構造を持ち、かなり大きな固
体がありました。その形は非常に粗く、実際に見れば虹色のように歪ん
でいます。周辺視野ではっきりとその形を見ることができる、そんな状
況でした。この物体が着陸した所の証拠は残っています。この件に関す
る証拠に誰も失望しないでしょう。本当です。

　その物体はそこの地面にあり映像や写真にも撮られました。
　チャールズ・ハルトのテープには、数人の英国の巡査が映っていまし
た。サフォーク州警察と英国警察の車両のサイレンが少し流れているの
で、彼らの車両が森の中で止まるのが聞こえます。なぜなら、彼らのサ
イレンが少しの間入っているからです。これらの警察官が誰かは分かり
ません。彼らは誰にも話そうとしないからです。彼らはカメラを1台
持っており、英国警察はそれを取り上げられました。既にここで国際的
な事件が発生しようとしていました。

　その夜パーティーに出ていた私たちの航空団指揮官ゴードン・ウィリ
アムズ他の上層部の人間と一緒に現場に到着しました。そこには英国の
軍部の人間がいましたが、彼らもそのパーティーに参加することができ
たはずでした。その状況から言えることは、彼らがこのような出来事に
対処する方法を心得ている様子だということです。

　この物体から音が発せられていた記憶はありません。ほとんど蜃気楼
のようだったとはいえ、それが固体であると私は知っていました。なぜ
なら痕跡と証拠などを残していたからです。しかし、その物体は私がこ
れまで見たあらゆるものを超越していて、まさに目の前に存在していま
した。ある時点で、私と物体の距離はわずか30フィートであまりにも近

かったのです。

　その物体に関係のある生命体がいました。これで本題に入れます。私
は、この子供たちはここで何をしているのだろうと考えていたのを覚え
ています。頭が混乱し始めました。輝く光が1つあり、動いていました。
これらの物体に上半身があったのを、はっきり見ました。そして、1本
の腕が動いたのを見た時、別の世界にいる感覚でした。そして上層部の
人間たちは、その現象の間近にいました。

　私は、この奇妙な機械の右側から輝く光が外に出てきたのを見ました。
それは青みがかった金色で、地面から約1フィート浮いていたのです。
それは地面からわずか約4フィートの高さで、分裂し3つの楕円形の光
の繭（まゆ）が現れ、中には人のようなものが入っていました。身長は4フィー
トほどで、子供の身長くらいです。その光が弱くなると、中にいるもの
が見えました。彼らには髪の毛がなかったのですが、服を着ていました。
服には装置が付いており暗い色をしていました。光のために下肢は見え
なかったのですが地面を歩いていませんでした。見なければよかったと
思いますが、大きな目と思われる周囲には白い膜があり、その白い膜は
動いて適応していました。私たちの目が光に対して調整するようなもの
です。

　指揮官がそこにいました。誓って言いますが、このようなことが起き
た場合の対処手順が確立されているということです。彼は前に進みまし
た。その時私たちの階級の人間は、その区域から出るように命令されま
した。実際、多くの低い階級の人間がこの件に関わっていたのですが、
車両に戻されたのです。車両に戻る途中、森では多くの現象が起きてい
ました。これら光の生命体のような物体がそこにいて、その周りや木々
の上には他の宇宙船がいて、まるでこの事態を警護し支援しているかの
ようでした。その時、バローズは全車両が集まる駐車場にいたのですが、
軍は彼を現場に行かせようとしませんでした。

　チャールズ・ハルトは別の光の現象を追跡していて、彼のすぐ前の地
面に光線が照射されていました。これらの文字通り三日月型物体から照

射された鉛筆ほどの太さの光線です。ハルト中佐はこの一部始終を4時間の音声記録としてテープに記録。それは衝撃的な記録でした。

　私が関わった事件は、約半マイル離れた所で起きていました。実際そのテープでは、その出来事が始まる様子を聞くことができます。テープのすべてが公表されるずっと以前から、私は録音の中に入っていたことを、ここではっきりさせておきます。そして、テープのすべてを公表したのが私なのです。そのテープをCNNに提供しましたが、これに関してやったことで、私は1銭も受け取ったことはありません。1度たりともです。

　私たちが去る時、空軍兵バローズはもう1つの物体が現れたと私に言いました。すべてのトラックが駐車していた区域に多くの保安兵がいました、まさにその真っただ中に現れたのです。空軍兵バローズはこの物体にしがみつくと、この物体はしがみついたバローズを伴ったまま10メートル地面を移動しました。これは紛れもない事実で、彼は物理的にこの物体に触れたのです。そのまま移動し、それは離陸しました。それはジョンから離れ、別の光線が降りてきました。保安兵の1人が小型トラックにいたのですが、この物体は彼を追いかけていました。これらの生命体の1つと光線が文字通り彼を追いかけていたのです。

　彼は小型トラックに飛び乗りドアを勢いよく閉めると、それはフロントガラスを通過。彼はひどく怯え、フロントガラスをトラックから蹴り出しました。この物体は別の窓から外に出ていきました。私はこの男を知っています。これは大勢の人の目の前でも起きていたことです。当時は12月で、閉め切っていた別の窓からその物体は出て行きました。彼がその車両から目を離すと、一筋の青い光線が木々の上から降りてきました。この物体はその光に乗って真っ直ぐ上昇し、光の白いピンをつけた松ぼっくりに似た暗い物体に吸い上げられていったのです。夜空を背景にしていたので暗く見えたその物体は、この出来事を見守っていました。別の将校は、この物体が何かを探していたようだと言いました。それらは前夜、辺りをくまなく探索、つまり3日間活動があったのです。

彼らは理由があってそこにいました。こんな感じです。「私たちは目的があってここにいる、君たちはその邪魔をしている。君たちが知るべきことを見せてやろう、だが私たちはやるべきことをやり遂げる」と。

　このことも言っておきたいのですが、ハルト中佐は後で私に「あの夜この基地、森、そしてウッドブリッジ基地の上空に三角形の物体が3機いたことを知っていたか？」と言いました。そしてその間、多くの将兵に空白の時間が生じていたのです。驚くべきことでした。

　その後、私は精神的動揺で髪が白くなり、抜け落ちたことに気づきました。文字通り右側の髪が白くなったのです。涙が大量に流れ、口の中は何か金属の味がして、汗が止まらず、悪寒がしました。

　私は決心し、母に電話しようとしたのですが、使えるのは基地にある盗聴されない安全な電話でした。若くて世間知らずだった私は、COMSEC（通信秘密保全）規則を気に留めていなかったのです。私たちは外部との通話がいつでも盗聴されていることを知っていたので、（かつて基地に設置されていた）公衆電話に行きコレクトコールで母に電話をかけました。

　私は「お母さん、こんなことは信じないだろう」と言いました。「昨夜1機のUFOが基地に着陸した。自分たちはすべてを見たんだ。信じてくれないかもしれないが」。私は母の反応が聞こえないと思いながら「お母さん、お母さん」と呼びかけたのですが、母は受話器の向こう側にはいませんでした。私は（友人の1人である）グレッグを見て「何ということだ。電話が切れた」。私は交換手を呼んで「もしもし、もう1度接続してくれませんか？」と言いました。彼女「あなたは基地からかけているのですか？」。私「そうです」。彼女「すみません、あなたは基地から遮断されました」。そう言って彼女は電話を切ったのです。私はグレッグを見て言いました。「おい、面倒なことになったかもしれない」。こうして私たちは走って寮に戻りました。

　母に電話する前に、私たちは事務所に呼ばれました。マルコム・ズィクラー少佐が保安警察所長でした。そして彼の部下のカール・ドゥルーリー少佐もこれらの出来事にいろいろな側面から関わっていました。事

務所の外にジャガーが1台、そしてもう1台、今となっては車種を思い出せませんが高級車が停まっていました。私は、ここで事情聴取されるのだなと思いました。何よりも、ここにいたのはすべて階級の低い隊員で、私のグループには軍曹以上の階級の人間はいませんでした。私たちは互いに接触できないように別々に事情聴取を受けました。そのことは今なら理解できますが、当時は分かりませんでした。それで私はこう言いました。「何てことだ。彼らは口をつぐめと言うつもりらしい、思ったとおりだ。私は名前を挙げてもよい」。そこには私服の男たちがいて、保安警察の警務室を出たり入ったりしていたのです。それはとても異常で、私は「困ったな」という感じでした。

彼らは「君たちの中で、森にいた時、そこから何かを回収したり持ち帰ったりした者はいないか？何でもだ。岩、小枝、何でもだ」と言いました。彼らは私たちに繰り返し聞いてきました。そして、「もし持っていて今それを話さないなら、君たちはUCMJ（軍事司法統一法典）の適用を免れない」と言いました。条項XV、さらにJL-11、これらのすべての規則が適用されるというのです。私たちは若い新兵でしたので「何ということだ。まだ任務に就いてもいないのにヤバい状況に陥っている」という感じでした。私たちはガイガーカウンターで入念に調べられ、1人から反応が出て、彼のポケットから何かが取り出されました。

この同僚はすぐに排除されました。命にかけて誓いますが、その後再び彼を見ることはありませんでした。彼は排除されたのです。これは多くの人に起きました。空軍が責任を負うべき1件の自殺にも繋がりました。これは名前を持った実在の人間です。ところで、あの事件の後この基地では、ついにNATOの中で最も高い自殺率を記録。これは動かしがたい事実です。この件に関わった大尉の1人は、自宅の裏庭の木で首を吊っているのを発見されました。結婚して子供もいたのに。これらの人たちは皆、銃で自殺し始めました。私はそれを生き抜きました。自分がそこから生還したのに驚いています。

こうして私たちが連れ込まれた事務所には、何列かの椅子と、とても

小さな事務机が1つありました。今とはすべてが変わっています。私たちが連れてこられた時、机の上にはシーツが置いてありました。私たちの人数は全員で10人ほど。そこには7つの書類が積んでありすべて事前に入力されていました。その1つは事前に記入された供述書で、私たちが目撃した当たり障りのない内容でしたが、実際に私たちが目撃した内容ではありませんでした。その供述書には、私たちは非番で、木の間を飛び跳ねる未知の光を見ただけだ、と書いてありました。私はそれをはっきりと覚えています。

　私が「ズィクラー少佐に、もしこれに署名しなかったらどうなりますか？」と聞くと、彼は「君に他の選択肢はない」と言いました。私は彼の事務所にいたこれらの他の職員を見つめていました。私たちは次にそこに回されるからです。彼は私たちに文書に署名するよう命じました。4つの書類があり、1つはUCMJ機密事項、JANAPとはっきり書いてありました。しかし、私たちが読めない別のものもありました。彼らは「君たちは後でこれを読むことができる。署名したまえ。社会保障番号もだ」と言ったのです。

　それから私たちは列になって彼の事務所に入ると、そこには映像スクリーンと椅子2列が用意されていました。金属製の折りたたみ椅子で、拡げてありました。ズィクラー少佐が部屋を出て、私服の男が2人残りました。大男でビジネスマン風の米国人。彼らは写真入りのプラスチックIDカードを着けており、それには米国軍公安部と記載されていました。それが空軍かどうかは分からないのですが、それは国家安全保障局の現場部門だと我々は聞かされていました。

　彼らは威圧し、笑いもしませんでした。私たちは制服を着ていましたが彼らに、野外で着ていた制服を着るようにと具体的に要求されたからです。その理由は、ガイガーカウンターを使う目的だったと思います。こうして私たちが席に着くと、そこにはロンドンのONI（米国海軍情報局）から来たリチャードソンという海軍中佐がいました。彼がこの場を支配していました。彼は制服を着ており、私たちにはとても感じがよかった

です。

　事は大体こんな具合に進みました。私の隣に座っていたのは、アラバマ出身なので、あだ名がアラバマという友達。彼は信心深く、この時点で彼はとても混乱していました。彼は携帯用聖書を持ち、それを読んでいました。彼は自分を失っていました。19歳という若さでは、多くの人は人々の苦痛と精神的な外傷をよく理解できないものです。しかし私は、彼が精神的に崩れていくのを見ていたのです。彼は、この状況に耐えられなかった１人です。彼は評判もよく、家族がいて、何でも持っていましたが、彼らはそんなことは気にかけませんでした。

　しかし、リチャードソン中佐はこう言いました。私たちは皆呆然としていたが、これだけははっきりしている、簡単に言えば、「君たち空軍兵が体験してきたことは、この部屋にいる君たちの誰よりも長く私たちが知っているものだ」と淡々と述べました。彼は続けて「ある現象が、何年もの間ここにやってきている。その一部は来て去っていき、別の一部は恒久的に駐留している」と言いました。彼らは現象と言わずに、様々な進化した文明と言いました。そして、秘密にする理由が国家安全保障ということを多く語りました。彼は「（この件は忘れて）自分の人生を生き続けるのが君たちにとって一番いいことだ」と言ったのです。

　部屋にいた１人が「私たちが何かしゃべったらどうなりますか？」と言いました。

　そうしたら彼は「今このことを覚えておいてほしい。君たちの郵便物と電話は軍にいる限り監視されることになる。普通の生活をする最良の道は、この瞬間から本件について、誰とも話さないことだ。お互いでさえも話さないように。普通の生活を送り、この件はすべて忘れなさい。今後、誰も見ることのない何かを君たちは見たというこしを知りながら、自分の人生を送るように」と答えました。他の言葉はすべて、国家安全保障に対する忠誠、私たちの誓約、国家への奉仕に関することで、それは洗脳でした。なぜなら、突然にそれらの言葉は反復され、彼の声は単調だったからです。

彼らは「これから、君たちが目撃したことを大極的に観るのに役立つ映像を見せよう。また君たち自身にとっても、少しは気持ちの区切りになるかもしれない」と言いました。私たちはまた、次の1か月の間何か異常な夢を見たら毎日電話相談ができる番号を教えられました。もし誰かが私たちから情報を聞き出そうとした場合、当局への報告も義務付けられたのです。彼らによれば、私たちから情報を入手するため、その地区にソ連が潜入する可能性があるということでした。当時は冷戦の最中で、何かに気づいたら直ちに報告するように言われました。

彼らは映像を流しました。それはリールに巻いたフィルムで音声の説明はありませんでした。彼も説明はしませんでした。それはガンカメラによる一連の映像から始まり、推測できたのは1940年代の記録らしいということだけでした。それは白昼フロリダ・キーズのような場所で、数機のプロペラ航空機、そして銀色の円盤の編隊が航空機の下を飛んでいる様子が映っていました。

それは映像の初めの方の1コマでした。その映像には宇宙計画に至るまでの場面が含まれていました。中でも最高の場面は、ベトナムでの第5特殊部隊が低木に覆われた赤土の丘にいて、1人がカメラを回していました。いつ頃のことか分かりませんが、カラー映像でした。彼がカメラの向きを変えると、この巨大な緑色の三角形の物体は、彼らがいる場所より下にある低木の中からゆっくり慎重に上昇し、顔の、つまりカメラの高さまで上昇し、さらに上昇を続けました。だが低木や雑木がこの巨大物体から滑り落ち、オオペリカンか何かの群れが、その真下を移動したのです。私は生涯これを忘れないでしょう。私は屋外で起きたあの事件よりもこの映像をよく覚えています。

宇宙計画というタイトルでした。神にかけて誓いますが、この映像には砂のような色をした月面上に、これらの箱のような構造物が映っていました。そこには月面車が動き回っているのが映っていました。私がそれらをはっきりと覚えているのは、そのすべてが起きていた時、私は子供だったからです。その時遠くから宇宙飛行士たちがこれらの箱のよう

な物体を指差しており、その物理的形を持つ物体群は月面から浮揚して移動していたのです。これはアポロ計画飛行任務によって映像に収められていました。その物体は月面の色と連続しているように見えたのですが、構造を持っていました。ちょうど巨大な箱のような形で、四角張って角のある構造をしていて、窓はありませんでした。

　しかし、それらは明らかに人工的に作られたもので、映像に撮られていました。それから丘の上に光体の群れや奇妙な物体群がありました。新品同様でした。その任務では、その多くは月面車と一緒に映っていました。いくつかは宇宙遊泳中の宇宙飛行士たちで、赤い点のような照明をつけた何か暗い物体が彼らに近づいてきました。それは覚えています。その上映はあっという間に終了し、彼らが再びそれを見せることはありませんでした。その映像は、アポロ計画飛行任務の時代で終わりました。

　こうして私はこの会議に呼ばれ、母にかけた電話が遮断された後で、トラブルに巻き込まれたことを、、知ったのです。私はベントウォーターズ基地通信部に呼び出されたのですが、どういうことになるかは分かっていました。そこには軍曹が1人おり、空軍大尉が私を事情聴取し、いろいろ質問してきました。部屋にはオープンリールテープの録音機があり、彼らは「君は固定電話で、機密情報を漏らしたことがあるか?」。何度も、何度も聞かれました。私が「いいえ」と答えると、「君はその主張を続けるか?」と彼らは聞くので、私は「はい」と答えました。私は白々しい嘘をついていたのです。すると彼らはテープを回すと、流れてきたのは「もしもし、お母さん。信じてはくれないだろうけど……」という私の声。彼らは「ウォレン、この基地のすべての通話は常時監視されている。このことを覚えておけ」と言いました。追跡可能だという理由で、私には条項XVが適用されないと告げられたのです。300ドルの罰金が科され、もし私がこれ以上トラブルを起こした場合、袖章を剥奪されることになりました。その罰金の記録はあるものの、何の説明もありません。後になって私は、IRSなどいろいろなものを使って脅迫されました。狂気の沙汰です。彼らは狂っています。この組織は狂っています。

その後、私たちが食事をしていると、ペニストン軍曹もそこに座っていました。誰かが私に聞きました「昨夜は一体何が起こったのか？」。すると、上官のペニストン軍曹が「黙れ、ウォレン。黙れ」と言いました。そんな具合でした。私は「信じられない」と思い、トレイを放り投げ外に出たのです。そこから状況は悪化する一方でした。

　その夜遅く、バスティンザ軍曹と私は電話を受け断言しますが、同じことが他の人々にも起きました。駐車場の車まで来るように言われ、バスティンザ軍曹と私は、その日の午後5時にこの車まで行くことになっていました。英国だと、この時間は日が落ちていました。私たちはお互いに歩み寄りました。私は「やあ、バスティ。調子はどう？」と聞くと、彼は「変わりない」と答えました。それから私たち2人はこの車に向かって歩いていくと、ドアが開いて、そこには男が1人座っていました。

　実際に起きたことはこのようなものでした。私たちそれぞれに、2人の男が背後から近寄ってきました。誰かが彼に向かって歩いてきたのを確かに覚えています。そしてスプレーを噴霧するのが聞こえたかと思うと、目の前が真っ暗になりました。その後何年もの間、私が思い出せる記憶は車の室内灯が明るすぎたということ、そして記憶を無くしたことでした。実際、私たちは何らかのスプレーを浴びせられていたのです。私はやたらと鼻水が出て胸が締め付けられる感じでした。私はおとなしく車に入らなかったので、暴行を受け文字通りあばらを殴打され、突かれたのです。私は抵抗しましたし、バスティンザ軍曹も同じく抵抗していたのを知っています。

　私は自分が問題人物だと確信していました。数年後に分かったのですが、彼もまた何回か電話をかけていたそうです。私たちはベントウォーターズ基地駐機場のどこかに連れていかれたのですが、周囲の音からそれに気づきました。その車から降ろされると、私は顔を切ってしまいました。明らかに動けない状態でコンクリートと地面に張った氷に顔を打ちつけ、文字通り体ごと引きずられたからです。鼻水が出てどうしようもなかったのですが、それを拭うことも何をすることもできませんでし

た。鼻血だったのかさえも分かりません。私たちは下に降りていったことを私は知っています。その基地には地下施設があることははっきりと言えます。それは今でもそこにあります。

　ひどい状態の中で、私はこの件についてさらに覚えていることがあります。この時基地には外部の人々が大勢いました。森にも幾つかのチームがいました。航空機がウッドブリッジに飛来したのですが、基地の指揮官でさえそれに近づくことも、彼らがここにいる理由を聞くこともできません。白いつなぎ服を着たチームの人間が森の中をあちこちと動き回っていました。基地にはこれまで決して見なかった情報関係者がいたのです。こうしたことは、他の多くの人々によって、すべて事実であることを立証できます。

　とにかく、私が覚えているのは20分間だけで、まる１日気を失っていたと、他の隊員が証言しています。皆は、私が緊急休暇、休暇、あるいは基地を離れていたと話していました。しかし私は単に、基地の地下にいたのです。そしてそこには他の隊員たちもいました。

　そこには数多くの先端技術を搭載した装置があり、地下鉄の壁のような巨大なアーチ形のガラスのような天井、ガラス板の壁、古い巨大なガラス板の壁がありました。私たちはある区画に連れていかれました。現実か否かは分かりませんが、私はとても暗い空間をのぞいており、隣にいる誰かがこの基地から北海に通じる多数のトンネルがあると説明していたのを、はっきりと覚えています。

　次に覚えているのは、基地の写真現像室から屋外へ歩き出た時の白昼の光です。私は多くの若者たちと一緒に同じ体験をしました。はっきり覚えているのは、テーブルに寝かされ、空軍の上官たちが身元の分からない人々と一緒に私を見下ろし話しかけてきたことです。私は彼らを明るい光の中で見上げていました。そこから出てくると、静脈注射か何かの跡が付いていて、青あざがあり、包帯も巻かれていました。あれは現実だと私は認めます。確実に跡が残っていたのです。自分に起きたことを知るのも、考えるのも恐ろしかったので、これらの記憶を思い出そう

とはあまりしませんでした。

　私は母に手紙を書きました。それを書いたのは、チャールズ・ハルトが実際のハルト・メモを書く1週間半前。私は情報公開法に基づきそのメモを手に入れました。それは空軍のレターヘッドがついた空想科学小説のような文書です。その文書では、事件について最低限の記録にとどめており、それは意図的に行われたはずです。内容は空想科学小説のようでした。ハルト・メモは、空軍自身がその存在を何度も否定した後、私が提供した情報に基づき1983年にUFO秘密政策に反対する市民の会を通じて公開されたのです。

　その物体が最初の夜に着陸してへこんだ部分から、複数の石膏型がとられました。チャールズ・ハルトが今でもその1つを持っており、それを他の人に見せていますし、議会の機関であればどこにでも見せると思います。その大部分は行方がわからなくなりました。着陸場所の土壌分析が行われましたが、すべて破棄されたのです。年月が経った1988年から90年にかけて、私たちはコア試料で土壌分析を行うことになり、その分析はマサチューセッツ州スプリングボーン環境研究所で正式認可を受けた科学者たちにより行われました。その結果は、"Left at East Gate"という本の中に掲載されています。疑う余地のない現象がその場所（地下3フィートのレベルまで）だけで起きたのです。複数の農家と話してきましたが、20年間作物の種類を問わず、植物はこの部分にだけ生えてきません。しかし、その土壌は周囲よりも黒っぽく、水を吸わないのです。それはほとんどが結晶質で、凍結乾燥させたコーヒーのように非常に乾燥した泥と混じっています。理論上は、土壌を工業用電子レンジで超高温まで加熱し、ほぼ円錐状の方向に向け、瞬間的に氷点下まで冷却していました。

　英国空軍基地の1つワッテン基地では、問題になったいずれの夜にも、これらの物体からレーダー反射を観測していました。ワッテン基地では最初と3日目の夜に、ある物体が森の中に降下していくのを検知していたのです。翌日、米国空軍がワッテン基地に行き航空管制官に対し、異

星人の宇宙船が1機レンデルシャムの森に着陸したと言いました。

　彼らは基地指揮官に連絡をし、そのレーダーテープを借りたのですが、そのテープは戻ってきませんでした。現在証言している人たちは、すべて実在する人たちです。もう1つ私が知っているのは、事件が起こった一連の夜のうちの一夜、私たちの基地から離れていないワッテン基地の周辺に、小さな物体が出現したのです。当然ながら、当時彼らはIRAの脅威に対して通常より厳重な警備をしていました。

　空軍警察犬部隊（K-9）が周辺パトロールをしていると、犬が地面にピタリと身を伏せて嗅ぎ回っていました。すると彼らは、フェンス際にいた2つの存在がフェンスを突いているのを見ました。その隣には三角形の物体がありました。彼らは照明のような物体でフェンスを突いていましたが、空軍警察犬部隊を見てこの機械に逃げ込むと、この機械は離陸し私たちの基地の方に向かって飛び去りました。

　フィルムや写真について尋ねられれば、その確証はありますし、これは私が思いついた話ではありません。マイク・ベラーノ大尉が1985年のケーブル・ニュース・ネットワークの番組「UFO：ベントウォーターズ事件」の中で、その翌日、彼は航空団の指揮官ゴードン・ウィリアムズを待機中のジェット機まで車で送った、と認めたのです。パイロットが操縦席の円蓋を開けて「そのカバンには何が入っていますか？」と尋ねると、ゴードン・ウィリアムズは「本物のフィルムだ。私たちはUFOを映した実際のフィルムと写真を持っている」と言って、カバンの中にあったこの資料を直接パイロット、マイク・ベラーノに渡しました。ところで、このフィルムはどこに向かったのかと私（ラリー・ウォレン）が聞くと、ドイツだと言われました。そこは当時の空軍司令部がある場所でした。そこから先は、その輸送記録があったことを私たちは知っており、最終的にはワシントンに送られました。

　私は保安部隊を名誉除隊になりました。これまで私は自分に関する悪口をたくさん耳にしてきましたが、私には自分の軍歴があります。その唯一の理由はある空軍大佐から軍歴の一部をこっそり抜いておけと忠告

されたからです。大佐によれば、彼らは私の経歴を抹消するかもしれないということでした。"彼らは君を無害なものにしようとしている"と彼は言いました。

　私は、ほぼフランク・セルピコ（*ニューヨーク市警に蔓延する汚職や腐敗に立ち向かった刑事）のように見られていました。私は組織型人間ではありませんでした。なぜなら私は誰にでも話したからです。

　残念なことに、私の友人アラバマは無許可で離隊し家に帰ろうとしました。しかしオヘア空港でFBIに捕まり、直ちに任務に戻されたのです。彼はただ家に帰りたかったのですが、飛行任務に戻されました。私は何もかも嫌になって完全に意気消沈し、上級曹長と一緒に車でパトロールに出ていました。その時アラバマから無線が入り、彼は家に帰れなければ自殺すると言ったのです。彼は小型トラックの向きをいきなり変え、受け持ち地区に向かっていきました。彼が「無線をそのままにしておいてくれ」と言うと、私には駐機場にいた全部隊がこれに応答したのが分かりました。私はハルト氏がこれに関してコメントしたことを聞いたことがありませんし、彼が私と同じ場所に立とうとしない理由は彼らが後悔していることを私が指摘するからです。彼が言ったように、空軍はこの件に関して傍観者の立場を決め込んでいました。

　話を戻すと、アラバマは持っていたM16ショートという自動小銃を口にくわえ、自らの頭頂を吹き飛ばしたのです。私が死を目撃したのはこれが初めてで19歳の非業の死でした。私と彼は、夜と昼ほど違う人間でした。つまり彼が南なら、私は北。彼はとても信心深く、私はそれに敬意を払っていましたが、お互いに共通なものは何もありませんでした。彼はいい人でした。こんな状況で、彼らは私たちの助けになることは何もしませんでした。

　私は何年もの間、信じがたい電話トラブルに見舞われてきました。私の郵便物は今でも盗み見されています。この国、英国では、何年もの間郵便物が開封され、間違って開封したことを記した詫び状とともに、ジッパー付きのビニール袋に入れられてきました。私たちの小包の多くは目

的地に届かないのです。

　その後、更新が近づいていたパスポートを担当機関に送付しましたが、旅行に出かけるまでに期限切れになるはずでした。しかし、送付後すぐに手紙が届き、そこには「ウォレン様、あなたのパスポートは変造されているか破損していますので、再申請をお願いします」と書いてあったのです。

　そこで「しょうがない」と思い、私は申請書に記入しました。

　次に来た返信には「ウォレン様、あなたは米国市民権を回復する必要があります」と書いてあったので、「どうしたのだ？」と思い、私は関係者すべてに電話をしました。

　最後に、ニューハンプシャー州ポーツマス国家パスポートセンターの担当の女性は「ここで何が起きているかは言えません」と言いました。ややあって私は「いいですか、私はレフト・アット・イースト・ゲート（Left at East Gate）という本を書いています」と言うと、彼女は「あのベントウォーターズの出来事」と返しました。彼女が「私のこの番号にかけてください」と言うと、それはニューハンプシャー州レバノンにある彼女の自宅の番号でした。

　私が電話をすると、彼女はこう言いました。「私の手元に当局による正式な書類がありますが、こう記載されています「当該の人物のパスポートは、ある機密区分により無効となっています。理由は、当人の国外地域での公開討論の場で行った機密防衛問題についての発言です」。そして何かの記号、国防総省の記号がその下にあります」。私はこの記録をすべて持っていますが、まったく奇妙なことです。

　当時、ニューヨーク市にいた代理人のペリー・ノールトンは米国元司法長官ラムゼイ・クラークと親しくしていたので、私たちのために会議を設定してくれました。そこで、私はクラーク氏に直接お会いしました。彼は私に「君のためにいくつか電話をかける」。そして「言っておくが彼らは君が核兵器について話したのが、その理由だと言っている。それ以外にない」と言ったのです。

クラーク氏は「英国の人々は、あそこに常時核兵器があったのではないかと疑っていました。いいかい、君のパスポートが一時的に停止されたのは、他のことを話してきたことが理由だ」と言い、それ以上詳しくは語りませんでした。彼は2度電話をかけると、国務省は謝罪と共にそれが間違いだったと伝えてきたのです。

私たちは最善を尽くしてきました。私は議会の機関ならどこでも、この件が起こったことを話し断言することをいといません。私は国に対する敬意を持っており、これは国民の知る権利であると思っています。

[関連資料は付録7を参照]

＊　　　　＊　　　　＊

証言

ヒル-ノートン卿は、5つ星の海軍将官で英国国防省 元参謀長。

私は、ベントウォーターズ事件についてはよく知っています。それに関わった多くの人々をインタビューし、よく考えた結果、サフォークであの夜に起きたことの説明は2つしかないという結論に達しました。最初の1つは、当時その基地の副指揮官だったハルト中佐と彼の多くの兵士たちを含む関係者たちが、地球の大気圏外から来た物体が空軍基地に着陸したと主張しています。彼らは現場に出向き、その物体のそばに立ち、調査し、写真に撮りました。

翌日彼らは、それが着陸した地面を検査したところ微量の放射能を検出しました。彼らはこれを報告。ハルト中佐はメモを取り米国の国防省に送りました。私が知る限り、彼は少なくとも1回は英国のテレビに出演し、メモの内容を繰り返しました。彼の発言は、私が今説明した通りです。つまりハルト中佐が報告した通りに、それは実際に起きました。

もう一方の説明は、それが起きなかったということ。この場合、ハルト中佐と彼の部下全員が幻覚を見ていたと仮定しなければなりません。

　私の立場は明確でこれらのいずれの説明も、安全保障における最大の関心事です。私自身、それをこの国の国防省の代表者たちに上げてきました。UFOに関して彼らが受け取った情報はどれも、安全保障の面での関心事にならない、と報告および主張されてきたのです。分別ある人々に聞けば、間違いなくどちらの説明も安全保障の面で必ず関心事にならないわけがありません。サフォークにある米国空軍基地の中佐と彼の部下たちが、核兵器を搭載した航空機が基地にある時に幻覚を見ていたとなれば、これは関心事であるはずです。

　そして、起きたと彼が言っていることが実際に起きたとすれば、いったいなぜ彼が捏造（ねつぞう）しなければいけないのでしょうか。宇宙から来た乗り物（明らかに地球人が製造したものではない）がこの国の防衛基地に進入したことも、当然国防上の関心事でないはずがありません。とにかく、サフォークで12月のあの夜に何も起きなかった、あるいはあれは国防上の関心事ではないと発言することは、大臣たち、そして特に国防省にとっては、何の得にもなりません。その主張はまったく真実ではないのです。

　私の名前がこの国とその他1つか2つの国で大々的にUFO問題と結びつけられるようになったので、よく聞かれる質問があります。元国防参謀長やNATO軍事委員会元議長を歴任した私のような人間が、なぜ隠蔽があると考えるのか、またはUFOに関する事実を政府が隠蔽しようとする理由は何なのか、と。頻繁に様々な説明がなされてきましたが、最も頻繁に、恐らく最もまことしやかに語られた説明は、このようなものです。「地球の大気中に人類が配備できる兵器よりも技術的にはるかに進歩した物体が存在し、彼らが飛来するのを阻止する手段を私たちは持っておらず、そして仮に彼らが敵意を持っていたら、私たちには対抗する防衛手段がない」という真実を知ったら、国民はどう反応するのか政府（まずは米国の、そして私自身の国の）は懸念しているから、というものです。

　もしそれを公開すれば、大衆がパニックを起こすことを政府は恐れた、

と私は信じています。火星人襲来という悪ふざけが流されたあの有名な日、ニュージャージー州で市民が電話に殺到したように彼らは取り乱し、居ても立っても居られなくなるだろう、と考えたのです。

　紙面でもそう述べましたが私はまったくそう思いません。私は、人々がこの21世紀にその種の情報でパニックを起こすとは思いません。何しろ、彼らは50年前に核兵器の導入と日本の2つの都市の破壊に耐えてきましたし、何年も前に予想した正確な時刻に火星に輸送機を着陸させられることを当然のことだと考えています。そんな市民が、なぜパニックを起こすのでしょうか？彼らはビリヤードや宝くじの方にもっと興味があります。彼らは肩をすくめ、その種の情報を当然のことだと受け止めるのです。いずれにせよ、私の経験から言えば、彼らは政治家を信用していません。

　私が述べたいことは、地球は何年もの間、宇宙そして他の文明から訪問を受けている可能性は非常に高いということです。彼らが何者か、どこからやってくるのか、彼らの望みは何か、これを解明しなくてはなりません。これは、大衆紙の嘲笑ではなく、緻密な科学的調査の対象になるべき事象です。

　私にはベントウォーターズ事件が、私たちの領空への明らかな侵入および、実際に私たちの国土への着陸が起こった典型的な事例のように思われます。この出来事は、軍の責任のある仕事を行う人々により目撃されました。

　そして、ベントウォーターズ事件は、ある意味で、今後このような状況が起きたときに、してはいけないことを示す手本だと言えます。

［このインタビューを共有してくれたジェームズ・フォックスに心から感謝いたします］

＊　　　　　＊　　　　　＊

弁護士、ダニエル・シーハン。フロイド・エイブラムスの下で憲法修正第一条部門における、NBSニュースおよびニューヨーク・タイムズ紙の副代理人。さらに、ペンタゴン・ペーパー事件ではニューヨーク・タイムズ紙の弁護団の一員、ウォーターゲート侵入事件の被告ジェームズ・マコードを担当するF・リー・ベイリー弁護士事務所の法廷弁護士の一員、カレン・シルクウッド事件の主任弁護士を歴任。

　ワシントンD.C.にある米国イエズス会本部で、主要な政策課題を扱う公共政策事務所としての機能を持つ、社会聖職者事務所の主任弁護士を務めました。1975年から85年までローマの主任司祭、ペドロ・アルペ総長の下で奉仕。それは、これら特定の出来事が起きた時期でした。

　1977年1月、米国議会図書館の議会調査局の科学技術部門マーシャ・スミス所長から1本の電話をもらいました。彼女が下院科学技術委員会から連絡を受け伝えられたのは、ジミー・カーター大統領が米国議会により大規模な調査を実施するよう議会の職員に接触した、というものでした。どうやら、宣誓就任の後新大統領は、当時まだCIA長官だったジョージ・ブッシュ・シニアに対し、未確認飛行物体および地球外知的生命体が存在する可能性に関連する機密文書へのアクセスを要求したようです。

　ジョージ・ブッシュ・シニアは当該情報の公開を断り「この情報の入手を望むのであれば、私の監視下では認めません。ご自分がCIA長官を任命する前に入手をお望みなら、これから話す手続きを踏まなくてはなりません。米国議会の下院科学技術委員会に出向き、議会がその文書の機密解除を行うプロセスに着手するよう求めなくてはなりません。それから彼らは、機密解除プロセスへの着手を求めることができます」と言いました。

　共和党員のCIA長官と衝突するよりも、大統領は当該プロセスを踏むことに決めたのです。

　カーターは2つの疑問に対する答えを求めていました。まず、非機密

および機密分野において、政府には地球外知的生命体が存在するか否かという疑問に答える、どのような情報があるのか。次に、これまで政府に報告されたUFOの目撃および報告の何割が調査されてきたのか、地球を訪問している地球外文明の乗り物があることを示す証拠はあるのか、ということです。

　これらの質問は1月に米国下院に提出された後、まもなく通過し米国議会図書館の議会調査局に送られました。

　1本の電話がかかってきたのは4月のことです。私はイエズス会本部に戻って、オレゴン郡イエズス会で国家社会聖職者事務所の所長を務めていたフライア・ウィリアム・J・デイビスと話し、バチカン図書館に当該文書を求める米国本部からの手紙に共同で署名することに合意できるかどうか尋ねました。

　すると、あるイエズス会員がバチカン図書館の責任者ということが分かりました。そこでフライア・デイビスはその男性の名前を調べ、彼の住所と詳細を入手しました。私たちは、彼に正式な手紙を送り、私たちイエズス会本部がUFOおよび地球外知的生命体の情報が保管されているバチカン図書館の区域にアクセスすることが可能か尋ねました。

　大変驚いたことに約2週間後、私たちの要請は却下、つまりこの情報にアクセスすることはできない、という返事を受け取ったのです。

　私たちは衝撃を受けました。これは米国イエズス修道会の米国本部の要請でした。米国には10のイエズス会管区があり、全世界のどの地域よりも影響力のある場所なのです。米国カトリック司教協議会は、カトリック界では大きな影響力を持っているので、この事態に戸惑いました。

　私たちは細かい点に注意して2回目の手紙を準備し、私自身がローマに出向き当該文書の調査を行うこと、先方が決めるいかなる条件にも従うことに合意する、と約束しました。

　そして2週間後に受け取ったのはまたもや、却下の返事。私たちはバチカン図書館の当該区域に入ることは許されませんでした。

　約6週間後、カリフォルニア州にあるジェット推進研究所のSETIプ

ロジェクト（地球外知的生命体探査）の次年度予算が半減された、とマーシャから私に連絡がありました。私はその研究所の人たちに、その予算会議に同席してくれないかと依頼されました。

　手短に言うとその予算は復活し、ジェット推進研究所のトップクラス50人の研究者は微力ながら私が提供した協力に対する感謝の気持ちとして私を研究所に招待し、そこで地球外知的生命体探査の技術的な影響に関する非公開のセミナーを開催してほしいということになりました。セミナー開催を許されたのはイエズス会が突然この件に関して大きな興味を示したからです。彼らも、バチカン図書館でその情報の閲覧許可が却下されたことにかなり閉口していたので、そこに何かがあるのでないかと疑い始めました。

　そして私はマーシャ・スミスに電話をかけ「いいかい。SETIプロジェクトに関して、ジェット推進研究所にいる50人のトップクラスの研究者と会議を行うのであれば、できるなら君が大統領向けに作成している資料に目を通したい。そうすれば少なくとも私は情報が把握できるから」と言いました。

　彼女は、私は当該プロジェクトに関する議会調査部の特別副研究員を務めることを提案し、このセミナーの準備にあたって何が見たいのか尋ねました。そこで私は、プロジェクト・ブルーブックの機密箇所が見たいと答えました。

　1週間ほど経ってから彼女から連絡があり、彼らの同意が得られたので次の土曜日に議員図書館にその情報を送り、そして私に図書館でその情報を閲覧する短い時間が与えられる、と知らされました。

　当日私は、議会図書館からインディペンデンス・アヴェニューの反対側にあるマディソン・ビルに行かなくてはなりませんでした。それは落成したばかりのできたてほやほやのビルで、中にはオフィスが1つも入っていなかったのです。実際、中には誰もおらず、5月中旬の土曜日で働いているスタッフは皆無でした。

　正面玄関に守衛がいたので自分が何者かを伝えると、彼は電話をかけ

私の入館が予定されていることを確認しました。彼が私を地階まで連れて行き、どこそこの部屋に行くよう伝えると、そこから先の廊下は私1人で歩きました。廊下の突き当たりで左に曲がると、袖口マイクとイヤホン、ありとあらゆる器具を装着し地味な服を着た男性2人が見えました。

さきほどの守衛から電話を受けたのは彼らに違いありません。2人は明らかに私を待っていました。デスクに座っていた男性に身分証明書を見せると、彼は「ブリーフケースの持ち込み、メモ取りはできません。さらに室内にいられるのは約1時間のみです」と言いました。

これらの制限はどこから来たのだろうと思っていましたが、文句は言わないことにしました。結局、タダで情報を入手するのですから。そしてブリーフケースを下に置き、黄色いメモ帳を脇に抱え、別の部屋に歩いて入りました。

部屋の中にはテーブルがありました。その上にはベージュグリーン色をした長方形の箱が16〜20個あり、おそらく長さ2フィート、幅1フィート半、深さ半フィートのサイズでした。それらをつなげるために箱の横に紐のタブがついていました。

私は、どれから手をつけて良いか分かりませんでした。1時間くらいしか使えないのであれば、文書を読み始めてもあまり読み込めないだろうと思い、写真を撮ることにしたのです。部屋には、映像フィルムと小さなプロジェクターの入った別の箱が2つあったので、そこから手をつけました。フィルムをプロジェクターに装着しセットすると、UFOの映ったものを閲覧し始めました。しかし、それは他でも見たことのあるものだったので、機密扱いのものではないことに気づき、他の箱に戻って調べ始めました。

ある箱に、「極秘」と書かれた包み紙が入っていました。その下には、マイクロフィッシュの入った容器と小さな手回しハンドルのついた機械があったのです。その中の最初のマイクロフィッシュを装着すると、その中身は文書でした。その次のマイクロフィッシュも中身は文書で、そ

れが続きました。

　ようやく写真の入ったマイクロフィッシュを見つけると、そこに写っていました。その被写体に疑いはありません。それは墜落したUFOでした。

　それは冬の様子で地面には雪が積もっていました。回収チームもそこにいて、2人の男性が巻き尺でその宇宙船を測定していました。これら白黒の写真から、この大きく窪んだ跡が見えます。まるでその宇宙船がその現場を通過し、その堤防の横にはまったような窪みでした。それは頭から突っ込んだみたいで、その下の部分はあまり見えませんが、その上部にはドームがありました。そして機体の横には、擦った傷などはまったくありませんでした。

　その宇宙船の一部についているシンボルを写した、アップ写真が1つありました。私は写真を見てから、振り向いて部屋の入り口にいる守衛を確認しました。彼らはこっちを見ていませんでした。

　私は素早く、その黄色いメモ用紙の厚紙でできている裏表紙を開きました。そのシンボルのマイクロフィッシュの投影画を厚紙に映すと、自分のペンを使って長いシンボルのすべての輪郭を写しとりました。それがシンボルの投影画と一致するように、写しとる作業を丹念に行いました。

　作業が終わるとプロジェクターからマイクロフィッシュを取り出し、最初に見つけた元の場所に戻しました。

　デスクの男性は私を見て「シーハンさん、そこに何を書いたのですか？」と聞いたので、私がメモ帳を手渡すと、彼は黄色のページをめくっていきました。が、厚紙でできた裏表紙を確認しなかったのです。彼がメモ帳を返すと、私はそれを腕と体の間に入れ、ブリーフケースを引き取り、すぐにそこから歩き去りました。

　イエズス会本部に戻るとすぐにフライア・デイビスの事務所に向かい、彼にそのシンボルを見せました。しかし、これについてマーシャ・スミスには電話で知らせず、そしてSETIの人たちにも教えませんでした。

マーシャは私に、地球外生命体が存在する可能性およびUFO現象の分析に関する、議会調査部の報告書の結果を共有してくれました。その報告書は冒頭から、非機密および機密データを確認したところ議会調査部は、私たちの銀河系の中に少なくとも２つ〜６つの高度に発達した技術を持つ知的文明が存在するという結論に至った、と書いてあったのです。何の前触れもなく、端的に事実を述べていました。そしてこれが大統領に提供された情報でした。

　UFOに関して彼らが指摘したのは、古くから７つ〜８つの異なる型の宇宙船が報告されており、そのうち20％は信憑性があり信頼できる話で、それらは私たちの国のものでもソビエト連邦のものでもなく、絶対に地球上のものではないとはっきりと分かる技術力を持った存在のようだ、ということです。ただ、彼らは次の段階「よって、それらは他の惑星からのものに違いない」という発言には踏み込まず、それは報告書に記載していません。彼の報告書の書き方は、非常に興味深いものでした。

　私はこの件について、ずっと考えてきました。憲法学者および憲法弁護士として現在30年の経歴を持ち、ペンタゴン文書事件をはじめとして、イラン・コントラ事件ではリチャード・セコールおよびアルバート・ハキムが持つお仕着せの企業、およびオリバー・ノース中佐に協力した人々に対する民事訴訟で主席法律顧問を務めた人間として、この情報を秘密にしている行為は中立法の違反であると十分に自信を持っています。

　この中立法は合衆国法典第18編にある連邦法の１つで、議会の承認なくしては、合衆国以外の存在に対して、民間人はいかなる戦争のような活動にも従事することを禁じています。そして私が行ってきた過去の機密文書の分析に基づけば、情報委員会、下院および上院の情報特別委員会はこのことについて知らないこと、そしてこのことについて知らないアメリカ合衆国の大統領たちがいたことは、火を見るよりも明らかです。私は、過去にローランス・ロックフェラーとこの件について話したことがあります。ローランス・ロックフェラーはクリントン大統領と直接会って、これについて彼に尋ねたそうです。しかし大統領もこの件について

は知らなかったのだ、とローランスは私に教えてくれました。

　これを勘案すると、違憲である活動が行われている。指揮系統、軍の指揮系統はこの件に関して破綻している、と大きな自信を持って言えます。憲法上の指揮系統は、この件においてこれまでずっと破綻した状態なのです。ウォーターゲート事件およびニクソン大統領の弾劾審議の後に出てきた情報委員会を設置するという合意。この件に関しては、指揮系統が破綻していたことは完全に明らかです。

　ここで難しいのは、これが連邦犯罪法であること。したがって、司法省を巻き込まなくてはならないのですが、それを実現する方法があります。威力脅迫および腐敗組織に関する連邦法、またはRICO法の下において、民事裁判権を発動させることになる前提行為、または犯罪行為の1つは中立法の違反となります。私が見てきた証拠（過去に機密化された証拠）現在これについて話している人々と話してきた体験に基づけば、実際のところ違反されてきた主要な連邦法は恐らく8または10個あり、それらのうち6個は威力脅迫および腐敗組織に関する連邦法の前提行為になると信じています。

　私は、民事訴訟の根拠を示す正当な理由があると強く思っています。ここで当事者適格の問題は重要です。市民の中に誰が訴訟を提起する資格を持っているでしょうか？アメリカ市民として私たちはプロによる民間調査に資金を提供するということが、非常に重要だと私は信じています。これまでここで何が起こってきたのか、そしてどんな犯罪法がこれまで違反されてきたのか、を私たちが実際に明らかにすることができる、と私には完全な確信があります。

＊　　　　　＊　　　　　＊

証言

ジョン・ウェイガント上等兵（海兵隊）は、麻薬取引レーダー施設の周辺警備を行うためペルーに駐留していました。

私は遅延入隊プログラムで海兵隊に入隊しました。新兵訓練に行き、卒業すると7212スティンガー・アベンジャー（対空ミサイルシステム）の任務を新しい職種専門技能として与えられ、地対空ミサイルFIM92アルファ・スティンガーの防空射撃手として、そしてアベンジャー防空兵器を扱う訓練を受けました。

　そこを卒業した後に最初の任地として再配属されたのは、第2海兵航空団、第28海兵航空管制群、ノースカロライナ第2防空大隊部隊でした。

　9か月後、私たちはペルーに出航しました。そこに送られた理由は、ペルーとボリビアの領空を出入りして麻薬輸送を疑われている航空機を追跡するレーダー装置施設の周辺で警備を行うためでした。

　ある夜のこと、アレン軍曹とアトキンソン軍曹が私の所に来て「よく聞け。航空機が1機墜落する事態が起きた。友軍の可能性があるので、墜落現場に向かい警備する必要がある」と言いました。

　私たちは、朝の3時か4時頃に5台か6台のハマー（*オフロード車）で出発し、できる限り速度を上げて茂みをかき分けて進みました。ちょうど夜が明け始めた6時頃、現場に着きました。

　何かが墜落した場所には巨大な裂け目がありました。何かが燃えていたように、あるいはレーザーに似たエネルギーが働いたように、すべてが焼け焦げており、とても異様な光景でした。

　私はアレン軍曹、アトキンソン軍曹と一緒に一番前にいました。私たちは他の人々よりも10メートルか20メートル先にいたのです。迷わないように、私たち全員が地図と無線とコンパスを持っていました。

　私たちは直進せず左側に進み尾根の頂上まで歩いていくと、そこで宇宙船を見たのです。宇宙船は丘を上り、峡谷と尾根の側面に止まっていました。そこは少なくとも約200フィートの尾根で、硬い岩でした。

　その宇宙船は巨大でした。それは断崖の側面に45度の角度で埋まっており、船体からは緑がかった紫色のシロップに似た液体が滴っていて、そこら中に飛び散っていました。それは少し動いており、見ているとまるで生き物のように変化し、そのたびに緑がかった紫色の色調が変わり

ました。

　船体には1つ照明があり、ゆっくりと回転していました。私には、この機械の音が聞こえてきました。なぜならそれはまだ作動していて、ブーンという唸り音を発していたからです。まるでギターからアンプのコードを引き抜いた時のような太い低音で振動していたのですが、やがてそれが止みすべてが停止したようでした。

　その航空機を見ると、機首は埋まっており機体後部が見えました。そこには通気口のように見える大きなものがあり、背中は開いた魚のエラのようでした。反対側は見えなかったのですが、そこも同様だったと推測していました。

　船体から流れ出したあの液体は、私の迷彩服に付いて変色させると、ほぼ酸のように侵食したのです。さらに私の腕の毛を何本か溶かしたのですが、それに気づいたのは後になってからです。

　私は機体の所まで降りていました。機体には3つの穴があったのです。私はそれらをハッチだと考えていましたが、本当のところは分かりませんでした。それらは機体の主要部と同一平面にはなく、おそらく数インチ下の位置にありました。わずかに見えていたので、頂部に1つあるのは見えていましたが、反対側の状態は分かりません。頂部のものと同じ幅と直径のハッチがもう1つあり、それは側面に位置していて半開きでした。そこに照明などは何も見えませんでしたが、私はそこにある存在を感じていたのです。

　それは非常に変わっていました。その生き物たちが私を落ち着かせたいようでした。奇妙なことですが、彼らはテレパシーで私と交信しようとしていたのだと思います。それは実に奇妙で、ちょうど車に座って雑音ばかりのAM放送をつけ、音量を上げたような感じでした。私が最初にその中に入った時、耳にしたものがそんな音でした。

　機体は幅がおよそ10メートル、長さが20メートル。卵と涙の形との間のような形で、実に空気力学を応用したものでした。機体の表面は滑らかではないのが分かるほど、私は近くで観察したのですが、表面には隆

起や溝などがあり実に有機的で、ほとんど芸術のような作りでした。それは手づくりのようでしたが、材質については分かりません。金属に見えたのですが、光を反射していませんでした。たとえ電灯の光を当てても反射しないことは確実でした。

　私には何の破片も見えなかったのですが、その機体の後部には地対空ミサイルで攻撃されたような大きな傷がありました。軍には2つのHAWK（Homing All the Way Killers）低高度から中高度までの対空ミサイルを撃つ砲兵隊がいました。

　基本的に、ミサイルは標的を破壊するために命中する必要はありません。まず爆発力の強い破片弾頭を搭載したミサイルが標的に近づき、標的のいる場所付近で大きな散弾銃のように爆発します。その飛散した破片が標的を破壊、または標的がミッションを継続できないようになるほど損傷させるというものです。私は、そのミサイルが撃墜したのだと考えています。

　私が内部に入りたかった理由は、その生き物たちが私に助けを求めていたように思えたからです。突然アレン軍曹とアトキンソン軍曹が、そこから出てくるようにとひどく怒鳴りました。彼らは怖くなり、私が怪我するのは望まなかったのだと思います。

　私たちが中から登って戻ってくると、そこにはエネルギー省の人間がいて私は逮捕されました。私は、黒い迷彩服の男たちによって装備をすべて外されたのです。彼らは名札を付けておらず、おそらく30代後半から40代の年配者で、防護服を着ていました。私は手錠をかけられ、彼らの折り畳み式ベッドに手錠で繋がれると、警察が使うプラスチック製の締め具で両足も縛られました。そして私をこの巨大な47（チヌーク型ヘリコプター）に乗せると、離陸しました。

　彼らは私を「ひどいばか」と罵りました。「どうしてお前は命令に従わなかったのだ？お前はそこにいてはならなかった。お前はこれを見てはならなかった。お前を解放したら危険だ」

　私は彼らに殺されると思いました。

よく覚えていないのですが、私はそこに15時間は座っていました。彼らはこの照明を私の顔に当て、大声で怒鳴っていました。彼らの顔をすぐに確認はできなかったのですが、その中の1人は墜落現場にいた者だということは分かっていました。というのは、その男には見覚えがあり、黒い軍服を着ていたからです。彼は「お前は何を見た？お前は愛国者か？お前は憲法が好きか？」と言っていました。私の答えは「はい」というだけです。彼は「こっちは独自のプログラムで動いている。こっちが従うことはない。思いのままにやる」と言いました。彼らは怒鳴りながら、それを楽しんでいました。私に向かって怒鳴り、大声を上げ、罵りました。「お前は何も見なかった。お前と忌々しいお前の家族をひどい目にあわせてやる。お前を連れ出してヘリに乗せ、尻を蹴飛ばしてジャングルに突き落としてやる。お前を殺してやる」と。彼らが私の身体に触れることはありませんでしたが、私は椅子に縛り付けられ、身動きできなかったのです。なので、要するにこれは嫌がらせでした。私は丸1日、食べ物も水もまったく口にせず、ただそこに座っていました。

　彼らは私を2日間、拘束しました。そこには空軍の中佐が1人いましたが彼は名前も言わずに「お前をジャングルに連れ出したら、誰もお前を見つけられないだろう。この書類にサインしろ。お前はこれを見なかった。もし口外したら、お前は行方不明者になるだけだ」と言いました。

　これが起こったのは、1997年3月下旬か4月上旬のことでした。

「この問題は、合衆国政府において水爆をも超える最高秘密事項だ。空飛ぶ円盤は実在する。その操作方法は未知であるが、バンネバー・ブッシュ博士が率いる少数のグループにより集中的な研究が行われている。この問題の全体を、合衆国当局はとてつもなく重要なものと考えている」

—— W・B・スミス
運輸省 —— カナダ
上級無線技術士、プロジェクト・マグネット責任者
地磁気学に関する覚書、1950年11月21日

UFO機密ファイル

地下基地

文書

・NRO ／中央保安部のメモ

証言

・リチャード・ドーティ氏、空軍特別捜査局 特別捜査官
・ダン・モリス曹長、国際偵察局 作戦隊員／コズミック（宇宙）レベルの機密取扱許可
・クリフォード・ストーン三等軍曹、米国陸軍 回収部隊
・ウィリアムジョン・ポウェレック氏、米国空軍コンピュータ操作プログラミング専門技師

スティーブン・M・グリア医学博士による解説

　1950年代初期の間この国では、大統領、内閣および議会の一部の閣僚たちが核攻撃を生き延びるための地下基地が数多く建設されました。バージニア州のマウント・ウェザーはそれら施設の1つです。他にもメリーランド州のフォート・リッチーがあり、ワイオミング州にあるシャイアン・マウンテン複合施設の下には、要塞化されたNORAD（北アメリカ航空宇宙防衛司令部）があります。

　しかし、これらの施設はUSAP（UFO/ET 地下複合施設）の足元にも及びません。

　これらの施設の建設は、ベクテル社などの企業が除去を要する粗石を

出さずに岩盤にドリルで穴を開けガラス状にする原子力ボーリングマシンを使い、秘密裏に行われました。これらの巨大な地下機械には、炉心からトンネル表面まで液体リチウムを循環させ、カ氏2,000度以上の外気温を発生させる小型原子炉が搭載されています。それで岩を溶かすには十分なので、除去する掘削された土や石は残りません。動かぬ証拠は残らないというわけです。リチウムがその熱の一部を失うと、リチウムはガラス化した岩を冷却する地下機械の外側に沿って循環して戻り、仕上げ加工の済んだ滑らかな黒曜石に似た内部中心核を残します。これはリニアモーターカーには理想的で、超高速で移動する地下基地の間をつなぐこれらのトンネルで使われています。

そういった秘密の地下基地はどこにあるのでしょうか？

その所在地の一覧は広範囲にわたりますが、私が行ったことのある、または目撃者が証言の中で触れた複合施設についてのみ話すことにします。

ザ・キューブは、エドワーズ空軍基地に近い高地砂漠でロッキード・マーティン社の1部門スカンクワークスが運営する最先端の地下施設です。その主要施設の1つは、ロスアラモスから地下を通ってアクセスできる、ニューメキシコ州ダルシーの地下にある地下複合施設です。ベクテル社の掘削機によるダルシーからロスアラモスまでのトンネル工事が完了に近づいている際、岩盤の振動がブーンという音を起こしました。ニューメキシコ州タオスの人々は、それをタオスの振動音と呼びました。（ニューエイジ文化を支持する人の中には、この音はガイアが彼らに話しかけていると思った者もいました）。その他には、ネバダ州グルームレイクおよびユタ州プロボ郊外の砂漠地帯にあるダグウェイ実験場もあります。

数多くの海外複合施設がある中で、私が特に話しておきたい施設が1つあります。

オーストラリアのノーザンテリトリーにあるパイン・ギャップは、地元の人たちにとっては米国と豪州が共同で運営する衛星地上局にすぎません。そこは周囲を山に囲まれているように見えますが、実は山の中深

くに建設された巨大な基地を隠すホログラムなのです。

　このすべては「ジェームズ・ボンド」の映画セットから出てきたように聞こえるかもしれませんが、この後に出てくるいくつかのファイルの中で分かるように、これらの人々はふざけているわけではありません。

　例えば、私の軍事顧問の１人はUSAPに関与しており、完全な地下に位置する、あるSCIF（安全な通信諜報／情報施設）に他の人たちと一緒に連れていかれました。全員の武器、携帯電話、腕時計、あらゆる電子機器は取り上げられ、そのUSAPの治安維持担当官が彼らに付き添い連れて行きました。

　その担当官は自分の銃の薬室から１つ弾を取り出し、こう言ったのです。「このプロジェクトに関して口外したら、ここにある君の名前のついた弾が、どこにいても必ず見つけ出す」

　これは映画ではなく、1993年から私が住んでいる世界の実際の仕組みの話です。そしてアクセスを可能にするのは階級ではなく、知っておくべき情報です。

　1997年に行われた議会での状況説明の後、私は統合参謀情報部の部長のトム・ウィルソン大将にブリーフィングを提供するよう要請されました。この重要な会議に先立って、私たちは数々の非認可特別アクセスプロジェクトに対する暗号名およびプロジェクトの暗号名が記載された機密扱いのNRO（国家偵察局）の文書（このファイルを含む）を送付していました。

　大将の補佐官によれば、ウィルソン大将は暗号名、プロジェクトの暗号名や数字を有益だと感じたということでした。彼が様々な経路を通じて問い合わせたところ、国防総省にある小さな組織にこれら非合法な活動を見つけたからです。この組織を見つけ出したので、彼はその超極秘組織の担当者に「当該プロジェクトについて知りたい」と言いました。

　その担当者は「すみません、大将が知る必要はありません。お伝えすることはできません」

　すると、ウィルソン大将はショックを受け、怒りました。

後に大将と私は、その悪徳組織が合衆国、法の支配、および国家安全に及ぼすリスクについて話し合いました。私が指摘したのは、初代CIA長官ロスコー・ヒレンケッター大将が1960年代にUFOに関する秘密主義は国家安全に対する脅威である、という手紙を書いていたということです。私は大将に、この非合法で悪徳グループは軍のB2ステルス爆撃機の周りを飛び回ることを可能にするARVテクノロジーを持っています、と伝えました。

　すると彼は1分ほど考えてから「私としては、君がこの件について知っている者たちに証言させ録音することができるのであれば、これをメディアに出すことを許可しよう。彼らは非合法な組織だ」と言い、ディスクロージャープロジェクトにゴーサインを出したのです。

　彼の発言を解釈すると、国防総省の統合参謀情報部の部長および大将である私にできることは何もない、という意味でした。

{ *Note distribution to : COSMIC Ops and MAJI Ops. SG*}

28 JULY 1991.
0900 HRS.

MEMORANDUM FOR RECORD.

FROM: NRO/CENTRAL SECURITY SERVICE.   PAGE ONE OF THREE.

STATUS: CLASSIFIED/RESTRICTED.

SUBJECT: SPECIAL SECURITY ADVISORY/BLUE FIRE.

ATTENTION: Commanders Net.
          ROYAL Ops.
          COSMIC Ops.
          MAJ Ops.
          MAJI Ops.
          COMINT Ops.
          COMSEC Ops.
          ELINT Ops.
          HUMINT Ops.
          AFOSI Nellis Div.
          26th,64th,65th,527th,
          - and 5021st T.O. Aggressor Sqdn. Cmndrs.
          57th F.W. Cmndr.
          552nd T.O.F. Cmndr.
          554th O.S.W. Cmndr.
          554th C.S.S. Cmndr.
          4440th T.F.T.G. Cmndr.
          4450th T.G. Cmndr.
          4477th TES-R.E. Cmndr.
          37th F.W. Cmndr.
          Red Flag MOC.
          Dart East MOC.
          Dart South MOC.
          Pahute Mesa MOC.
          Sally Corridor MOC.
          Groom Lake MOC.
          Dreamland MOC.
          Ground Star MOC.
          Blackjack Team
          Roulette Team
          Aqua Tech SOG.
          Sea Spray SOG.
          ███████████ Sec. Div.

U.S.A.P.s

BASES

リチャード・ドーティは、空軍特別捜査局（AFOSI）の対諜報活動特別捜査官でした。8年以上、彼はニューメキシコ州にあるカートランド空軍基地、ネリス空軍基地（いわゆるエリア51）、およびその他の場所においてUFO／地球外生命体に特化した任務を課せられていました。

　私はネバダ核実験場にいました。そこは現在ネバダ国家安全保障施設になっており、いわゆるエリア51と呼ばれるもので、当時は空軍試験場の第3分遣隊（DET-3 Test Center）でした。1981年および1985年に私がいた時、そこはエドワーズ空軍基地外のDET-3試験場と呼ばれていた所です。エリア51は実際のところDET-3試験場とグルームレイクの2つの施設で構成されており、パプースという地下に入り口のある補完的な拠点もありました。私は防諜要員として9か月そこで過ごしましたが、そこには本当にすごいものがたくさんありました。エリア51には、レーザー光線を打ち上げ飛行するソ連の衛星カメラを妨害し、何も撮影ができないようにする施設がありました。

　そこにある2つの異なる複合施設は両方ともすべて区画化されており、1つは地球外生命体の宇宙船があり、もう一方には分解工学で製造された宇宙船用のまったく異なる区域でした。地下施設には地球外生命体の宇宙船が格納されており、その複合施設の一番端にある地上施設には、分解工学で製造された航空機（ARV —— 地球で複製された宇宙船）を格納していました。

　私はそこにいた時、反重力装置のついた乗り物を見ました。そこには様々な種類の機体を試しながら、組み合わせ飛行させようとしていたのです。それらのほとんどが機能せず、墜落していました。

　主にその機体に関わっていた請負業者は、Eシステム、ジョンソン・システムズ、サンディア、リバーモア、ロスアラモス、テクトロニクスでした。GE、モトローラは巨大な施設を持っており、彼らの通信およびETの通信の仕組みを解明しようとしていました。ロッキード社、ノー

スロップ・グラマンも施設に入っていました。EG&Gが当時施設を運営していました。ジーン・ラスコウスキはEG&Gの警備責任者で、常に自分のことを警備員と呼んでいましたが、そうではありませんでした。彼は多くのことの説明を受けていて、1977〜91年にエリア51の施設警備責任者でポール・マクガバンのように多くのことを知っていました。彼は常にずっとそこの責任者でしたが、現在は退任しています。ポールはDIA（国防情報局）の計画およびプログラム責任者で、局長直属において3番目の序列でした。

地下施設の中にいる時、重力に逆らった宇宙船を2つ見たのですが、機体の形は楕円形で恐らく10フィート×20フィートのサイズであまり大きくありませんでした。その宇宙船には私たちが取り付けた着陸装置がありました。なぜなら、固定しにくい構造だったからです。さらに機体には液体のようなのぞき窓がついており、それは水の中を通して見ているように見えました。私が見たのは機内ではなく、外観のみでした。そしてパプース複合施設にあった別の巨大な宇宙船を見ました。まずその施設の中に降りていくと、右側にある第1ブロックにあったのは、巨大な宇宙船でした。その機体には損傷があったので、それは墜落した古い宇宙船のようでした。機体の外板の他すべてが見たことのないもので、私たちが製造したものには見えませんでした。

パプースの地下複合施設に入るときは、傾斜路を降りて行きます。それは実際には蹄鉄のように環状になっています。これらは第7格納庫（Hangar 7）近くのエリア51の南西角の各区域まで、広がっています。それに沿って、エレベーターおよび区画化された軸があり、すべてバッジ交換システムなので適切なバッジを持っていなければ入れない区域もあって、特定の場所にしか入ることはできません。前にも言ったように、異星人の宇宙船に関わっている場合、分解工学を利用して人間が製造した宇宙船に関わることはありません。

1980年、私はまったく別のことでブリーフィングを行うためライト-パターソン空軍基地にいました。しかしそこにいた時、これに関するこ

とで説明を受けるよう言われ、ある地下施設に連れて行かれました。私たちが傾斜路を下ると、そこには巨大な施設があったのです。実際に見てはいないのですが、あそこには複数の異星人の遺体があると後にアーニー・ケラーストラスから聞き、さらに後になって自分でも機密文書のマニュアルで同じことを読みました。

＊　　　　　＊　　　　　＊

証言

ダン・モリスは、長年にわたって地球外生命体のプロジェクトに関わった退役空軍曹長です。空軍から退役した後、彼は超極秘の機関である国家偵察局 NRO に採用され、そこでは特に地球外生命体に関わる作戦に取り組んでいました。彼は、最高機密よりも 38 段階上のコズミック（宇宙）レベルの機密取扱許可を受けていました。彼の知る限り、それは歴代のアメリカ大統領も持っていなかったものでした。

　ご存じの通り、南アフリカ政府は ET の宇宙船を 1 機回収したことを認めています。彼らはそれを正直に認めています。政府はその回収作業を行ったという巡査部長の記録映像を公表し、そこには回収の様子なども映し出されています。さて私が読んで知るところでは、ある合意が私たちの政府と南ア政府との間で取り交わされました。南ア政府による最初の核兵器の開発および使用に関して、米国政府は何も言わない、もし国連で彼らを支持することができなくなった場合、私たちは黙っておく、そうすれば、南ア政府は米国にその ET 宇宙船を引き渡す、という内容です。そして合意は成立し実行に移されました。私たちは C-5A ギャラクシー（*大型輸送機）をそこに派遣し、その宇宙船および船内から運び出された 2 人の異星人を本国に持ち帰ったのです。そして、それを私たちの回収物の大部分の送り先であるオハイオ州デイトンのライト-パターソン空軍基地に移送しました。そこには、およそ地下 8 階の建物があり、そこに回収物を収容しました。[関係書類は付録 8 を参照]

＊　　　　＊　　　　＊

証言

米国陸軍クリフォード・ストーン軍曹は、ET の宇宙船を回収する陸軍の公式任務
において自分自身の目で生きている、および死亡した地球外生命体を目撃してき
ました。彼には、秘密作戦の基地や秘密アクセス計画等へのアクセス権が与えら
れていました。

　フォートミード基地に駐在している私の友人がフォート・リーの基地
まで私を送ると言ってくれた時、私はちょうど ET 回収の訓練を修了し
たばかりでした。こうして我々はバージニア州までの道中、UFO につい
て語り合いました。

　その数週間後、この友人からフォートミードにいる彼を訪ねるよう依
頼を受けました。私がフォートミードに着くと、彼はこれから忙しくて
手が離せなくなる、と言いました。この人物は、私がペンタゴン（国防
総省）に行ったことがあるか聞いてきました。それが私の初めてのこと
だったので、彼らは私に25セント旅行に連れていこうと言ってくれたの
です。

　こうして私たちはペンタゴンに出かけました。私は与えられた小さな
バッジを着けており、それには写真は付いていませんでした。しかし同
行した人は写真付き身分証明証を持っていて、彼は警備員に私は彼と同
行することを許可されていると伝えました。

　彼は私をエレベーターに乗せると、一緒に下に降りました。何階か分
からないのですが、たぶんかなり長い間降下しました。なぜならエレベー
ターから降りた時、そこには2本のモノレールがあったからです。ペン
タゴンの地下にモノレールがあるなんて考えてもみませんでした。それ
らは巨大な円筒のようになっており、中央部がやや太く、それぞれの側
に1両ずつありました。これらの小さなモノレールは弾丸に似た車両で

構成されており、前に２人、後ろに２人乗れるようになっていました。

　私たちは、１つのモノレールに乗り出発しました。20分くらい乗ったと思うのですが、その時間は推測ではっきりしません。モノレールから降りると、彼は「この廊下を下った所にある、面白い場所をいくつか見せよう」と言いました。

　そして私たちは廊下を歩くと、廊下の奥の突き当たりにドアがあるように見えました。そのドアに近づいていくと、私の案内係は振り向いて「いいかい、物事は必ずしも見えているようなものだとは限りません。ペンタゴンの下にあるモノレールについて、多くの人は知りません。それはここにある壁のようなものだ、それは壁のように見えないかもしれません」と言いました。

　それで私はその壁を見て、彼が冗談を言おうとしたと思いました。そこには継ぎ目のようなものは何も見当たりません。

　すると彼は私を押しました。私は身体を支えようとしましたが、実際にはそこにドアがあり開いたのです。

　そのドアを通って進むと、現場で使うテーブルがありました。そのテーブルの後ろに、この小さな灰色の異星人がいました。その身長は何度も報告されていた３フィート、または３フィート半よりわずかに高いものでした。しかし、この生命体のやや後ろに２人の男性がいて、テーブルの両脇に立っていました。

　私はこの小さな生命体の目を見ていると、私はそれを見ているのですが、すべてが心から引き出されている感じがしました。まるで彼は私の全生涯を読み取っているようでした。私がそこで実際に感じたことを述べるのは非常に難しいのですが、その時までの人生がほんの数秒で通りすぎていく感じです。そして私は、あらゆることを感じていました。

　私は倒れ、頭を抱えて床に崩れ落ちたのを覚えています。

　次に覚えているのは、目覚めてフォートミードの友人の事務所にいたことです。彼らは私に、１日中そこにいただけで何事もなかったと言いました。

だが、何が起きたのかは自分が誰よりも知っています。

＊　　　　　＊　　　　　＊

証言

ウィリアム・ジョン・ポウェレックは、1960年中頃に空軍のコンピュータオペレーションおよびプログラミング・スペシャリストとして、最初にポープ空軍基地で、後にベトナムで従軍しました。彼の要請により、彼の証言は彼自身の死後に公表される予定になっていました。

　EG&Gで勤務していた1984年、私はある特定のプロジェクトのためにセキュリティシステムの設計を任されました。そこは、トノパーという小さな古い炭鉱町の東南東に位置するトノパー基地と呼ばれる誰も気づかないような場所でした。その基地は、F-117ステルス攻撃機が実戦配備された時に、格納されていた場所でした。実戦配備の際にグルームレイクには、1度も格納されておらず、テストの時のみ使われました。当時、翼全体はそこにあって、私たちの仲間はそれをリベル社の模型のできそこないだと含み笑いをしていました。

　当時、私が懸念していたのはトノパーで進行していたものに基づいて製造するという決断、そして確保した地下深くに多くの施設があることでした。そこには昇降する複数のエレベーターが航空母艦にあるエレベーターにかなり似た、航空機を積載する非常に巨大なエレベーターで地上にある環境でした。これらには地下の奥深くまで降りて行きました。さらに地下で見ることのできる機器の種類は、通常の航空機、発電機、空調などに関連する通常のものではありませんでした。

　これは完全に異なるタイプの機器でした。

　私がプロジェクトから離れた数年後に、ようやく彼らはF-117を発表したのです。私の懸念事項の1つは、今トノパー基地はどうなっているのか？でした。彼らは大急ぎで引っ越しました。非常に急いだのです。

私の覚えている数字が正しければ、F-117用にホロマン空軍基地を準備するため、わずか9か月で7,500万ドルを費やしました。それはいいとして、なぜトノパーからF-117を慌てて出す必要があったのでしょうか？地下深部にある施設の一部が、試験稼働ではなく常時稼働されたことで、彼らはこれらの航空機、乗組員および補助スタッフをホロマン基地に移動させて、新しいプロジェクトをトノパーに持ち込むため急いで準備させる必要があったのです。しかし、セキュリティ機器を設置していた私のスタッフを含め、私たちの誰も、別の航空機のために彼らがトノパー基地の準備を進めているかどうか、分かりませんでした。程度の差はあれ、私たちが聞いたことのあるオーロラのように幅広い研究開発を要した航空機でさえも、こんな状況ではありませんでした。

　トノパーには、非常に現代的で最先端の機器が融合した基地があります。覚えておいてほしいのですが、空軍は必要がなければ何も捨てることはありません。彼らは、これまでもそうだったのですが、なけなしの予算でやりくりすることを知っています。だからといって、あの基地の重要性は過小評価できません。その基地は人里離れた低い山脈の間にあるので、地上からはその中を見ることはできないのです。そこは、UFO研究家が山の頂上に登って10～15マイル離れた場所から見ることのできるエリア51よりも、さらに辺鄙な場所です。トノパーは、ネリス試験訓練場の連邦政府の所有地に不法侵入しなければ、本当にどの方向からも見ることはできません。実際、1980年中頃においてセキュリティへの懸念は非常に深刻だったため、EG&Gを通じて対応した将官の1人が私に、10～15マイルの範囲を見渡し必ず侵入者を検知できる周辺警備監視システムを備える上で考えつく、常識はずれのアイディアはないかと尋ねてきました。

　そこで私は、特殊なカメラを望遠鏡と接続した電源内蔵式の人工の巨岩を考えつきました。それを使えば、文字通り闇夜に10キロメートル先のジャックウサギを監視し、確実にカメラで捉え写真を撮ることもできるのです。監視ができるということです。さらに、そのアイディアは馬

に乗った警備員をどのように配備するかという提案にも結びつけられました。しかし、これらの提案は政府内の別の省で使えるだろうということで、非常に真剣に受け止められました。人工の巨岩を作り出す時点になると、複雑な電子機器を埋め込んだこれらの巨岩を、当然、基地の外を見渡す丘の上にある戦略的に重要な崖に配置し、地下に埋設されたファイバーケーブルやマイクロ波送信機を使って基地にある作戦司令室と接続する形で、このような提案は非常に真剣に受け入れられたのです。長期的なプログラムを計画していない限り、このタイプのテクノロジーにこの種の資金を費やすことはありません。65,000ドルの便座はあっても、軍はこんな形で浪費することはないのです。

　トノパーにある複数の施設は、UFO関連のハードウェアやプロジェクト用に使われていたのでしょうか？作業を行うために私が派遣したスタッフの前に、彼らは地下施設にあったものを撤去したようでした。床の擦り傷、または機器にある多くの摩耗や使用量のいずれかを見れば、これらの施設に機器があり、私たちのスタッフが入れて作業をさせるため、それを撤去したことが分かりました。

　EG&Gには、ネバダ南部にあるすべてに関する深い知識、およびそれをコントロールしてきた歴史があり、これは常識です。彼らは、以前この試験場自体をコントロールし、現在でも監視を行っています。彼らは、毎朝パプース、エリア51およびトノパーへ従業員を通勤させる独自の航空会社も所有しています。ですから、ここで私たちが対応しているのは異常な環境ではなく、ほぼEG&Gの裏庭と呼べるものでした。この会社の歴史は、第二次世界大戦中の核実験、その後の初期テスト段階からあります。これは科学分野専門の会社で、政府のため情報自由法（FOIAs）をかいくぐった非公式な作業を行うのが目的でした。私が抱える大きな懸念の1つは、闇のプロジェクト分野で起こっていることを本当に合法的に明らかにしたいのであれば、私たちは議会および大統領を通して抜け穴をなくし、闇のプロジェクトの請負業者を含め政府の全請負業者に対してFIOAシステムを通じた情報提供を必須にするため、FOIAの規

則を変える必要があります。なぜなら現在、その法律はザル状態で、彼らが議会または市民からの要請を故意に無視できる巨大な裏口があるのです。

　多くの秘密プロジェクトを実行しているグループに関して1970年代および1980年代初期における目的は、彼らが自由世界、合衆国を防衛することを目指している、と私は認識していました。しかし、状況を調べれば調べるほど、彼らの目的は合衆国の目的から独立したものであることが明確になったのです。その姿勢は、すべての権力を支配することのようでした。それは世界で2番目に古い職業と呼べるものだと思います。

　特定のグループが絶対に必要な場合に武力を行使する、またはその他の制御機構が漏洩の危険を改善する、そして制御する、または秘密や恐怖を維持する能力は常に存在します。ナイロビでボブに起こったことは、［機密ファイル：非認可特別アクセス計画、ポウェレックの証言、を参照］。彼が近づきすぎて、彼は恐れもせず、強大すぎた、と彼らは判断した状況だ、と私は感じました。そして彼らは彼を殺さざるを得なかったのです。そして彼らは通常のやり方で殺害しました。ニューメキシコ州でシフ下院議員に起こった奇妙な出来事と似たような方法です。彼は議会の代議員としてのほぼすべての人生を屋内で過ごしていたので、ほとんど太陽に当たることはなかったのにもかかわらず、不思議なことに侵襲性の強いがんにかかりました。あの問題に立ち向かう方法は色々あります。私は、これまでかなり変わった任務に赴いた元特殊部隊の人たちや、さらに傭兵たちとも話したことがあります。たまにその種の人間に偶然出会うことがあったからです。これまで彼らは、様々な状況に影響を及ぼす人物の殺害を担当または、任務を負ってきました。そのような方法で彼らはそれを制御する仕組みとして使っています。そして彼らは、義務があるので、文字通り命令に従い言われたことを実行する。立派なナチスの考え方です。大々的な暗殺を誰でも分かる形で実行すると、コントロールし続けたい相手に大きな恐怖を植え付けるのです。そうすれば、彼らは余計なことは言いません。シフ下院議員がやっていたように、詮索す

べきではないことに首を突っ込むことはありません。

　その遂行の１つで最も私が懸念したのは、数年前にユーゴスラビアの山頂で起こった商務長官の死です。その飛行機に同乗していた空軍の添乗員は、後ろの補助席に座っていたため命を取り留めました。最初に現場入りしたのは英国のグループでした。山を出た時、彼女は生きていて健康だったのに、空港に着くと死んでいたのです。しかし彼女は軽い打撲で済んでいました。誰かが、英国の特定の特殊部隊が持つ影響力、および彼らと米国の同様のグループとの交流を調べる必要があります。

　さらに奇妙だったのは、商務長官の遺体はドーバー空軍基地に移送された後、頭頂部に直径45口径ほどの銃傷が見つかり、予備 X 線検査では脳自体の中にある種の削られた部分が見られました。彼の遺体は、文字通りその日のうちに急いで火葬場に運ばれたので、誰もまともな検死ができませんでした。ドーバー空軍基地にいた人間は、彼らのやったことで袋叩きにあいました。特殊部隊や傭兵の仕事には、ドライアイス弾または窒素弾を使ってこのようなことを行う方法があります。これだと、頭蓋骨が砕けて穴があく以外に、何の残留物も出ません。

　これは、特にこの10年で進行しているプロセスのようなので、私たちの多くにとって深刻な懸念となっています。これらの影響が出ているところ、コントロールを継続するニーズがさらに深刻になっているところ、そしてこれらの仕組みを使うのが今まで以上に露骨になりつつあるところに関して、私たちは蜘蛛の糸をたどっていけば、隠蔽工作が分かりやすくなっています。

"科学者が空飛ぶ円盤について何か好意的な発言をすれば、異端すぎると言われ、その発言者は科学界からの除名の危機に立たされる。このことを私は認めざるを得ない"

—— フランク・B・ソールズベリー博士

UFO機密ファイル

地球外生命体と原子力事故

証言

- リチャード・ドーティ氏、空軍特別捜査局 特別捜査官
- ロバート・サラス大尉、米国空軍
- ジョージ・A・ファイラー 3 世 少佐、空軍情報将校
- ロバート・ジェイコブス教授、米国空軍 元中尉
- ドウェイン・アーニソン中佐、ロス・デッドリクソン大佐、米国空軍
- マール・シェーン・マクダウ氏、米国海軍 大西洋軍

スティーブン・M・グリア医学博士による解説

　第二次世界大戦中に星訪問者が集団でやってきた時、私たちが狂ったように相互確証破壊を推し進める動きを、彼らが遅らせようとしていたのは疑う余地がありません。ロズウェル空軍基地および第509爆撃飛行中隊（当時、原子力兵器を搭載した世界で唯一の航空団）が、蜂蜜に群がる蜂のようにUFOを引き寄せたのは偶然ではありません。世界中の核施設に駐留していた何千もの軍関係者たちはETVを目撃していて、全員でなくても、そのほとんどが目撃事件について話さないようにと脅されました。最も劇的な目撃事件には厳しい警告がつきもので、中には即時異動が行われた例もあります。

　このファイルには、後者について語るため勇気を持って告白してくれた軍関係者の目撃者からの証言が含まれています。これらには、大陸間弾道ミサイルの発射実験を迎撃するUFO、サイロの上空を飛行しサイロ

内の核ミサイル停止を引き起こしたUFOおよび月面で爆発させるために配備された大陸間弾道ミサイルを迎撃したUFOの映像が入っています。ETたちは、ミサイルが大気圏外に出る前に迎撃したのです。

　月面で核兵器を爆発させるという秘密工作ミッションの考え方は、1つの疑問を導きます。人類が反対側に出てくるまでに、どれほどの無秩序と愚かさが生み出されるのでしょうか？私たち人類は、エネルギーと環境問題への取り組みをこれ以上先送りすることはできない、とほとんどの人が認識しているところに今来ています。平和なくして、地球においてこれ以上の進歩はありません。

　しかし、多くの人がこう反論するでしょう「平和をみることは絶対にない。常にお互いを殺し合うだろう」と。本当のところは、ほとんどの人は殺し合うことはしたくないのです。残念ながら、私たちは日常的に群れを攻撃して楽しむ数少ない狂犬を抑えることに熱心ではありませんでした。私はこれまで、銃が火花を散らす「スター・ウォーズ」のように、これらのテクノロジーを使って宇宙に行くことを空想するUSAPの反社会的人間に会ったことがあります。[パート4：宇宙に展開する策略、を参照]しかし、光の通過点を超えるテクノロジーを兵器システムに応用し使用して、国民を生き残らせることはできません。「限定的な」熱核爆弾の発射から国民が生き延びることができないのと同じです。

　これらの秘密プロジェクトに関わる人の中には、ETの行動を間違って解釈した人もいます。例えば、1970年代の後期から1980年の初期の頃、米国がいかに強大かつ連に示すため月面で核兵器を爆発させようとした時、宇宙船がやってきて迎撃し破壊したのです。それを、ETは人類に対して敵意を持っている証拠だと受け取ることもできますが、実のところ彼らは月面にある施設[機密ファイル：地球外の月面基地を参照]、そして大量破壊兵器のない平和な場所としての宇宙の神聖さを守ろうとしていたのです。

　人間がETの行動を敵対心の証拠だと間違って解釈しましたが、実は啓蒙の証拠であったという数々の出来事が、これまで起こってきました。

これらの地球外文明は、未熟で手に負えない軍事化された地球文明が生物圏を逃れ宇宙に飛び出すのを、単に抑えようとしているのです。視点次第ですが、いずれかの見方ができると思います。私は、ETの意図は平和的だと確信しています。しかし、宇宙兵器を支持する傾向にある人にある出来事を話せば、それを引き合いに出して「ほら、私たちは本当にETの脅威に直面しているのだ。私たちは宇宙に兵器を作り、彼らに激しく攻撃する必要がある」という可能性があります。

　私はこれらの例をあげているので、仮定の話をしているのではありません。これらは実際に起こってきたことであり、宇宙船をターゲットにし、宇宙を兵器化する言い訳に使われてきました。私たちには、16～18基の弾道ミサイルがシステムから瞬時に、そして完全に遮断されたというET事件の目撃者がいます。彼らに「ETは何と言っていたと思いますか?」と尋ねると、「彼らは、この美しい星を爆破しないで、と伝えようとしていたと思います」と答えました。

　多くの人が知らないのは、似たような出来事がまったく同じ時期にロシアでも起こっていたことです。ETのアクションは、地球上にいる核を持つ攻撃的な者すべてに対してこう伝えようとしていました「和解せよ、そして相互自滅の道に進むな。それでも進むというなら、私たちが阻止する」。彼らは、私たちよりもソ連を有利にしようとしたわけではなく、ソ連にも同じことをしていたのです。にもかかわらず、レーガン大統領の軍事顧問たちは、これらの出来事を利用して戦略防衛構想を推し進めました。

　ET文明は、私たちにこのような武器を宇宙へ送り出させることは絶対にありません。これまで秘密の影の政府による工作でARVおよび他の超最先端の宇宙船を使って宇宙に出ようとしてきましたが、不発に終わっています。ある国防情報局の証言者が私に語ったのは、ロシアではなく宇宙に向けられた高性能な衛星システムがいくつか存在し、それらは地球外生命体の宇宙船を追跡し標的にするのが目的だということでした。

地球外生命体文明が新しい秩序を強要するために地球にやってくるという考えは幻想で、これらは幼年期の終わりからよろめきつつ成熟し成人期に入る人間として、学ぶべき教訓です。地球外生命体文明はかなり長い間（1,000年でなくても確実に数百年の間）あるいはそれ以上、人類の発展を観察してきました。何十億年と発展してきた生物圏、あるいは知的生命体の発展および啓蒙のための場所として進化するため、数十万〜数百万年の間ここに存在する意図を持つ世界を、彼らは偏屈な世代に破壊させることは許さないでしょう。

　その意味で地球は、ある種の宇宙の検疫下に置かれています。私たちがあのようなテクノロジーを使って宇宙に出ていくには、また社会的および精神的に十分進化していないことは分かっています。したがって、私たちの翼は切り取られた状態です、今のところは。

　この宇宙で私たちが歓迎される鍵は、平和なのです。

＊　　　　　＊　　　　　＊

証言

リチャード・ドーティは、空軍特別捜査局（AFOSI）の対諜報活動特別捜査官でした。8年以上、彼はニューメキシコ州にあるカートランド空軍基地、ネリス空軍基地（いわゆるエリア51）およびその他の場所においてUFO／地球外生命体に特化した任務を課せられていました。

　私が懸念していたのは、彼らは何を求めていたのでしょうか？それは侵略前の偵察機だったのでしょうか？自分たちのため、特定の施設に着陸し乗っ取ろうとしていたのでしょうか？鉱物が不足していたのでしょうか？ということです。なぜなら、その映画［ヤンキーブラック・プログラムの説明動画］の最後の方で何度も聞かされたのが、これらの宇宙船がウラン鉱山や他の鉱区上空で目撃されたということだったからです。

彼らは何を求めているのか？プルトニウムを生成するためにウランを求めているのか？それが私の懸念でした。なので、脅威があるか否かを調査そして判断し、指揮系統に報告するのが、私たちの仕事でした。

［グリア博士］：私たちが2つの原子力爆弾を開発、実験、そして爆発させた事実が、確実にETの注目を引いてきたようです。ロズウェルには当時、世界で唯一の原子力爆弾を搭載した飛行中隊とウラン鉱山がありました。デッドリクソン大佐（ディスクロージャー・プロジェクトの証言者の1人）は、私たちの施設のすべてはETの偵察の影響を受けてきたと言っていましたが、それは議論されたのですか？

［ドーティ氏］：彼らは、そう推測しました。心配していたのです。大佐の言い方だと、私たちはある国に2つの原子爆弾を落とし、その数週間前にニューメキシコでその核爆弾の実験をしたが、それを恐らくこれらの異星人がどこかで観察していたのでしょう。彼らが当時偵察をしていたか、何らかの方法で気づいたので、彼らは状況を観察し把握するために、ここにやってきたのでしょう。そして、たぶん彼らは、このような兵器を持っていなかった、あるいは持っていた、または何らかの理由で地球のことを心配し、これらの兵器を求めていたのかもしれません。なので、それが懸念の1つだったのです。なぜなら、米国空軍は多くの核兵器を保持していたので、その安全が米国空軍の最優先事項だったからです。OSIの主な任務の1つは、核兵器の脅威に対するスパイ防止活動を保護することでした。そしてカークランド空軍基地では多くの核兵器を保有しており、同時に当時ニューメキシコ州のロズウェルで、その時の合衆国で核を搭載した唯一の攻撃部隊である、第509爆撃航空団を持っていました。

1984年、私はピーズ空軍基地にいました。それはニューヨーク北部にあった戦略空軍基地で、今は存在しません。1機のUFOが核兵器格納庫区域の周辺を飛行した後、着陸した時、非常に奇妙なことが起こりました。ある核兵器がバラバラにされていたのです。しかし、その格納庫には誰もいませんでした。彼らは、それがたぶんロシアの作戦だと思い

ました。私が現場に行くと、この調査の間に指紋を発見したのです。しかし、それは私たちのものではありませんでした。最初にET/UFO問題の説明を受けた時、1つの腕に2つの手と付属器官を持つ生物の写真をいくつか見ました。それは、そこにあったものに似ていました。そうして今、私たちは指紋を発見しました。それが政府として、地球外生命体の指紋を手に入れた初めての機会でした。

核兵器施設区域や管理施設：エルスワース空軍基地、マルムストローム空軍基地、および核兵器を持つSAC（戦略航空団）基地などの周辺でUFOが目撃された事例が多々あります。

*　　　　　*　　　　　*

証言

ロバート・サラス大尉、米国空軍

1967年3月、私はミニットマン・ミサイルのミサイル担当将校としてモンタナ州マルストローム空軍基地にいました。3月のある早朝、私は上にいた保安兵からの電話を受けました。その時、今思い出すと上にはおよそ6人の飛行保安一等兵がいて、私は核弾頭を搭載したミニットマン10基を監視し制御するため、地下60フィートにあるカプセルにいたのです。

その保安兵が、空に奇妙な光が飛んでいるのを目撃したと報告してきましたが、私は、もっとすごいものが出たら電話するように伝えました。すると、今度は保安兵がさらに切迫した口調で電話をかけてきたのです。彼が非常に怖がっていたのは明らかでした。彼が言うには、光り輝く赤い物体が正門の外に浮遊しており、楕円形をしていました。その時、彼は他の保安兵に武器を抜かせていました。

私は、自分の司令官であるフレッド・マイウォルド大佐を起こして、そ

の電話のことを伝えました。その報告の最中に、私たちのミサイルが1基ずつ運転を停止し始め「作動不能」の状態になったのです。つまり、発射不能でした。こうして、管制室のあちこちで警報が鳴り始めました。発射準備不能の赤ランプ。私たちは、その朝 UFO が正門の外で浮遊しているという2回目の電話を受けて数分後に、6〜8基のミサイルを失いました。

　同じ朝、エコー小隊でも非常に似たようなことが発生したと連絡がありました。彼らは、発射施設の上空で UFO が目撃された同様の状況で、10基すべてのミサイルを失ったのです。その夜そこには保守要員および治安隊員がいて、その施設の上空にいる UFO を報告していました。

　私たちには、この話を裏付ける複数の証言者がいます。さらに FOIA（情報公開法）を通して空軍から受け取った、エコー小隊での出来事の要点を述べた文書があり、その中には UFO についての言及も含まれていました。この事件について報告した複数のテレックスがあり、その1つには「10基のミサイルを失った明確な理由がすぐに特定できない事実は、この本部にとって重大な懸念である」と書いてあります。本部とは SAC（戦略航空軍団）本部のことです。なので、これらのテレックスを受信しました。

　私は、1966年8月ノースダコタ州にあるマイノット空軍基地で報告された同様の事件に関する完全な報告書を持っています。非常に似ていて、ここでもミサイル倉庫の上空で UFO が目撃されました。さらに私たちが目撃した1週間以内にすぐに空軍が調査した UFO 事件もありました。
［関連資料は付録9を参照］

＊　　　　＊　　　　＊

証言

ジョージ・A・ファイラー3世少佐は、空軍情報将校でした。様々な航空機および空中給油機の航法士として務め、軍の能力と米国に対する脅威について、頻繁

に将軍や議員たちに説明をしました。

　私は、第21空軍情報部副部長として、大統領および様々なVIPをミシシッピ川周辺からインドまで移送する軍用機の半数を管理していました。私たちは300機の航空機を保有しており、あらゆる任務（軍用空輸に関係するものなら、ほぼ何でも）で飛び回っていました。

　1978年1月18日の朝、私はマクガイア空軍基地の正門を通り抜けると、滑走路上に何か異常なことが起きていることを示す赤いライトがあるのに気づきました。第21空軍指揮所に着くと、指揮所長が昨夜はスリルのある夜だった、と伝えてきたのです。マクガイア基地の上空を夜通し複数のUFOが飛び、そのうちの1機がフォートディックスにどうやら着陸、おそらくは墜落し、そして1人の軍警察がエイリアン（外国人、または異星人の意味）に出くわし、それを撃ちました。

　私は少し混乱したので、外国人が殺されたのか尋ねました。
「外国人ではない、宇宙からきた異星人です」
　どうやらUFOが1機フォートディックスで撃ち落とされたようです。子供ほどの大きさをしたグレイが、負傷した後に逃げ出し、マクガイア基地とフォートディックスを隔てるスチール製のフェンスに向かいました。この異星人はフェンスをよじ登ったか、その下をくぐってマクガイア基地に入り、そこで撃たれ滑走路の端で死にました。

　ライト-パターソン基地から輸送機のC-141が、その遺体を引き取るため向かっていました。そこでは保安警察がこの遺体を警護していました。指揮所長は私に、トム・サドラー将軍に私たちが異星人を捕まえたことを説明してほしいと言いました。

　そこで私はその話の確認をするため、第38空輸飛行隊指揮所に電話をかけたのですが、彼らはその話を裏付け、同じ情報を聞いたと言いました。基地で異星の生命体が見つかったのだ、と言ったのです。

　その朝遅くに、私は彼らに説明会は中止したと言われました。私が隠語（code word）を持ってサドラー将軍の事務所まで行くと、何か騒ぎ

が起きていて、そこにいた保安警察の何人かの身なりがかなり乱れていました。サドラー将軍は誰に対しても身なりにうるさかったので、彼らが迷彩服を着て明らかに無精髭が伸びているのを見て驚きました。それで、この状況が私の聞いていた話と結びついているのかもしれない、と分かったのです。

報告会の後で、私は暗室に行きました。ほとんど毎日そこに行っていました。というのも、これらの報告会には4つのスクリーンがあり、それをきれいな写真などで埋め尽くさなければならなりませんでした。暗室の担当者が何か異常なものを撮影したと示唆したので、それを見せてほしいと私は言いました。軍曹がそれらを私に渡そうとしたその時、曹長が「彼にそれを見せてはならない」と言ったのです。なので、私が知っているのは、私が見てはならない複数の写真を彼らが持っていたということだけです。

それ以前は、将軍への報告者である私はいかなる写真も見るのを止められたことはありませんでした。

それはとても重大な作戦でした。基地には核兵器貯蔵施設があり、ここからヨーロッパへ核兵器を運んだり持ち帰ったりしていました。私は現場にいたと言っている保安警察の1人と話しました。彼によれば、見たのは子供のような小さな遺体でしたが、頭部は普通より大きいものでした。

私が聞いたのは、彼らが事の成り行きと、その異星人がフォートディックスで撃たれたことを、無線で聞いていたということです。その異星人は、何らかの理由でマクガイア空軍基地に向かうことを選び、州警察と軍警察の両者が、UFOと思われる物体から出てきたこの異星人を追跡していたのです。私が理解したところでは、それは円盤型の航空機でした。

その晩、複数のUFOは、かなり長い間その区域にいました。UFOはレーダーでも捉えられ、管制塔員も目撃し、その地区にいた他の航空機も、どうやら目撃したようでした。

そこで6～8人が遺体を警護していました。さらに、この事件を知っ

ていた保安警察の指揮官と指揮所の要員が何人かいたので、サドラー将軍はその説明を受けていたと私は推測します。

　当時この事件に関係した主要な人物たち（空軍中佐からその部下たちまで）の多くが、すぐに異動させられました。何かを知っていると、それについて話せなくするため、別々の場所に異動させる傾向があったということです。これは、ものの数週間のうちに行われました。この保安警察官は、数日以内に異動させられたと私に語りました。実際のところ、彼は1日か2日のうちにライト-パターソン基地に連れていかれ、何人もの人間から事情聴取された後、基本的にそのことについては今後一切話すなと命じられたのです。

＊　　　　　＊　　　　　＊

証言

ロバート・ジェイコブズは、米国空軍の元中尉で、現在米国にある一流大学の名高い教授です。

　1960年代、私はカリフォルニア州にあるバンデンバーグ空軍基地にある第1369写真中隊で、光学装置を担当する将校でした。私の任務は、発射されるすべてのミサイルの計装写真の管理、および弾道ミサイルテストを撮影することでした。

　1964年、私たちは核弾頭を搭載する予定の弾道ミサイルの試験を行っていました。本物の核兵器ではなく、代用の核爆弾を打ち上げていました。それらは核兵器と同じ大きさ、形状、寸法、重量でした。当時、それらはICBM（大陸間ならぬ、郡間弾道ミサイル）と呼ばれていました。なぜなら、そのほとんどは発射するとすぐ爆発していたからです。私たちの仕事は、技術者たちに技術連続写真を提供し、飛行中に外れたバーナーにどんな問題があったのか調べられるようにすることでした。これらの実験を追跡するための写真施設を設置した功績で、私は空軍誘導ミ

サイル勲章を受けたのです。私はミサイル記章を得た空軍で最初の写真家でした。それは当時誰もが欲しがるものでした。

その事件が起きたのは、打ち上げを初めて撮影する時でした。ミサイルの秒読みが始まり、「エンジン……点火……発射」の声が聞こえると、ミサイルが飛んでいると分かりました。私たちが南南東を見ていると、ミサイルは煙の中からひょっこり現れました。それは実に美しく、私は「そら出てきたぞ」と大声で叫んだのです。180インチのレンズを据え付けたM45追跡台にいる仲間が、ミサイルを撮影しました。大きなBU望遠鏡が旋回してそれを捉え、私たちはそれを追いました。推力を得た飛行ブースター3段のすべてを実際に見ることができました。それらは燃焼し尽くし落下しました。

当然、私たちの肉眼に見えたのは、太平洋上の島である標的に向かって部分空間へと吸い込まれていく煙の航跡だけでした。

私たちはそのフィルムを基地に送りました。1日か2日後、私は第1戦略航空宇宙師団司令部のマンスマン少佐の事務室に呼ばれ、そこにはスクリーンと16ミリプロジェクターが用意されていました。中に長椅子が1つあり、マンスマン少佐が私に座るように言いました。

部屋には灰色のスーツを着た2人の男がいたのですが、私服だったのはかなり異例でした。

マンスマン少佐は、フィルムプロジェクターのスイッチを入れました。私がスクリーンを見ると、あの打ち上げの様子が映っており、ワクワクするものでした。望遠鏡が長いため、アトラス・ミサイルが画面に入った時には、その全部を見ることができたのです。

私たちは1段が燃え尽きるのを見て、2段目が燃え尽きるのも見ました。3段目が燃え尽きるのも見ました。そして模造弾頭も飛んでいるのが見えました。すると、画面に何か別のものが入ってきたのです。それは画面に入ってくると、弾頭に光線を発射しました。

思い出してほしいのは、これらはすべて時速数千マイルで飛んでいるということです。この物体、UFOは弾頭に光線を発射して、反対側に移

動し、また光線を発射しました。さらにまた移動して光線を発射し、次に下降してまた光線を発射したのです。そして入ってきた時と同じ方角に飛び去っていきました。

その弾頭は空中から落下しました。

その弾頭は、高度約60マイルの下部宇宙空間を上昇していました。このUFOがそれらに追いつき、飛び込んできてその周りを動き回って飛び去った時、それらは時速1万1,000マイルから1万4,000マイルで飛んでいました。

私はそれを見たのです。他人がどう言おうと、映像でそれを見ました。私は現場にいたのです。

部屋の明かりがつけられた時、マンスマン少佐は私を見て「君たちは何か悪ふざけをしていたか?」と聞きました。私が「いいえ」と答えると「あれは何だったか」と尋ねました。私は「UFOを捉えたのだと思います」と答えました。

私たちが見たもの、飛び込んできたこの物体は、円形で2枚の皿を合わせて卓球の玉を頂部に載せたような形をしていました。光線はその卓球玉から発射されていました。

それこそ私が映像で見たものでした。

少し議論した後、マンスマン少佐は私に今後これに関して口にしないようにと言いました。「自分にとっては、この事件は起こっていない」。彼が「機密保護違反の悲惨な結末を念押しする必要はないよな?」と言うと、「ありません」と私は答えました。彼は「よろしい。この事件は発生しなかったことにする」と言いました。私がドアに向かって歩き始めると彼は「ちょっと待て。今後もし誰かにこの件について話すように強要されたら、それはレーザー照射、レーザー追跡照射だったと言え」と言われたのです。

とはいっても、1964年に私たちはレーザー追跡照射など持っていませんでしたし、どのようなレーザー追跡もまったく行われていませんでした。レーザーは実験室の中の小さなおもちゃにすぎなかったのです。そ

れで私は「分かりました」と言って外へ出ました。その時が18年の間で、私がそれについて話した最後でした。

　私がマンスマン少佐の事務所を出た後しばらく経ってからわかったのですが、私服の男たち（CIAの人間ではなかった）はUFOが写っている部分をリールから外し、はさみで切り取りました。そしてそれを別のリールに巻き、書類カバンに入れると、残りのフィルムをマンスマン少佐に返しました。

　18年間、私は合衆国空軍の隠蔽工作の一部でした。軍務中に私が行ったことで、まだ話せないことがあります。なぜなら、それらはまだ極秘情報であり、口外したら自分の身が危なくなる可能性があるからです。しかし18年後、私はこう考えるようになったのです。最高機密扱いだと誰も私に言わなかった、ある事件を話してもよいのではないか、と。マンスマン少佐は、かつて「これは決して起きなかったと、言うように」と言いましが、この言い方だと機密扱いにはしていないのではないか？それが、この件について自由に話せると感じた理由です。この事件はまた聞きではなく、自分の身に起きたことなのです。

　その事件に関する記事が出た後、事態は大変なことになりました。私は仕事で嫌がらせを受け始めました。日中に奇妙な電話がかかり始め、夜はうちの電話が一晩中なり続け、私に「くたばれ、クソ野郎」と怒鳴り始めるのです。

　ある夜、何者かが大量のロケット花火を詰め込んで私の郵便箱を吹き飛ばし、郵便箱は炎に包まれました。その夜の午前1時に電話が鳴り受話器を取ると、何者かが「郵便受けの夜のロケット花火、きれいだったぞ。このくそ野郎」と言ったのです。

　こんなことが1982年以来、繰り返し起きてきました。このヒストリーチャンネルの件が出てから、再び私の元に電話がかかり始めました。非常に不愉快でした。私は、NASAのジェームズ・オバーグ、および米国政府に雇われた情報提供者で私の信用を貶めるのに腐心したフィリップ・J・クラスのような懐疑派から屈辱的な手紙や電話を受ける対象になって

きました。

　私はもう気にしないことを学びました。これ以上、気にしません。彼らに何ができるというのでしょう。私を殺す？私の信用を落とそうというのでしょうか？彼らは、私の顔をつぶすため、フィリップ・クラスが既に私にした以上のことをするつもりなのでしょうか？彼らができることはだいたいその程度です。

　空軍の今の立場は、そんな事件はなかった、そしてそのフィルムもなかったということです。実際に空軍は、私がバンデンバーグ基地にいたことから、空軍にいたことさえ、すべて否定しました。私はカリフォルニア海岸に沿って追跡サイトを設置したでしょうか？いいえ、カリフォルニアに追跡サイトはありませんでした。そんなのは、たわ言です。その追跡サイトは今でも私が設置した所に存在し、スペースシャトルがカリフォルニアに着陸するたびにそのサイトを利用しています。皆さんがシャトルを最初に見るのはそこからです。彼らは現在でも、バンデンバーグ基地から発射されるミサイルをこの追跡サイトで撮影しています。

　UFO問題の周辺の気違いじみた物事は、その真面目な研究を抑えつける組織的な取り組みの一部だと私は信じています。この問題を真面目に研究しようとすると、いつでも誰でも嘲笑の対象になります。私は比較的一流の大学の正規の教授です。私が未確認飛行物体を研究することに興味を持っていると、私の同僚が聞いたら、彼らは陰で私を笑い大声で揶揄することは間違いないでしょう。

　ともかく私の話を裏付けるために、リー・グラハムはフロレンス・J・マンスマンを見つけ出しました。そのことを口外しないように私に命令した、あの少佐です。彼はスタンフォード大学の博士で、カリフォルニア州フレズノで牧場を経営していました。彼はリーに送った返事の中で、ボブが話の中で語ったことはすべて絶対に真実だと書いていました。

　この活動全体について最も重要なことは、実にこれに尽きます。人類史上最大の出来事は、私たちは1人ではなく、この宇宙に他の生命体（知的な存在）がおり、だから私たちは宇宙で孤独ではない、という発見

です。それはとてつもない、大変な発見です。私たちが宇宙で孤独でないことを知ることは、人類の歴史的な発見ではないでしょうか？これが、これらについて話すことが重要だと考える理由です。それはとてもワクワクします。そして、私たち人類にとって重要なことは、私たちが成長し、動物の模範ではないかもしれない、さらに私たちよりも大きく、心躍るものが存在するかもしれない、そして、もしかしたら彼らは私たちに何かを語りかけているのかもしれない、ということを認識することです。なぜなら、私があの日に見たものは、模造弾頭を撃ち落としたUFOだったからです。

　あの出来事から私は、どんなメッセージを読み取るでしょうか？

　核弾頭をもてあそぶな、と私は解釈しました。

[複数の宇宙船が核施設に現れた後に、私と同じ結論に達した多くの軍人に私はインタビューをしてきました。おそらく地球外の人々は星間旅行の段階に達し、これらの兵器がどれほど危険かを知っており、またその使用が私たちの文明を終わらせることを理解しているのかもしれません。そして間違いなく彼らは、私たちがこのような兵器を持って宇宙に進出するのを望んでいません —— SG]

*　　　　　*　　　　　*

証言

ドゥエイン・アーニソン中佐は米国空軍で26年間を過ごしました。軍では最高機密 SCI-TK（機密区画情報タンゴ・キロ）取扱許可を持っていました。彼はボーイング社のコンピュータシステム分析者として勤務し、ライト-パターソン空軍基地で兵站部長を務めました。

　私は、通信電子要員として米国空軍で26年間を過ごし、1986年に退役しました。私はベトナムやヨーロッパを含む世界中に赴任しました。名前を挙げたら、おそらくそこにはいたことがあるでしょう。私は最高機

密 SCI-TK 取扱許可を持っていました。それは機密区画情報タンゴ・キロを意味し、超最高機密となります。その種の取扱許可を得るためには特別な審査が必要です。1986年に空軍を中佐として退役後、私はボーイング社でコンピュータシステム分析者として働くことになり、その立場で1987年以来ボーイング社で働いています。1986年にライト–パターソン空軍基地の兵站部長として退役しました。

　1962年、私はドイツにあるラムスタイン空軍基地全体の暗号担当官をしていました。そしてその立場で、私の通信センターを通った機密通報を偶然目にしたのです。それには「1機のUFOがノルウェーのスピッツベルゲン島に墜落し、科学者の一団が調査に向かっている」と書かれていました。

　その通報の発信元は思い出せませんが、それを見たのは覚えています。

　そして1967年、私はモンタナ州マルムストローム空軍基地第20航空師団の通信センターを統括する、最高機密管理将校でした。私はSAC（戦略航空軍団）ミサイル隊員たちにすべての核発射認証を出していたので、私には最高機密を扱う十分な経歴があったのです。

　ある日、私の通信センターにUFOに関する通報が来て、そこには「1機のUFOがミサイル格納庫の近くで目撃されました」と書いてありました。それによれば、出勤および退勤する隊員全員が、空中に静止しているUFOを目撃しました。それは金属製の円い形をした物体で、私の理解ではミサイルはすべて停止させられました。

「ミサイル停止」とは、それらが死んだという意味です。何かがそれらのミサイルを停止させ、ミサイルは発射モードに入れなくなりました。

　何年も経った後ボーイング社で働いていた時、私はボブ・コミンスキーという人物からその話を聞きました。彼はボーイング社を退職していましたが、彼はミサイルを調査するためにボーイングから派遣された技術者だったと言いました。彼は「私はミサイルに完全な健康証明書を与えたよ」と言い、ミサイルは自ら停止したわけではない、という意味でした。

私がメイン州キャズウェル空軍駐屯地でレーダー中隊長をしていた時、別の出来事が発生したのです。その場所は、B-52やKC空中給油機などを飛ばしていたローリング空軍基地と隣り合わせでした。私にはローリング空軍基地に警備担当の友人が多くいて、私に核兵器貯蔵区域の近くで空中静止していたUFOについて教えてくれました。

［これはジョー・ウォイテッキ中佐の証言を裏付けています。私の本「ディスクロージャー：軍および政府関係者の証言が暴露する現代史における最大の秘密」の中で、ローリング空軍基地で起きた重大な出来事に関して、彼の証言を参照── SG］

　最後に、私がライト－パターソン基地で兵站部長をしていた時、私たちは米国にいるカナダNORAD（北米防空軍）師団の作戦統制のもとにあった唯一のレーダー中隊でした。私の下で働く多くの技術担当官たちは、レーダー画面を素晴らしい速度で動く物体について話を聞かせてくれるでしょう。私たちの持っているもので、あれほど速く動くものはありませんでした。

　その任務の最中、娘が高校の最終学年を修了できるよう私はオクラホマ市に妻子を残してきました。私はクリス・ウィードンという名前で、デイトン近郊に5エーカーの小さな英国風屋敷を持つ年配の未亡人から部屋を借りることになりました。12年前に亡くなった彼女の夫はスペンサー・ウィードン中佐で、偶然にもライト－パターソン基地でUFOの主任調査員の1人だったのです。中佐について聞いたことすべてを基にすると、彼は立派な人物で写真のように正確な記憶力の持ち主でした。

　私が偶然出会ってお互いすぐ好きになった人物は、アドルフ・ラウム博士でした。もともとスイス出身で83歳の彼は、米国における最初の原爆実験チームの一員で、オッペンハイマー博士と親しくしていました。

　ある夜の夕食後、マティーニを少し飲んだ後で、私は冗談めかしてアドルフ博士に尋ねました。「このライト－パターソン基地で監禁されているという小さなグレイについて、何か知っていますか？」。私が極秘機密

の取扱許可を持っているといっても、ライト-パターソン基地に立ち入り禁止区域があり、そこに遺体を保管していると言われていました。そこに彼らが何を保管しているかは誰も分かりません。

　私は彼の顔が蒼白になり、声がとても厳しくなったのをはっきりと覚えています。彼は「アーニー、私が君に言えるのは、それらが気象観測気球ではなかったということだけだ。私たちが今後、これについて2度と話すことはない。いいかい？」

　こうして、私たちは2度とこれについて話すことはありませんでした。[関連資料は、付録10を参照]

＊　　　　　＊　　　　　＊

ロス・デッドリクソン大佐、米国空軍

　私は、AEC（原子力委員会）の委員長と国防総省の間にある連絡委員会の参謀将校でした。私は、陸軍、海軍および空軍だけでなく、民間機関、CIA、国家安全保障局および自分で築いたその他の人脈と知り合うようになりました。その間の私の役目の1つは、すべての核施設を視察し、兵器を点検する安全調査団に同行することでした。私たちは貯蔵施設、さらには一部の製造施設の上空にUFOが飛来したという報告を受けており、それはひっきりなしに続いていました。

　核施設の上空への飛来は、非常に深刻に受け止められていました。[関係資料は、付録11を参照]。実際、深刻に受け止められていたので、目撃者たちは意図的にその報告をしていませんでした。報告すると、煩雑なお役所仕事や手続きが求められるからです。UFOがレーダーで特定されたほとんどの場合、迎撃するため航空機をスクランブル発進させていました。それは、私たちの政府による非常に攻撃的な対応でした。

　1952年7月あの有名なUFO上空飛行が起きた時、私は照明のついた

9機の円盤型UFOを目撃。その後、私はフェルト提督のもと核兵器作戦計画に関わる指揮所の予備位置の責任者として統合軍に配属され、そこではNORAD（北米防空軍）やSAC（戦略空軍）作戦との連絡を取り合う、核兵器使用のための作戦計画に関わりました。また、UFOと核兵器が関わる2つの事件について知るようになったのは、その時です。

　太平洋上で私たちが核兵器を爆発させた後に最初の事件が起こったのは1961年頃だったと思います。核爆発によりETが引き起こした驚愕すべき事件とは、太平洋海盆全体に及んで通信が数時間も遮断され、無線通信がその間全然使えなかったことでした。この爆発が地球の電離層に影響を与えたので、地球外生命体は非常に懸念していたのです。実際、磁場が汚染されたため、ET宇宙船は操作不能になりました。

　2回目の事件が起きたのは、1970年代終わりか1980年代初めのいずれかに、核兵器を月に送り爆発させようとした時でした。これは地球外生命体にとって容認できないものだったので、彼らは核兵器が月に移送されている途中に爆破させたのです。

　地球上のいかなる政府が宇宙空間で核兵器を爆発させることは、地球外生命体は容認しませんでした。それは、私たちが宇宙に飛ばしたあらゆる核兵器を彼らが爆破することで繰り返し示されてきました。

$$*\qquad *\qquad *$$

証言

マール・シェーン・マクダウ氏、米国海軍大西洋軍所属。1978年に海軍に入り、特殊区画化情報（SCI）ゼブラストライプス最高機密取扱許可を取得しました。1978年の8月に米国海軍に入隊すると、強襲揚陸艦USSアメリカに配属されました。しかし不運にも、任務中に飛行甲板で負傷してしまったため、私はバージニア州ノーフォークのハンプトン大通りに面した大西洋艦隊総司令部（CINC-ANT Fleet）大西洋軍支援施設に異動となり、大西洋作戦支援施設（AOSF）第22課に配属さ

れました。当時、私たちのグループには約11名がおり、大西洋軍司令長官だったトレイン提督に直接状況説明を行う責任を負っていました。私たちは彼に、その日および前夜のソ連の動向など、世界で進行中の軍事作戦について説明しました。

　東海岸にいる全員が、彼の部下でした。

　6か月後、私はゼブラストライプス身分証明バッジのついた極秘の特殊区画化情報（SCI）取扱許可を取得し、あらゆる施設に制限を受けずにいつでも立ち入ることを許可されたのです。その資格は、特に司令部への出入りを許可するものでした。私の持ち場は司令部の上にある中二階、または3番デッキと呼ばれる所にありました。私の仕事は、司令部に入ってくるあらゆる音声と画像の入発信情報を確実に記録し、後で必要になった場合に参照できるよう、その履歴を残すことでした。

　私は音声と画像のすべてを記録しました。彼らがゼブラ警戒態勢を呼びかけた時もそうでした。ゼブラ警戒態勢とは海軍に当時あった最高レベルの警戒態勢で、一般に全世界核危機、特にソ連に対応する際に使用されるものです。ソビエトのベアキャット戦闘機は、私たちの動向を探るため、日常的に東海岸の至る所で哨戒を行っていました。したがって私たちは、ベアキャットが米国領空に近づきすぎた際、またはソ連が不審な行動をとる船舶をその領域に出した際、それを護送する飛行機を発進させる必要があった場合にゼブラ態勢をとりました。

　また、核戦争を遂行するために相互確証破壊（MAD－Mutual Assured Destruction－）規則書を取り出すという想定で演習も行いました。統合作戦部の当直士官と次席当直士官がある金庫の鍵を持っており、MADと呼ばれるこれらの規則書を取り出します。彼らは、必要な場合に核攻撃を開始するため潜水艦に伝達すべき暗号を取得します。この演習が行われている際、司令部には少数の人間しか立ち入りが許されません。実際に、彼らはその暗号を使用するからです。

　ゼブラ等級がなくては、この演習中にこれらの施設に立ち入ることは許されません。そしてゼブラ演習は、司令部と洋上の艦船および潜水艦

との間で交わされる最高レベルの機密情報専用のものでした。それらす
べてが、あのUFO事件につながるもので、1981年5月に起こりました。

　彼らが照明を落とした時（司令部ではゼブラ警戒態勢に入ると最初に
これをした）、すべては普段通りに進行していました。この演習に入ると
大抵の場合「これは演習。これは演習。ゼブラ警戒態勢に入れ」と言っ
ていたのですが、この時彼らは照明を落とした後「これは演習」とは言
わなかったのです。状況は進行していたため当直士官と次席当直士官は
互いに顔を見合わせ、彼らの複数の補佐の者に、これが演習かどうかを
確かめるように命じました。そして早期警戒システムも、私たちの領空
に侵入した未確認飛行物体を捉えたと告げたのです。その情報は当時グ
リーンランドかノバスコシアにあった空軍基地から入ってきたと私は考
えています。彼らがこれは演習ではないと言ったので、事態への対処は
最高度の敏速さをもって行われ、それが演習でないと気づくと誰もが狂っ
たように走り回り始めました。

　そこはまったく別の雰囲気になりました。

　ゼブラ態勢に入ると、演習であるか否かにかかわらず、ゼブラ・アク
セス・バッジを持っていない者は司令部施設から出なければなりません。
建物の内と外には、ゼブラ態勢発動中に資格のない人物が司令部に残っ
ている場合は、射殺するように命令された海兵隊員が配置されています。
それは国家安全保障のためでした。

　1つ思い出すことがあります。ゼブラ態勢が発動されたある時、その
海兵隊員が入ってきて何が起きているかを知りたがりました。なぜなら、
彼らは司令部に居てはいけない人物を射殺するよう命令を受けていたか
らです。私は次席当直士官に呼びかけて「おいみんな、彼に何か言って
くれ。射殺しようとしているぞ」と言いました。その時、とにかくそこ
から抜け出したいと思ったことを私は覚えています。なぜなら、彼はそ
こに入ってきて「猶予は1、2分。何か見つけることができなければ」
と言ったからです。

　彼は今にも人々を射殺し、証拠を破壊しようとしていました。

しかし、この出来事は演習ではありませんでした。

　直ちに当直士官はトレイン提督を司令部に呼びました。というのは、これはやや彼の権限外なのでトレイン提督の監督が必要だったからです。数分も経たないうちに、トレイン提督が司令部に駆けつけ、そこの中二階真下にあった自分の展望室に入りました。トレイン提督が最初に知りたがったことは、何体と接触があったのか、その場所と移動していた方向、またソ連の反応でした。私たちは、領空に侵入したものがソ連のものではないと知っていました。それは最初から確認されていました。

　その正体を確かめるため、トレイン提督は２機の飛行機を発進させることを許可しました。こうして東海岸全体での追跡が始まったのです。私たちは、北はグリーンランドから海軍航空基地オセアーナまで飛行機を発進させました。この物体は１時間ほどレーダー画面に映っており、司令部に伝送されていたパイロットたちの生の声（彼らが物体を視認し、その様子を述べた）が聞こえてきました。パイロットたちは２回か３回それに接近し、私たちの軍またはソ連軍が持っているものではないことを確認することができたのです。それはすぐに断定されました。彼らが追跡していた乗り物または物体は、海岸を南下したり北上したりと非常に不規則な動きを見せていました。非常に素早く飛んでいました。

　例えば、実際にメイン州沖にいたかと思うと、あまりにも素早くその空域を去るので、私たちはそれを捕えるために直ちにドーバー空軍基地から飛行機を発進させていなければなりませんでした。事実、F-14機でもそのような長距離を移動するのに30分はかかるのですが、正体不明のこの物体は不意に姿を現します。それはある瞬間ここにいたかと思うと、次の瞬間に海岸線の数百マイル南にいるのです。まさに鬼ごっこでした。

　それは、はるばるセシルフィールドにあるメイポート海軍補給基地近くのフロリダ沖まで南下しました。次にそれは方向を変え、私たちがいる見晴らしの良い地点からアゾレスに向かって東向きに遠ざかると、私たちはその姿を見失ったのです。

　このすべてが起きている間、大気圏外の見晴らしのよい場所から地上

数フィート以内にある物体を鮮明に撮影する性能を備えたKH-11衛星を使って、情報収集を行っていました。彼らはKH-11衛星を使ってこの物体を追跡し、その写真を何枚か撮ろうと試みていたのです。後に私たちが司令部で入手した写真は、複数の飛行機が北アメリカ北部沖で最初にUFOと遭遇した時に撮ったものでした。

　その形は、とても円筒に近いものだったのを覚えています。機体はとても平たくて長く、ほとんどの航空機のような先細りではなく、両端がすっぱりと切れていました。それは明らかに金属製だと分かりました。さらにパイロットたちが通報していた情報によれば、飛行機雲を残さず、表面には識別可能な照明や模様もなく、操縦席の窓もドアなど、それに似たものは何もありませんでした。

　それが何であれ、それはただの固体に見えました。

　トレイン提督を本当にいら立たせ悩ませたものは、間違いなくこの物体が完全に状況を支配し、どこでも望みの場所に数秒で移動できたことでした。ある瞬間に、私たちはそれにメイン州沖で接近していると、次の瞬間にそれはノーフォークにいてフロリダに向かって南下していたのです。

　将校たちは怖がっていたようでした。トレイン提督は通常、とても冷静な人物で、自制心を失ったり、声をあげたり、興奮したりする姿を見せませんでした。しかし、この事件は彼を非常にイライラさせました。私たちが飛行機を飛ばすためにできるだけ多くの指揮を通達している間、そのUFOは非常に不規則に動き回り、海岸を素早く南下し北上していました。彼らは、それを追跡できませんでした。そのUFOは最後に目撃した場所から何百マイルも離れたところに現れたからです。トレイン提督はこの物体の進行を阻止しようと、東海岸全域の飛行機に次々と緊急発進許可を与えました。彼らが、手段を問わずそれを強制着陸させ、回収しようとしていたのは明らかでした。

　彼らは、どうしてもそのUFOを捕まえたかったのです。

　この出来事が終わった時、この物体は大西洋を越えて去って行きまし

た。それは速度も緩めずにアゾレスに近づき66度の角度で急上昇し、そ
れは大気圏を抜けて宇宙に去っていった、と彼らが言ったのを覚えてい
ます。瞬く間に数千マイルを移動して、忽然と去っていき、皆を「あー
驚いた。一体あれは何だったのだろう？」と座ったまま困惑させた、そ
んな物体の話です。

　米国の巨大な軍事力が、どこから来てどこへ行くのか何も分からない
正体不明の何物かによって屈せられた様子を見るのは、ある意味で滑稽
でした。彼らが１つ確実に知っていたことは、それがソ連のものではな
いということでした。

　この物体が敵意を持ち、私たちに対して兵器を投下したりミサイルを
打ち込んだりするつもりだったのであれば、簡単にできたでしょう。あ
の時私たちは、それに対抗し得る手段は何も持っていませんでした。そ
れは私たちの領空を意のままに飛行し、移動に関する限り好きなように
できたのです。それに対し私たちは、何の脅威も与えることはできませ
んでした。

　こうして私たちは、ゼブラ態勢から安全な状況にもどり、照明がつけ
られ、誰もが司令部の床に座り込み、そのことについて話していました。
私自身は上の３番デッキにいて、トレイン提督は下のブリーフィングエ
リアにいました。彼らは数分間そこにいて立ち去ると、私はいつも通り
自分の日誌にそのことを記録しましたが、そのことについてあまり考え
ることはありませんでした。

　後日、訪問者用のバッジを着けたスーツ姿の男２人がやってきました。
彼らが正規の職員でないことは分かりました。彼らは私を、いくつかの
小さな会議室がある１階に連れて行きました。既に準備されていた一室
に入り、私は席に座らされたのです。

　彼らが私の日誌を持っているのが見えました。

　そのスーツの男たちは、この出来事について質問を始めました。正直
に言うと、彼らはとても手荒でした。私は文字通り両手を上げて「あな
たたち、少し待ってください。私はあなたたちの味方です」と言いまし

た。彼らは非常に威圧的で、見たこと、聞いたこと、または目撃したこと、起こったことは、この建物から漏らしてはいけない、とはっきり示しました。「君は、この件について同僚に一言も言ってはならない。そして、基地の外では、この件に関して見たり聞いたりしたことは忘れろ。何も起きなかったのだ」と言ったのです。

　口に出して脅迫こそしませんでしたが、彼らは身体的な危害を加えかねない印象でした。

　スーツを着た2人組は、そこにあった現像および未現像のフィルム、すべての資料を取り上げました。私の日誌も、再びそれを見ることはありませんでした。除隊した時、私は海軍のレターヘッドがついた公式の米国海軍文書を渡されました。受け取った文書には、いかなる状況であろうとも5年間はこの国を出ることが許可されないと書かれていたのです。なので、私はバージニア州を出るためにFBIのロアノーク事務所に連絡し、ノースカロライナ州に行くため州境を越えても良いかどうか彼らに通知しなければなりませんでした。それは私が除隊してから5年間続きました。

　私の妻の家族だった人についても話しましょう。彼の名前はジャック・ブース。今は亡き彼は、かつて陸軍に従事しロズウェル事件が起きた時ロズウェルに駐在していました。彼は私の妻の叔父、妻の母親の兄弟で、出身はウェストバージニア州ブルーフィールド。彼の話によると、それが何であれこの物体が墜落した時、彼は陸軍の新兵としてニューメキシコ州のロズウェルにいました。墜落現場に向かった時、彼は警備の任務に就いていました。彼らは破片など様々な物を拾うため、1台のトラックに詰め込まれて行きました。そして彼らが遺体を実際に回収した時、ジャックはそこに居合わせたのです。ジャックは「はっきり言うけど、彼らは小さな奴らを遺体袋に入れた。人間ではなかった。小さくて見た目も変だった。まったく人間には見えなかった」と言いました。彼らは乗員たちを遺体袋に入れたのですが、そのうちの1人か2人はまだ生きていました。ジャックによれば、彼らはこの墜落を実際に生き延びた者で

した。

　彼らは機体のあらゆる小さな破片を拾っており、四つん這いになりながら協力して乗員たちを降ろし、散乱した破片をまたぎながら、どんな小片でも拾っていました。そして、それが数日間続きました。ジャックによれば、作業員全員が脅されていました。「よく聞け、これについて何か喋ったら、明日は姿を消すことになるぞ」。はっきりとこう言われたそうです。

「これに関する秘密主義を終わらせ、この技術を民間部門で活用できるようにする時期です。もう、これが国家安全保障の脅威をもたらすことはないのですから」

　　──ベン・リッチ、ロッキード・スカンクワークス責任者
1993年3月23日　UCLA工学応用化学大学院 同窓会スピーチ

UFO機密ファイル

地球外生命体の月面基地

証言

- エドガー・ミッチェル、アポロ宇宙飛行士
- ドン・フィリップス、米国空軍の軍人でロッキード・スカンクワークスおよびCIAの請負業者
- ジョン・メイナード、国防情報局
- カール・ウォロフ、米国空軍
- ドナ・ヘア、NASAの請負業者 ―― フィルコ・フォード

スティーブン・M・グリア医学博士による解説

　月面着陸が実際に行われたかどうかについて、これまで数々の陰謀論がありました。その基になるのは、1969年7月20日に放映された1コマ。そこでは2人の宇宙飛行士の1人が奮闘し月面に立てようとした星条旗が風で揺れていたのです。

　月に大気はありません。したがって風も起きません。

　実のところ、月面着陸は行われました。ただ、星条旗を立てる場面は、ニューヨークにある防音スタジオで撮影された、とある情報筋から耳にしました。

　なぜ、そんな偽装をするのでしょうか?

　アポロ号の月面着陸に備えて、NASAの遊覧飛行ミッションは月の裏側で構造物の写真を複数撮りました。そのいくつかは古く、他は手付かずの状態でした。これらすべては進化した地球外生命体のものでした。

先がどうなるかわからないので、NASA関係者は、ETがニール・アームストロングおよびバズ・オルドリンに歓迎パーティーを開こうと決める場合に備えたジャンプ・カットを撮るため、偽の着陸動画を撮影していたのです。

　アポロ月着陸船が着陸した時、クレーターの縁にはETV（地球外生命体の宇宙船）が集まっていました。放映が遅れていたので、NASAは事前に撮影していた動画に切り替え、異星人の登場に対する宇宙飛行士たちの反応を編集でカットすることができました。

　これまでその宇宙飛行士たちは、月面基地およびアポロ号着陸の際にいたETについて語ることを拒否してきました。真実を公開すれば彼ら自身のみならず愛する家族も殺されることになる、と全員が釘を刺されたからです。ニール・アームストロングは非公式に私たちのチームの一員に対し話してくれたのは、人間は月に近づかないよう警告されたということです。

　なぜでしょうか？

　私たちがETI（地球外知的生命体）のことを話す場合、その対象は高次元の意識を持つ高度な種のことです。このような訳で、私たちがETIの意図をどう捉えるかだけでなく、私たち自身の意図および態度に熟慮を払うことも、さらに重要です。UFOに対する軍および民間人の反応でよく分かるようにこれまで人間は、外来者を恐れ暴力的な傾向を示してきました。自分たちが理解できない、またはコントロールできないものはすべて、本質的に非友好的で脅威と見なす人間の傾向は、克服しなくてはなりません。個人的利益、不当利益をやみくもに追求すること、およびETVやETIを主に「獲得」の枠組みで見る体質は、改める必要があります。ETIを「出し抜いて」彼らのテクノロジーおよびエネルギー源を獲得する欲望で私たちが突き動かされているのであれば、私たちの努力は徒労に終わるでしょう。私たちが強欲さ、恐れ、敵対心および疑いの念をもってETIに近づけば、私たちの努力は浪費されるでしょう。

　私たちが相手にしているのは、テレパシーおよび従来の手段の両方で

私たちの意図を読み取る能力を持ち、「私たちの努力の精神」を感じとることのできる存在だ、ということは疑う余地がありません。したがって、成功には努力の精神が科学的に開かれていることが求められます。真実、利他的行為、無私無欲、無害性および非強欲の探求です。平和を推進するETIおよび人類の関係性を求める心は、最も重要です。こういった理由で、人類側の研究者および調査員の「動機の純粋さ」は第一の必須条件であり、具体的なスキル、専門知識および技術は2番目の留意事項になります。私たちの意識の拡がりと明瞭さは必須であり、他のものを超越します。この点において、崇高な思いと電灯1つだけを持った初心者が、劣った意図に突き動かされている政府機関よりも、大きな成功をもたらす（もたらしてきた）可能性が高いのです。政府機関は高度な技術、人員および自由に使える資金があるにもかかわらず、です。実際に、松明（たいまつ）しか持たない先住民が、意思疎通の確立および真実の発見において、もっと先に行く可能性があるのです。

　つまり、私たちが月に近づくなと警告されたのは、ソビエト連邦との軍拡競争の一環として向かっていたからです。JFKによる挑戦の高潔さにもかかわらず、アポロ計画はソビエト連邦のスプートニク計画に対抗して立ち上げられました。

　その内実、月面着陸は冷戦の代理だったわけです。世界における2大核保有国の間で行われた高度に軍事化された競合する冒険的事業でした。

　NASAの脅しがバズ・オルドリンには堪えたのか、彼は神経衰弱になってしまいました。しかしNASAも精神的に参ってしまったのです。たった数回の月面着陸（そして不安にさせるETの存在）の後、アポロ計画は中止されシャトル計画に切り替えられました。6機のシャトルが製造され、2機が爆発し2人の乗組員も死亡。打ち上げ1回につき平均4億5千万ドルのコストがかかり、その計画は停滞していました。

　その後にやってきたのが、スペース・ラボ。それは、何の目的も達成しない観測プラットフォームで現在はロシアがサービスを提供しています。

　現在、米国の宇宙プログラムはすべて民営化に向かっています。

これまでNASAは何をしてきたのでしょうか？アポロ計画以降、なぜ方向性を見失ってきたのでしょうか？

　過去40年以上にわたる問題は、2つの宇宙計画が存在してきたことです。時代遅れな1940年代のロケット技術（爆発物に搭載したブロックに乗っているのと同等）を使わざるを得なかったNASA。そして「本当の」宇宙計画や秘密の闇の資金が投入された冒険的事業で、墜落したUFOを逆行分析して作った高電圧で反重力推進システムを利用し、「ETを家に連れて帰る」ことができるものです。

　この情報は、ロッキード・スカンクワークスの責任者、ベン・リッチから入手しました。

　NASAが方向性を失った理由は、所属している科学者たちが「古い機材」を引退させ、ガレージからマセラッティのような画期的な技術を出すため長年待ってきたからです。

　軍事宇宙航空史学者のマイケル・シュラットはベン・リッチから聞いたことを、こう話しています。「50年の間ネバダ砂漠に物体が飛んでくるが、私たちの理解を超えている。スター・ウォーズやスタートレックで見たことがあるものは既に成果を出しているか、やるだけ無駄だと判断した。これは私が言ったのではなく、ロッキード・スカンクワークスの責任者ベン・リッチの言葉です」

　序論でも述べましたが、人類文明が星間文明になるための入場券は、まず第一に理性的で品位を持ち、平和の中で共存し、大量破壊兵器を放棄し、宇宙平和の意識を携えて兵器システムのない宇宙に行くことだ、と地球外生命体は非常にはっきりと示してきました。

　私たちにこれができれば、宇宙は両手を広げて歓迎してくれるでしょう。

＊　　　　　＊　　　　　＊

エドガー・ミッチェル、アポロ宇宙飛行士。月面を歩いた6番目の人物。

　もちろん、ETは地球を訪れてきました。宇宙船の墜落も発生してきました。物的証拠と遺体も回収されてきました。そして、これを知っている者たちの集団が存在します。彼らは現時点で政府と繋がっているのかどうか分かりませんが、かつては確実に政府と結びついていました。彼らはこの知識を隠蔽、または広く知られることを妨げようとしてきたのです。

　これらの人々が誰であるか、私は知りません。しかし、私が秘密のグループと呼ぶ存在、表面上は政府や特定の政府機関に属しているものの、私が知る限り高いレベルの政府管轄下にはない、極めて内密に活動する人たちの多くの証拠があります。私が知っているすべてのことから判断して、確かにETはこれまで地球に来ており、これからもその可能性はあります。宇宙船も回収されてきました。これらの宇宙船またはその部品の複製を成功させた、逆行分析も何度か行われてきました。さらにお察しの通り、この装置をある方法で利用している地球人たちもいるのです。

　それが秘密にされてきたかに関してその情報は最初からずっとそこにあったのです。しかし、それはこれまで真実が公にならないように注意をそらし、混乱をつくり出すための偽情報工作の対象でした。偽情報工作は、妨害を行う単なる別の方法なのです。そして、これはこの50年ほど一貫して行われてきており、墜落したなんらかの航空機ではなく、ロズウェル上空の気象観測用の気球という発表。これが偽情報工作です。私たちは、こういうものを50年間見てきました。そして、これが物事を隠蔽するには最高の方法なのです。

　惑星地球で生命の管理人として行動してきただけでは、十分でないということが明確になりつつあります。私たちは、文明を危機に陥れる環境および世界的な問題に現在直面しています。そして、人々はそれを聞

きたがりませんが、それが真実だということがゆっくりと明らかになりつつあるのです。したがって、私たちの在り方、地球をどう管理するか、物事のより大きな仕組みに適合していくか、その自覚は非常に重要な問題です。

[このインタビューを共有してくれたジェームズ・フォックスに深く感謝します]

*　　　　*　　　　*

　証言

ドン・フィリップスは、米国空軍に属する軍人でロッキード・スカンクワークスやCIAの請負業者でした。ケリー・ジョンソンとロッキード・スカンクワークスで、U-2およびSR-71ブラックバードの設計と製造を担当。ある大きなUFO事件の間、空軍に属しラスベガス空軍基地で勤務していました。

　アポロ月面着陸の時、ニール・アームストロングは「彼らはここにいます。すぐそこにいます。あれら宇宙船の大きさを見てください。私たちが歓迎されていないのは明らかです」と言いました。続けて彼はその時の状況を、軍用機が勢揃いしていましたが、そこにいたのは私たちを観察している宇宙船と宇宙人だけでした、と描写しました。ニール・アームストロングは「彼らは自分たちを歓迎していない」と言いました。
　私は、書面によるその時の通信記録を持っています。

*　　　　*　　　　*

　証言

ジョン・メイナードは国防情報局（DIA）の軍事情報分析官でした。国防情報局にいる間、秘密保持を目的とした区画化について精通するようになりました。

兵器と宇宙について、私たちは、月面に降り立った宇宙飛行士のある言葉を振り返ることができると思います。それは最初の飛行で、彼らがそこに到着した翌日のことでした。彼は「君の言う通りです。彼らは既にここにいます」と言った言葉が、無線から聞こえてきました。それを録音した人を何人か知っています。しかし、その発言はとても異例のものでした。なぜなら、その部分が公共放送された他のすべてのテープから素早く削除されたからです。

＊　　　　　＊　　　　　＊

証言

カール・ウォロフは、最高機密取扱許可クリプトを持ち、空軍にいる間バージニア州ラングレー空軍基地の戦術航空軍団（TAC）に勤務。

　私は1964年1月18日から1968年10月18日まで米国空軍に勤務しました。私が勤務したのは、バージニア州ラングレー空軍基地の戦術航空軍団第4444偵察技術群でした。その部隊は写真偵察に関わっていました。彼らは、誰にもその存在が知られていない時期からU-2偵察機やスパイ衛星を使っていたのです。その時点で、私たちがスパイ衛星を使って撮影していることを誰も知りません。当然ながら私たちがU-2計画を実行していること、またはその計画の能力について誰も知りませんでした。私たちは、C-130機など、戦場に投入するあらゆる種類の航空機を使い、ガンカメラ映像や偵察映像も撮っており、偵察のための映像の処理もしていました。

　それは1965年の6月か7月だったと思います。私は電子工学の知識を持つ写真技術者でした。私がいた組織は新しくできたばかりの部署でした。ある日私がカラー現像所にいると、上司のテイラー軍曹がやってきて、基地にある装置の一部に問題が生じていると言いました。それはル

ナ・オービター計画で、1969年に宇宙飛行士が行う最初の月面着陸のため着陸候補地を探すことが任務でした。それが私たちの装置に似ていたので、彼は私にNSA（国家安全保障局）の施設に出向き確認してくるよう依頼したのです。

　当時、私はNSAのことを知りませんでした。それほど世間知らずだったのです。私は彼がNASAと言ったと思いました。だから私は長い間、自分が行ったその場所はNASAの施設だと思い込んでいました。

　その施設はラングレー空軍基地内にあり、そこはNSAがルナ・オービターからの情報を収集している場所でした。私はいくつか道具を持ってその施設に向かうと、そこで2人の将校が私を巨大な格納庫および研究所の中に案内しました。そこには、上等空兵がいました。私も同階級でした。その彼が装置のスイッチを入れ、動作を確かめました。正常に稼働しておらず、私は状況が理解できたので、彼に「この装置を研究所から出さないと、この暗室の環境では修理できません」と言いました。その装置は家庭用小型冷蔵庫くらいの大きさで容易には動かせなかったので、彼は装置を移動するために何人か集めるよう他の人に声をかけました。

　こうして、この空軍二等兵と私を残し全員がその暗室を出ました。私たちは待っている間、彼らはどのようにしてルナ・オービターの画像をこの現像所に取り込んでいるのか、彼に聞きました。世界中の様々な電波望遠鏡が接続されており、データはすべて通信回線経由でラングレーフィールドに収集される過程を、彼は説明してくれました。当時私は、この暗室、この活動、この施設の本当の目的が何なのかを知らず、この施設はデータ収集と画像加工を行い一般に公開する場所だと思っていたのです。この施設が別の問題に関わっているとはまったく思いもしませんでした。

　彼は、この情報のすべてを話し始めました。そして私は、私たちが行っている作業は機密扱いであること、この作業は区画化されているため、彼が私に話すことができるのは私に関係のある部分だけであること、を知っ

ていました。とにかく、彼はデジタルデータとして受信された情報を写真画像に変換する装置を見せながら、そこでの仕組みを教えてくれました。当時、彼らは35ミリのストリップフィルムを使っており、それを横18インチ、縦11インチのモザイクにしていました。その35ミリのストリップフィルムにはデジタル符号とグレースケールも記録されており、それらのフィルムは月を周回しながら連続的に撮影されたものでした。彼らは写真を撮って作っていたのです。彼らは月面のある区域を撮影し、次に別の区域を撮影し、そうやって大きな画像を作っていました。こうやって出来上がったモザイクはコンタクトプリンターにかけられ、印刷されていたのです。

彼はこの作業が行われていく様子を説明しながら、「ところで、私たちは月の裏側に基地を1つ発見した」と言いました。

私は「誰の？」と聞きました。

そして「どういうことだ。誰の基地？」と続けました。

その時、私は彼が発している言葉に気づき恐怖を感じました。もし今誰か部屋に入ってきたら、面倒なことになると思ったのです。なぜなら、彼は私にこの情報を話すべきではないし、私も聞くべきではなかったからです。

彼は、これらのモザイク写真から1枚を取り出し、月面上のこの基地を見せました。私が見たその写真には、かなり大きな風景に複数の建物が群がっていました。ある構造物は皿状の形をしていましたが、建物でした。その近くにあった別の建物は、先端が切断されたように角度のついた最上部になっていました。そして塔、球形の建物、レーダーアンテナに似たとても高い塔、などがありました。それらの建物の中には、非常に細長い構造物もありました。実際の高さは分かりませんでしたが、かなりの高さだったことは間違いありません。影の写った角度のある写真も複数ありました。球状でドーム型をした非常に高い建物もあり、非常に目立っていました。とにかく巨大な建物でした。興味深かったのは、私は頭の中で地球にある構造物と月面にあるものを対比させようとしたの

ですが、地球で見る建物には、ある程度は似ていたものの、規模と構造で似ているものは見つかりませんでした。金属製の構造物と対比しようとしても、金属の解像度が低くて詳細は見えず、組み立てられた石のように見えました。

建造物の中にはとても反射性の高い表面を持っていたのもあり、2つほどは発電所の冷却塔のような形をしていました。また、それらの一部は直線的で高く頂部は平ら。中には丸いものもあり、かまぼこ型プレハブに似たものもありました。それらにはドームがあり、温室のような外観でした。

私はそれ以上それを見たくありませんでした。自分の命が危険に曝されていると感じたからです。言っていることが分かりますか？本当はそれをもっと見たかったですし、それをコピーしたくてもできないことは分かっていました。これを私に話していた若者は、完全にその時点で越権行為をしていたのです。

＊　　　　＊　　　　＊

証言

ドナ・ヘアはNASA請負業者としてフィリコ・フォード社で働いていた時、機密取扱許可を持っていました。

私は1970年から71年まで、フィリコ・フォード社の請負業者としてNASAの第8号館で働き、同社の暗室および社内外の様々な施設で従事しました。

ある日、私は機密取扱許可を持っていましたのでNASAの制限区域の1つにある暗室に入りました。そこは月や衛星から送られてくる写真が現像されている場所です。仲の良かった技術者の友達が、私にこのモザイクのある区域の写真を見るよう促しました。それは何枚かの写真をつ

なげて1枚の大きな写真にしたもので、それらは空中から見下ろした衛星写真でした。私は興味深いものね、と言いました。

　彼は笑みを浮かべ「向こうを見て」と言いました。私が見た写真パネルの1枚に、1個の丸い白点がありました。そこには、とても鮮明で、くっきりとした輪郭がありました。私が「それは何なの？それは感光膜のシミかしら？」と聞くと、彼はニヤリと笑い「感光膜のシミが地面に丸い影を落とすことはない」と言ったのです。

　と、そこには樹木に太陽が当たった正しい角度で、丸い影が確認できました。私は驚いて彼の顔を見ました。なぜなら、私はそこで数年間働いてきたのに、これまでこのようなものを見たことも聞いたこともなかったからです。私が「これはUFOなの？」と聞くと、彼は私に笑顔で「君にそれを教えることはできない」と答えました。私が理解した彼の意図は、写っているのはUFOだが、君に自分の口から肯定することはできない、でした。そこで私は、この情報をどうするつもりなのか聞きました。すると、彼は「まあ、いつもはエアブラシでこれらを消してから、一般に販売しなくてはならないのです」と言ったのです。私は、これらの写真からUFOを除くための手順があることに驚きました。

　私は大量のUFO写真を焼却させられた保安兵にも会いました。彼が私の事務所に来た時、とても怯えており「ドナ、君はこの問題に興味があると聞きました。あそこで働いていたある日、軍服を着た複数の兵士がやってきて、私に写真を焼却させたのです」と言いました。自分はそれらを焼いたが、見てはならないと言われたのです。しかし誘惑に負け、そのうちの1枚を見ると、地上に1機のUFOが写っていました。その直後に銃の台尻で頭を殴られ、その傷は今も彼の額に残っています。

　さて、彼は恐怖で怯えていました。そして「写真に写っていたのは、小さく盛り上がった部分が複数ついたUFOで、着陸したばかりのようだった」と言いました。

　この件について知っていることは、つらいことです。ただ、繰り返しますが、私はこの件について話してきましたし、知っている人たちは知っ

ています。まるで、ちょっとしたアングラの世界です。彼らは私の所に
やってきて、こっそりと話します。彼らのほとんどが怖がっています。私
が恐れていない理由は、事情聴取を受けなかったからです。ある時点で、
この件について話すべきではないと私に言ってくる人たちもいました。彼
らは殺すと脅迫こそしませんでしたが、その意図は伝わりました。1997
年のCSETI議会説明会で話したように、この話題はまるでセックスと同
じだと感じ始めていました。誰もが知っているけれど、男女同席では誰
も口にしません。私は自分の身が保護されうる議会公聴会が開催されれ
ば、さらに話す用意ができています。必要で適切な時期に公表して、何
かの役に立つことを私は望んでいるのです。証言する人々を排除したり、
傷つけたり、身柄を拘束したり、あるいは、私の知り合いのように脅し
て引っ越しさせるため、動き回るようなことは望んでいません。その人
は、地球上から姿を消してしまいました。

　この人物は、宇宙から帰還する宇宙飛行士たちと一緒に隔離され、彼
は状況報告に参加していました。彼によれば、宇宙飛行士の多くが月面
着陸の経験について話していました。これらの宇宙船が彼らの後を追跡
したのを目撃したのです。彼らが着陸した時、そこには3機の宇宙船が
いました。さらに、こうした宇宙船を指す隠語がサンタクロースだった
と思います。

　彼は、これについて話そうとした宇宙飛行士の何人かは脅迫されたと
言いました。そして彼らは、口外しないという誓約書に署名し、口外し
たら退職金を取り上げられることになっていたのです。その情報にショッ
クを受けた私は、いろいろと聞いて回りました。私が知っていた一部の
人たちは組織の重要な地位にいたので、私は彼らを外に連れ出しました。
昼食に出かけ私と2人きりになると、いろいろなことを話してくれたの
です。そして、もし私が彼らから聞いたと言った場合には、彼らは私が
嘘をついていると言うつもりだ、と断言しました。

　また私がよく知っているある男性で、宇宙飛行士たちと一緒に隔離さ
れていた彼によれば、アポロ11号が着陸した時複数の宇宙船が月面にい

たということです。

　この人物は地球上から姿を消しました。私はずっと彼を探しているのですが、手元にあるのは彼の名前だけです。

　　「現在の状況は、統率する者と統率される者の間における伝達可能な信頼は操作できる、と信じられていることです。その方法は、報道機関をどこにも入れないこと。戦闘への立ち入りは厳しく制限されています。戦闘が激しければ激しいほど、（情報へのアクセスも含めて）立ち入り制限も厳しくなります。これは、国家安全保障と一致する情報への最大のアクセスと規定した方針と完全に矛盾しています。かつて南アフリカでは、異議を唱える人の首に燃えるタイヤをつけた時代がありました。ある意味（現在のアメリカにおいて）その恐れは、愛国心の欠如という燃えるタイヤを首に付けられる、というものです。その恐れのため、ジャーナリストは厳しい質問をすることができません。私は謙虚な気持ちで言いますが、私自身もこの誹りを免れません」

　　　　　　　　　　　　　　—— ダン・ラザー、CBSニュース
　　　　　　　　　　　　　　　　複数のエミー賞を受賞

独占証言：

リチャード・ドーティ、空軍特別捜査局 特別捜査官

リチャード・ドーティは、空軍特別捜査局（AFOSI）の対諜報活動特別捜査官でした。8年以上、彼はニューメキシコ州にあるカートランド空軍基地、ネリス空軍基地（いわゆるエリア51）、およびその他の場所においてUFO／地球外生命体に特化した任務を課せられていました。2016年7月ニューメキシコ州アルバカーキで行われたグリア博士とリチャード・ドーティとの会合は、隠されていた情報を暴露し、状況を激変させるインタビューとなりました。その中で、ドーティはUFOに関する偽旗作戦の存在（パート4を参照）、報道機関の腐敗、有名なキャッシュ・ランドラムUFO事件で怪我をした民間人に対する米国政府の責任、およびその他多数の件について明らかにしました。

　私の名前は、リチャード・ドーティです。1978年から86年まで、カークランド空軍基地に空軍特別捜査局の特別捜査官として配属されていました。当時、対諜報活動要員だった私は、地球外生命体の米国政府の調査および彼らとの接触、地球外生命体による地球への訪問、および地球外生命体と空軍の関与に関わる、特別アクセスプログラムの説明を受けました。配属された間の主な任務（恐らく任務時間の60％）は、これに対応していました。国防情報局は、このプログラムに密接に関わっており、私たちがOSI本部に送ったすべての情報は、国防情報局およびトム・マックという人物に送られていました。トム・マックは、国防情報局でこのプロジェクトのマネージャーでした。

　1979年の夏、私はこのプロジェクトに呼ばれました。それは特別アク

セスプログラムという名前で、このプログラム用に特別な機密情報取扱許可を持たなくてはなりませんでした。このプロジェクトについて説明をしたのは、ワシントンからやってきた空軍大佐ですが名前は伏せたいと思います。その暗号名は、「ヤンキーブラック」そのプログラムのブリーフィングの名前であって、必ずしも UFO プログラムではありません。それは、アクセス計画用のセキュリティコードでした。ヤンキーホワイトとはホワイトハウスへのアクセス権限で、ヤンキーブラックはその計画に参加する、または呼ばれるために持っておくべきセキュリティコードでした。

　その説明会は、米国政府による地球外生命体との関わりの歴史から始まりました。

　彼らが私たちに説明した宇宙船、および地球外生命体は4種類。これら地球外生命体の写真の出どころの説明はありませんでした。

　1種類目のETは昆虫のようで、大きな目、非常に大きな頭、そして小さな体をしていました。腕には異なる2つの付属器官（手）、脚には複数の関節があり、体の前には泡のような付属器官が1つ、背中にコブか何かがついていました。彼らの身長は、平均的な成人並みで5〜6フィートの間くらいの高さでした。

　2種類目のETは、身長が高く細身で人間そっくりな体型で、長い腕は膝まで、または腰から足の間まで伸びていましたが、手は普通でした。顔は非常に細く、ほぼ人間と同じ見た目で髪はありません。猫のような虹彩を除けば、近づかない限り人間ではないと気づきません。

　3種類目のETはEBENのようでした［機密ファイル：ロズウェル、FBI文書を参照］が、より大きな体をしていました。後に行われた1985年の説明会で分かったのですが、その種はEBENが遺伝子操作で作った生物でした。

　宇宙船に関して、1つはシガー型で長さ約60〜70フィート、幅20〜30フィートでした。次に、円盤形の宇宙船で、とても幅が広く子供が遊ぶコマのようでした。その説明会で大佐が、この宇宙船が飛ぶ仕組みを

解明できていない、と言ったのを覚えています。彼らはその写真を撮り、観察しましたが、実際にそれを撃墜したのか否か私には分かりません。

　3つ目の宇宙船の種類は、楕円形でフォルクスワーゲン車のような大きさでした。EBENの宇宙船と似ていましたが、それよりもかなり小さいものでした。1人乗りで、たぶん観察用または偵察用だったのでしょう。

　最後の種類は、マクミンヴィルの宇宙船とまったく同じように見えました。

[写真セクションのマクミンヴィルUFOを参照]

　その映画には、これらの地球外生命体および宇宙船の写真が写っていました。写真に日付はありませんでしたが、1940年代か50年代に始まっており、説明会が進むにつれ、どんどん現代に近づいていきました。

　サンディアは地球外生命体テクノロジーに関する多くの研究開発を行っていました。EBENの宇宙船のシリンダーの分析は様々な場所で行われ、サンディアがそのシリンダーを持っていました。

[サンディア国立研究所はロッキード・マーティン社の一部門 ── SG]

　1984年レーガン大統領はサンディアを訪れ、特にこの件について説明を受けることになっていました。彼らが大統領に説明を行っていた時、私は警護特務部隊の一員として同じ部屋にいました。彼らは、航空電子工学装置の切り取り写真およびプレゼン資料をオーバーヘッド・プロジェクターに映し、大統領にこれらが何を行ったと考えられるのかを説明していました。それは複数の役割を持つ航空電子工学装置で、地球外生命体の経路誘導システムでもあったのです。

　私たち諜報グループのかつての仲間は大統領護衛官を数年務めて、CIA

に行きました。そして彼が、レーガンについて興味をそそるようなことを話してくれました。レーガンが1981年1月20日に大統領になった時、すぐに説明会を求め「私たちがUFOに関して知っているすべての説明をしてほしい」と言ったのです。

　私は自分のある業績に対する賞をもらうためワシントンに行き、そこで大統領に会いました。その受賞理由は、いまだに機密になっています。この件について大統領と話したことはありませんが、彼は何かを知っていました。なぜなら、彼は私に「君が、非常に興味深いことに取り組んでいることを知っている」と言ったのです。その後、私に大統領のカフスボタンをくれました。その時、彼がはっきりと言わなくても何を言いたいのか分かりました。私の業務が組織のトップにまで説明されていると知ることは、私にとって重要なことでした。

　この件について知っている別の政治家で面識があるのは、クレイボーン・ペルです。ロードアイランド州選出の上院議員である彼と、彼の側近は単独で、このプログラムについて説明を受けました。1987年から95年まで上院外交委員会の議長を務めました。あるパーティーで彼とこの件について、何気なく会話をしたのですが、彼は何かを知っていることを認めました。

　秘密のUFOプロジェクトに関与した他の人間で、今話すことに前向きな可能性があるのは、恐らく、ハル・プトフ、キット・グリーン、ポール・マクガヴァンおよびカール・デールがいるでしょう。

　カール・デールはDIA（国防情報局）において、UFOプロジェクトおよびUFO調査の事例査読者でした。彼は私たちの元情報高官会議に出席しており、1970年代初頭にETを追跡しバージニア／ワシントンD.C.地域で捕獲しようとした時のことを話してくれました。実際の出来事の内容は、とても興味をそそるものでした。それについてあることを、元CIA長官のリチャード・ヘルムズがずっと教えてくれました。彼は、実際とても鋭い男です。これがインターネットに出てから随分経ちます。彼とはいつも仲が良く、理由は分からないのですが私のことを可愛がってく

れました。私の父も彼と長年の知りあいで、リチャード・ヘルムズは立派な人でした。彼は数年前に亡くなってしまったのですが、彼には多くのことを教わりました。彼は、このUFOの問題に関わっていたのです。彼はいろいろなことを知っていて彼が目撃および体験したことは、身の毛がよだつようなものでした。

ドイツに駐在していた時、私はドイツ人と関わっていました。BND［Bundesnachrichtendienst］は、CIAと同等の意味のドイツ語です。核兵器格納庫区域の周辺である事件が起こりました。何者かが区域に入り、フェンスを切断し中に入ったのですが、兵器格納庫には侵入しませんでした。

バージニア州フォートベルボアおよびバージニア州マクレーンにあるCIAのオフサイト・ロケーションと呼ばれる海軍天文台の地下に、情報および地球外生命体の人工物の保管場所があります。

そして、ロスアラモスです。1980年代の初期にそこへ行きました。目的はUFOとは関係なく、私が行っていた別の調査のために案内した警備員が、この区域を指差して「あそこがUFOに関連するすべてのものが保管されてある場所です」と言いました。

ネバダ核実験場を含む数々の施設におけるセキュリティおよび運営を担当していたのが、ベクテル社。その会社の最高セキュリティ責任者の1人は、私とカークランド基地で働いた元同僚でした。ベクテル社は、現在はネバダ国家安全保障施設と名称が変更されているネバダ核実験場で行われた、異星人のテクノロジーおよび逆行分析に関する多くの実験に関わっていました。

1980年代の初期に対諜報プロジェクトに呼ばれました。ピラミッド作戦、そんな名前だったと思います。サンディア研究所は、タイムトラベル（過去や未来に行くことができるかどうか）を研究するプロジェクト資金をもっていました。そして彼らは複数の施設を建設し、様々な実験を行っていたのです。タイムトラベルを実行するため、地下施設で巨大

な磁石を使い、レーザーなどを磁石の間を通して発射し、空間の構造を開こうとしていました。ただ、私にはその結果や、彼がタイムトラベルの実現可能性を解明したのかどうかも分かりません。

　彼らはテレポーテーション（瞬間移動）、非線形的に空間を移動する実験も行っていました。彼らは、ある物体をテーブルの端から端まで瞬間移動させました。たぶん、それ以上のことをしたかもしれませんが、私は気づきませんでした。

　私は、グルーム湖の上空である航空機が時速1,400マイルで飛行、停止、角度を変え、さらに真上に飛び上がり、停止、そして降下といった従来型の航空機ではできないような芸当をするのを実際に目撃したことがあります。大きな航空機で、彼らがテストを行っていた楕円形の異星人の宇宙船の1つでした。目撃したのは1987年。常識で考えれば、あれは従来型の航空機ではなく、反重力か何かの装置を搭載したものじゃないとあり得ないことは分かります。そうでなければ、パイロットが死んでしまうからです。その時隣にはF-106戦闘機を操縦してきたパイロットがいて、彼は私に「あの飛行にパイロットが耐えられるわけがありません。加速するときはいいが、停止した時に重力加速度で体がバラバラになってしまいます」と言いました。

キャッシュ―ランドラム ARV 事件

　1980年に起こったキャッシュ―ランドラム事件に関わった4人の空軍パイロットに会ったことがあります。私たちが逆行分析で製造した地球外生命体の宇宙船が関与していました。私は、それを事実として知っています。

［キャッシュ―ランドラムUFO事件 ── SG］

　1980年12月29日午後9時頃、ベティ・キャッシュ（51歳）、ヴィッキー・ランドラム（57歳）およびコルビー・ランドラム（ヴィッキーの7歳の孫息子）は、うっそうとした森の中を通る隔絶された2車線道路をテキサス州デイトンの家に向かって走っていました。彼ら目撃者の報告によれば、木の上に明るい光を発見し、最初それはヒューストン国際空港に向かって進入態勢に入った飛行機だと思っていました。近づくと、その光は木の上に浮遊している巨大なダイヤモンド形の物体から出ているのだと気づいたのです。その物体の底部から炎が噴出し、かなりの熱が放出されていました。

　キャッシュとランドラムは、その物体を確かめるため車から出ました。コルビーは怯えていたので、ランドラムは車に戻りましたが、キャッシュは車の外に残りました。目撃者の彼らは後に、その物体は垂直なダイヤモンド形で、上下とも平らな給水塔のような大きさだと説明しています。複数の小さな青い光が中央を輪のように囲んでいました。炎は底部から定期的に放射され、外側に広がり、巨大な円すいのように見えました。火が消えるたびに、そのUFOは道路に向かって数フィート下がり、炎が再び噴出されると機体は上昇しました。

　彼らは、その熱が強すぎるあまり、車の金属部分が熱くなり触れることができなかったと言いました。キャッシュは、ようやく車に戻るとき火傷しないように自分のコートで手を保護しなくてはならかったと報告しています。車のダッシュボードに触れると、ヴィッキー・ランドラムの手が柔らかくなったビニールに沈み込み、手の跡が残りました。それは数週間後にも、はっきりと分かるほどでした。複数の調査員が、この手形を目撃者の説明の証拠として引証していました。

　その物体は木の上を上昇し、そこでタンデムローター搭載のCH-47チヌーク軍事ヘリコプター23機に囲まれていました。

　3人の目撃者全員が放射線障害による症状にかかっており、キャッシュ

は長期間の入院を繰り返しました。最終的に、キャッシュおよびランド テムはバーグストーム空軍基地の法務官申立事務所に苦情申し立てを行い ました。米国の地方裁判所裁判官は、被告は当該ヘリコプターの米国政府 との関連を証明しておらず、軍関係者は合衆国軍による巨大なダイヤモン ド型の航空機を保有していないと証言している、として訴えを棄却したの です。

　この逆行分析で製造されたものは巨大な航空機の1つで、円盤型ではな く巨大で楕円の形をしたものです。乗組員は4人、パイロットが2人、機 器を扱うシステム担当者が1人、そして航法士が1人でした。彼らは、実 際の飛行の前に9か月間の訓練を行い、その後さらに4～5か月間、ネバ ダ周辺で飛行訓練を受けたのですが、そこは問題ありませんでした。

　問題は、人間のパイロットが操縦するのに必要な形で操作できなかった のです。その航空機に搭載したのは、ETの推進システム（ゼロポイン ト・エネルギー）ではなく、核推進システムでした。

　そのARV（地球製の宇宙船／地球で複製されたETの宇宙船）はネバ ダから問題なく離陸して完璧に飛行し、テキサス州にある空軍基地に向 かっていました。ビッグスプリングスにあるウェブ空軍基地だったと思い ます。そのパイロットによれば、高空で飛行していて速度を落とすまでは まったく問題はありませんでした。そして、ひどい事態が起こったので す。システムは機能不全に陥り、稼働するはずの推進機のようなものが機 能せず、さらにフィルターも故障して、めちゃくちゃでした。動力を落と すと、すべてがおかしくなってしまい、もう少しで墜落するところだった のです。そして、彼らは救出用のヘリコプターを要請しました。

　その航空機は、目撃者に放射能を噴出しました。パイロットは、ようや く体勢を立て直し別の場所に着陸させた後、ネバダに向けて飛行しまし た。

　どのパイロットも放射能の影響は受けませんでしたが、ひどく影響を

受けたのは地上にいた可哀想な民間人たちだけだったのです。

ベネウィッツ事件

　サンディア国立研究所、彼らは独自の警備組織を持っています。警備員の１人が午前２時すぎ深夜勤務で車を運転していると、ETの宇宙船が掩体壕<ruby>掩体壕<rt>えんたいごう</rt></ruby>に着陸したのを目撃しました。着陸し、地上にいる間、車のすべての電子系統エンジン、携帯ラジオおよび車のラジオが止まり、離陸するとすべてが動き始めたのです。

　実際に何が着陸したのか調査するため、私は呼ばれました。レーダーにも映っておらず、私が最初に行ったのは連邦航空局への確認でした。私たちは当時、その基地の中および周辺で発生するすべての無線周波数をスキャンする極秘の装置を持っていました。それをスキャンした印刷物を入手した私は、この特定の時間帯におかしな周波数が検知されたかどうか尋ねました。しかし収穫はありませんでした。私は、別途マンザノ内の保安兵にインタビューを行いましたが、彼らもまったく同じ話を繰り返したのです。

　その直後、マンザノを警備している第1608空軍警備隊の指揮官アーニー・エドワーズ少佐が私のところにやってきて「ポール・ベネウィッツという男から電話がかかってきました。彼は、フォーヒルズにある基地のすぐ外（基地の防御線の反対側の住宅地域）に住んでいて、マンザノから奇妙光がみえると言っています」と言いました。［関連文書は付録12を参照］

　ポール・ベネウィッツは個人で事業「サンダー科学研究所」をしており、場所はカートランド基地の正門のすぐ外にあることが分かりました。潜水艦用の湿度センサーを製造しているため、政府の請負業者許可証および立ち入り権限を持っていました。

私は彼を訪れました。彼の家は文字通り基地の防御線から数フィートの距離にあり、裏庭はフェンスの目の前まで来ていました。彼は物理学者で、基地に面したパティオと２階にある寝室のパティオには高性能の機器が置いてありました。彼が何を見たのか尋ねると、UFOに関するあらゆる種類の話をし始めたのです。私たちだけでなく、NSA（国家安全保障局）も彼を調査することにしました。なぜなら、その基地で進行中のある国家安全保障局のプロジェクトについて知っているようだったからです。知られるべきものではないはずなのに、彼は気づいたのです、非常に頭の切れる男でした。

　ある夜、ジェリー・ミラー（カートランド基地の情報参謀に関する科学者）、スティーブ・アツァ（もう１人のエージェント）と私の３人は、ポール・ベネウィッツ宅での夕食に招かれました。コーヒーを飲んでいると、私は部屋の隅に突然オーブが現れるのを見たのです。そのオーブが部屋の中を飛び回り始めると、ジェリーに肘で合図をしました。ポールはオーブを見て「ああ、そこにいますね」と当たり前のことのように言いました。

　最初ジェリーはポールが小さな火花のようにピカピカしたものが周りについた光球を作ったのだと思い、ポールの許可を得てジェリーは周囲を確認しましたが、ポールがそれを作った方法は分かりませんでした。ポールは「あれらは異星人で、あれは偵察機。ああやって私を監視しているのです」と言いました。

［CSETIにも、これまで似たようなオーブ目撃体験が多く寄せられています──SG］

　数週間後、私たちだけでポールの家にいました。ポールが鍵を渡していたので不法侵入ではありません。中に入ると、小さなオーブが壁を焼いて穴を開け隣の部屋に入っていくのを目撃しました。その数週間後に戻ってみると、焼けた穴はまだそこに残っていたのです。

　ポールは実際に地球外生命体の写真を撮っていました。何枚かは覚え

ていないのですが、まとまった数の写真がありました。キヤノン35mm
カメラを持っており、私は彼に「UFOの写真を撮ったら、自分で現像せ
ずに私たちに任せてください」と言いました。

　ある日、彼が電話をかけてきて、基地の上空で撮ったUFOの写真が
フィルム1本あると言いました。そこで私は、彼の家に出向き受け取っ
たフィルムを、私たちの警備がしっかりした暗室に持っていき、現像技
師に渡しました。1時間後、暗室から写真を手にして出てきた彼は「こ
れらは一体、何なのだ？」と言ったのです。

　アルバカーキ国際空港は、滑走路をカートランド空軍基地と共有して
おり、その写真には着陸中の飛行機の上を飛んでいる楕円形の航空機が
写っていました。つまり、これらの旅客機は、ETの宇宙船がそれらの
真上を飛び、そして離れていく間に、滑走路に入ってきたのです。

　その画像を拡大してみると、その宇宙船は形がはっきりして継ぎ目は
なくコロナ探査機と同じくらいの大きさでした。機体の下（おそらくエ
ネルギー装置）から青い煙のようなものがたなびいていました。この写
真を本部に送ったのですが、それがどうなったのかは分かりません。ポー
ルとは仲良くなりましたが、彼は最終的には頭がおかしくなり、数年後
に亡くなりました。

＊　　　　　＊　　　　　＊

　あるとき、アルバカーキ北部の山岳部にあるプラシタスに住んでいる
男から、基地に動画が送られてきました。彼は空軍を退役した人物で、
確か元パイロットでした。シカが裏庭にやってくるような人里離れた所
に住んでおり、その裏庭にビデオカメラを設置していました。彼は、野
生動物を撮るアマチュアの写真家だったのです。

　ある夜、音を聞いた彼が外に出ると、裏庭の真上に宇宙船が浮いてい
たのです。時間にして28秒くらいで、宇宙船は飛び去っていきました。
私たちは、その動画とカメラをボーリング空軍基地にある空軍特別捜査

局（AFOSI）本部に持ち帰り、そして彼らがNSAに送りました。

　彼らは、その男にカメラの代金を補償する小切手を送り、動画を機密扱いにして返却はしませんでした。数年後、私は退役してから結束の固い元および退役将校の団体に入りました。毎年、懇親会のために集まっていました。そこにいる一部は元DIA出身の人間で、かなりの人間が元CIAでした。CIAは現地調査をできないので、彼らはそれをしませんでした。しかし彼らは、私たちが提供する多くの情報をあてにしており、手にした情報の分析研究を行っていたのです。FBIも当然、そこに関与していました。

　私が関与した中で最も説得力のあるのは、いまだに公開されていませんが、ユタで起こった事件です。

　何年も前、ダグウェイ実験場のすぐ外にあるリモート・トレーラーハウスに住んでいる男がいました。軍のカメラマンだった彼は、除隊後にダグウェイ実験場にカメラマンとして働いていました。独身で身寄りのない彼は、幅14フィート長さ80フィートのシングル・トレーラーハウスに住んでおり、その周りに小屋などを建てていました。

　1984年後半から85年の初めにヒル空軍基地の特別捜査局（OSI）が、私に電話をかけてきて「ダグウェイのそばの辺ぴな地域に住んでいる男がUFOの写真を送ってきたのですが、うちには、この男と知的に話せる9Qがいません」と言いました［9Qとは、UFO調査員に対するOSIが使う名称です］

　そこで私が、この男を訪ねました。彼は常識のある男でしたが、教養はなく、中学2年か3年で学校をやめていました。とはいえ、カメラや写真のことで彼の知らないことはありませんでした。

　何年もの間、彼はダグウェイ実験場の外で様々なものを写真に収めてきました。これらの写真と生物の写真を収めたアルバムを見せてくれたので、どこで写したのか聞くと「彼らは、そこに着陸するんです」と彼は答えました。

271

彼によれば、彼らはだいぶ前に去ってしまったのですが、何年かは戻ってきて着陸していました。

　彼らのやってきたのは1968年の秋。仕事から帰宅し、ご飯を作っていると、突然何かの音が聞こえてきて、飼っていた猫は狂ったように走り回っています。外に出てみると、宇宙船が裏庭にちょうど着陸するのを目にしました。家に戻ってカメラを手にして、その写真を取りました。宇宙船からETが出てくると、それも写真に収めました。

　写真に写った彼らはEBENでした。彼は私に「彼らは言葉を話しませんでしたが、私の頭の中に［テレパシーで］話しかけてきたのです。私は彼らの言いたいことを理解できましたが、彼らは私のことを理解しづらかったようでした」

　彼らとの接触は60年代後半から、彼らが私に地球を去ると言った1975年から76年まで続きました。その時彼らは私に贈り物をくれたのです。星の形をしたものや、銅像みたいなもので、何かを型どった小さなものでした。

　最初、私はこれはでっち上げだと思いました。正直言って、彼の家に着いた時「あり得ない」と思い、ヒル基地にいるOSIの職員に「これはでっち上げですよね？これらの動画は小道具ですか？」と言いました。

　この男性（ジェームズ・ソダウスキ、あるいはサドースキという名前だったと思います）に、なぜ今、私たちに連絡してきたのか尋ねました。彼は私に、彼自身の死期が近いので写真や動画を処分する必要があり、それなら空軍に渡した方が良さそうだと思ったのだ、と教えてくれたのです。

　こうして私が本部に連絡すると、気づいた時には彼の写真や動画を確認するためNSAとCIAの人間が何台ものトラックにのってやってきました。私たちは、すべてのものを特別な梱包で移動させるため、引っ越し用の車を持つ会社と契約しました。これらが特別な信号を発信しているかどうか分からなかったからです。ワシントンにある本部の技術者の1人に「いいですか。これらに盗聴器がつけられているか、放射性物質

の可能性もあるのです」と言われるまで、そんなことは考えもしません
でした。

　全部で、恐らく2ダースほどの物がありました。ジェームズに贈った
時何か意味があると考えていたはずなので、明らかにEBENたちにとっ
ては大切なものでした。内側に文字が刻まれた銅製のハートや、セラミッ
ク製の神か何かの象がありました。他には、ほとんど花輪に似た物で周
りには様々なシンボルが書いてあり、その裏には外側に飛び出した付属
物が付いていてスタンドに立てる目的か、私にはまったく分かりません
でした。私がそれらを見たのは2回だけです。彼が私たちに見せた時、そ
してすべてを梱包するために彼の家に戻ってきた時。なので、それらは
CIAかDIA、あるいは別の場所にあります。彼らは、確実にそれらを分
析しています。

　さらに、日中にその宇宙船を捉えた写真もありましたが、これまで見
た中で一番はっきりと写っていました。そしてジェームズは、その宇宙
船の内部の写真も撮っていたのです。そこには、計器盤および宇宙また
は星図、航行用図を映した巨大な画面がありました。

　ジェームズは、この図を持っていました。1度目に彼の家を出る時、
彼は「そう言えば、これを見せるのを忘れていました」と言い、引き出
しからラミネート加工された線の入った紙を持ってきたのです。そして、
その紙を開き「そう、彼らはこの星から来たのです」と言ったのですが、
私たちには照会する情報がありませんでした。

　彼らが、一体何を解明したのか私には分かりません。

　後に読んだのですが、EBENはレクチル座ゼータ星から来ていたとい
うことです。これは正式な発信元から得た情報です。

「アメリカ国民は、これまで空軍が提供してきた説明よりも、さらに詳しい説明を受ける権利がある、と信じている。私たちは国民に対してUFOに関する真実性を確立し、この問題について最大限の啓発を行う義務があると考えている」

—— ジェラルド・フォード大統領

希望

証言

- A.H.（匿名）、ボーイング・エアクラフト社
- クリフォード・ストーン軍曹、米国陸軍
- ドン・フィリップス、米国空軍の軍人でロッキード・スカンクワークスおよびCIAの請負業者

スティーブン・M・グリア医学博士による解説

　2009年10月のある早朝、目覚める前にはっきりとした明晰夢（めいせきむ）を見ていました。繰り返される強烈な思考が頭の中に入ってきて、こう言うのです。

"生きられるように希望を持とう"

　この思考が繰り返されると、明確なイメージの数々が現れました。

　まず、私がいるのはアフリカ。田舎で人里離れた、明らかに貧しく生計の手段のない場所。おそらく10歳くらいの子供が、ひもじい思いをしながら、腕の中には年下で瀕死の子供を抱きかかえ、荒涼とした土地を当てもなく歩き回っています。

"生きられるように希望を持とう"

「この子供の魂の中にある希望の光」これだけが彼を生きることへ突き動かしたのを理解した時、私は涙を流しました。苦しみの中あらゆる困難をものともせず、希望という唯一の原動力が彼を支えました。そして私は自分の子供時代（時に絶望し、心細く、生き延びる術を知らず、前に進む方法を知らない）を見ました。そして、この思考が繰り返されました。

"生きられるように希望を持とう"

そして、時にこれが文字通り私の持っていたすべてだと理解しました。私の魂の隙間のどこかにある希望の光が、私を支え続けてきました。今日の今日まで。希望、大きな変化、課題、そして困難の時代に、今地球に住むすべての者たちを見ると、この1つの思考が繰り返されます。

"生きられるように希望を持とう"

そして、これが私たちの貫くべき不可欠な品格だと理解しました。希望、それは人類の約束を満たすため私たちを共に前進させるもの。私たち人類は、希望を食べてだけでは生きていけないかもしれませんが、希望がなくては間違いなく存続できません。したがって、今後やってくる地球上での試練、変化、そして生活の変革を通じて、私たちは内面に目を向け、耳を傾け、そして忘れることはできません。

"生きられるように希望を持とう"

＊　　　　＊　　　　＊

証言

A.H.は、米国政府、軍、民間にあるUFO地球外生命体担当グループの内部から重

大な情報を得てきた人物です。彼は NSA（国家安全保障局）、CIA（中央情報局）、NASA（航空宇宙局）、JPL（ジェット推進研究所）、ONI（海軍情報部）、NRO（国家偵察局）、エリア51、空軍、ノースロップ社、ボーイング社などに友人がいます。彼は地上技術者としてボーイング社で働いていました。

　私はこれまで多くの情報提供者と会ってきました。これにより導き出されたのは、UFO および ET に関する情報の公開を政府が恐れる理由は宗教的なものである、というのが私の最終的な結論です。これは、私たちの自分自身の見方を破壊するでしょう。

　例えば、火星の人面岩に関して私たちが収集し得た情報（私はそれが事実だとして知っています）は、大きな衝撃を与えるでしょう。これまで話してきた私には NASA の JPL（ジェット推進研究所）に別の情報提供者がいます。彼はまだそこで働いているので、私はそれについてあまり話せません。私が知るこの人物は、NASA でとても高い役職に就いています。彼によれば、それは紛れもない顔であることを彼らは知っていると言いました。それが、私たちではない何者かによって彫られたものであることも、彼らは知っています。撮像面積においても、彼らは火星にある人面岩は本物であり、嵐による浸食や光のいたずらによるものではないことを事実として知っています。

　彼らは、地球に紀元前4万5,000年頃にやってきた地球外生命体が、火星の人面岩を作ったことを事実として知っています。彼らはこの地球に文明を築き、私たちの惑星・地球と火星の間を往来しながら、私たちに知識を与え、彼らがつくった種族、すなわち私たちの進化を促しました。これは、一般大衆にとって衝撃的なことです。これこそが、NASA と各国政府（特に合衆国政府）がこの情報の公開を拒んでいる大きな理由だと私は考えています。なぜなら、事が事を導き、いずれ誰かが、人類は地球外の種族により作られたという結論に至ることになるからです。これはこの地球上の誰にとっても衝撃的なことでしょう。だから、それを彼らは公開することを恐れているのです。これが、この調査と異星人の

正体に関する私の最終的結論です。私は、火星にいた異星人が地球に来て、今日私たちの知る文明を築き、私たちが地球を吹き飛ばしてしまわないように監視させるため、グレイという地球外生命体を作ったのだ、と信じています。

＊　　　　　＊　　　　　＊

証言

陸軍クリフォード・ストーン軍曹は、ET の宇宙船を回収する陸軍の公式任務において自分自身の目で生存中および死亡した地球外生命体を目撃してきました。彼には、秘密作戦の基地や秘密アクセス計画等へのアクセス権が与えられていました。

　私は、地球上で作られたものではない、出どころ不明の宇宙船が置いてある様々な場所に行ったことがあり、そこにいる間に、地球で生まれたものではない存在の遺体および生存者を見たことがある、と言明する用意があります。私は、私たちがそれらの存在と彼らの言う「やり取り」を行ったこと、そして彼らがある考えを教え込む学校を持っている、と言明する覚悟があります。私は、その学校に１度も行ったことはありません。常に拒否していたからです。

　私は、1990年に軍を辞める時、除隊を考え直させるため２か月間拘束されたこと、そして私の1989年12月１日付の除隊命令を彼らは取り消したこと、を言明する用意はできています。繰り返しますが、彼らは規則を犯して、既に承認されていた退役を保留し２か月間拘束したのです。それは私を説得し残留させるためでした。

　私たちは、どこかの外国ではなく、他の太陽系に起源を持つ異星人と接触を持っています。私はずっとそれに関与し、担当し、またそれを経験してきました。そして私は、私たちが行っていることの一部が実に、実に、実に、実に恐ろしいものであることを知っています。彼ら（異星人）は私たちに敵意を持っていません。この場合、私たちが彼らの敵だと考

える十分な理由があります。私たちは他の国々が何かをしないかと心配しています。私は自分が時間と闘っており、人類は宇宙の軍事化に向かっていると人々を確信させる時間は限られている、という結論に至りました。宇宙の軍事化が達成されたら、私たちにはまったく新しい技術への道が開かれるでしょう。

　私たちはこの技術の獲得を望んでいます。この技術を私たちの技術の一部にすることを望んでいます。宇宙の軍事化の結果、私たちは新しい技術を手に入れ、星間旅行に導くその新技術を発展させるでしょう。私たちが精神的にも成長しない限り、その結果がそのまま彼らの脅威になっていくのです。

　しかし、私たちが精神的に成長しないなら、異星人たちが最終的に私たちに自分たちの存在を知らしめる状況を招くことになると感じています。彼らは姿を現すことになるでしょう。地球にそれを阻止する力はありません。ETたちは、私たちが宇宙の脅威として進出するのを阻止するため、自分たちの存在を知らしめてきます。万が一そうなれば、彼らが何も知らない世界中の人たちの前に現れ、深刻な問題を生み出す可能性があります。

　情報機関コミュニティーがUFO情報を機密化した時、彼らには立派な意図があったと私は信じています。そして、彼らはいくつかの極めて深刻で難しい質問をしたはずです。私たちはもはや宇宙で孤独ではない、この惑星を知的生命体が訪問している、このことを世界中の人々が知ったらどんな影響が出るのでしょうか？その意図は立派なものだったと思います。国家の情報機関として、その技術を軍事応用のために獲得しようとするのは当然です。こうして、機密度を高く分類することで、その知識の一部をできるだけ秘密にしておこうとします。例えば、特別アクセス計画のように、この情報を少数の一部の人間に限定するのです。しかし、この情報を機密にしておくことに立派な意図があったのにせよ、それが「今」人々を苦しめています。

　単にUFOを目撃しただけの人々を頭がおかしいように見せる権利は、

どの政府にもありません。特定の人々の心理状態が精神の抑うつ状態に至り、最終的には（本当に多くの場合）自殺または自己破滅に至ることを知っていながら、政府にそんなことをする権利はありません。このようなことが起きている場合、私たちには自らの考えと立場を考え直す義務があります。私たちには秘密の壁を打ち破り、真実を明らかにする責任があると思います。その真実の公表の仕方に、私たちは責任を持たなければなりません。そして正直でなくてはなりません。

　これは米国だけに限ったことではなく、全世界が知らされるべき真実なのです。その真実とは、人類は孤独ではない、私たちは他の惑星、他の太陽系の存在から訪問を受けているということです。どれほどの遺体が回収されてきたでしょうか？それは分かりません。私たちが墜落現場に行く前にETたちが来て彼らの回収を行い、私たちはわずかな破片しか入手できなかった墜落事件がどれくらいあったでしょうか？それは分かりませんが、実際にあったことは確かです。彼らに問題が発生すると、私たちが救難信号を発するように、彼らも救難信号を発信します。多くの人はそれについて考えることはありません。それはこれまで質問されたことのないものです。しかし繰り返しますが、私たちは彼らを、そこにある動物のぬいぐるみのような、何か得体のしれないものと考えています。しかし彼らは、あなたや私と同じように命を持つ、呼吸する生き物です。彼らは考え、愛する者がいて、好き嫌いがあり、社会的文化を持っているのです。

　それが事実だと人々に理解させるのは、とても重要です。ここで、私は人的要素をUFOに当てはめて考えてみましょう。私が人的要素と言ったのは、彼らが実在する者たちだということです。彼らを存在（entities）あるいは生き物（creatures）と呼んでも良いでしょう。しかし、私たちは時々どちらがより本当の人間らしいか、彼らか、私たちでしょうか？と思うことがあります。これらは本当に明らかにされる必要がある事柄です。つまり、彼らはあなたや私のような存在だという事実。私たちは、相違ではなく類似性を探し求め、大いなる理解に到達する必要があるの

です。なぜなら、いずれ遠くない将来、私たちは新しい扉を開く決定的なコンタクトをすることになるからです。

　そしてこれは怖い話ではありません。あなたは、ETたちが神の概念を持っていることが分かるでしょう。あなたは彼らには家族がいて、彼らには文化があり、彼らには好き嫌いがあることが分かります。あなたは私たちの間にある、違いではなく、似たものを探してください。それが、あなたが真実への道を歩み始める方法なのです。私たちが現在抱える問題は、話すべきものとして驚嘆し、感嘆する対象として目を向けるものです。

＊　　　　＊　　　　＊

証言

ドン・フィリップスは、米国空軍に属する軍人でロッキード・スカンクワークスやCIAの請負業者で、ケリー・ジョンソンとロッキード・スカンクワークスにて、U-2およびSR-71ブラックバードの設計と製造を担当。ある大きなUFO事件が発生している間、彼は空軍に属しラスベガス空軍基地で勤務していました。

　これらのETに敵意はあるのでしょうか？彼らに敵意があったのであれば、彼らの兵器でとうの昔に我々を滅ぼしていたか、何らかの被害を与えることができたはずです。いくつかの技術が地球外生命体の宇宙船に由来することを私は知っています。そして、彼らが墜落したのは、私たちのレーダーおよびある装置によって、彼らの誘導装置が干渉を受けたことが原因です。

　政府がUFO技術を使っていると私がさらに確信に至った話があります。民間会社ライト・シティー・テクノロジーズ社で働いていた私たちの請負契約の科学者の1人が、これらの技術を扱う業務についていました。彼は幾つかの技術に取り組む一方で、米国政府の有名な情報機関にも属していたのです。

私が軍や政府のレベル以外で話をした相手はグリア博士です。その理由は、彼がそれに専門性のあるアプローチを取っているからです。それは私たちが軍でとっていた方法と一致しています。

パート1　要約

証拠および証言は下記を裏付けています。

- 私たちは実際に、高度な地球外生命体文明による訪問を受けており、それがしばらく続いています。
- UFO/ET は、米国およびその他の国における、最も機密度が高く区画化された非認可特別アクセス計画を象徴しています。
- これらのプロジェクトは、1961年アイゼンハワー大統領が警告したように、米国、英国およびその他の場所における、法的な監視と支配から逃れてきました。
- いくつかの諜報機関が地球外輸送船／宇宙船（ETV）と呼ぶ地球外から来た高度な宇宙船は、少なくとも1940年代、早ければ1930年代から、撃墜され、回収され、そして研究されてきました。
- エネルギー生成および推進力の飛躍的進歩は、これらの物体を研究（およびニコラ・テスラの時代までにさかのぼる人間による関連分野の革新）結果から生まれてきました。そして、これらのテクノロジーは化石燃料の燃焼または放射線の電離作用を必要としない、新しい物理特性を活用して膨大な量のエネルギーを生成しています。
- 機密にされた超極秘プロジェクトには、完全に稼働可能な反重力推進装置および新しいエネルギーシステムがあり、機密が解除され平和的に活用されると、欠乏、貧困、および環境へ影響を及ぼすことなく、新しい人間文明に力を与えます。

人類および環境に与える影響

現在使われているすべての形態のエネルギー生成および輸送システム

を完全に、そして永久的に取って代わることのできる機密化されたエネルギー生成および反重力推進システムを私たちは実際に持っている、と議会の公聴会で証明できる内部関係者および科学者たちが、私たちのところにいます。これらの装置は、周囲の電磁気および、いわゆるゼロポイント・エネルギーにアクセスし、汚染物質を出さずに膨大なエネルギーを生成します。基本的にこういったシステムは、絶えず存在する量子真空エネルギー（すべてのエネルギーおよび物質が流れているベースライン・エネルギー）を活用することで、エネルギーを生成します。すべての物質およびエネルギーはベースライン・エネルギー状態で支えられており、それは独特の電磁回路および設定を通して利用し、私たちの周りにある時空から膨大な量のエネルギーを生成することができます。これらの装置は永久運動機関ではなく、熱力学の法則を破っているのではありません。それらは、私たちの周りにあるエネルギー場を単に利用してエネルギーを生成しているのです。

　つまり、そのシステムは燃料を燃やしたり、原子を分裂または溶解させる必要はありません。その装置は、中央発電所、送電線、および関連する数十億ドルのインフラから、インド、中国、アフリカ、およびラテン・アメリカの遠隔地に電力を流し供給することを必要としません。これらのシステムは、現場に特化したものなので、どこにでも設置することが可能で、必要なエネルギーを生成することができるのです。これは本質的に、私たちの世界が抱える環境問題の大部分に対する最終的な解決方法となります。

　このような発見による環境面の利点は、どれだけ誇張してもしすぎることはありませんが、その利点の一部には以下のようなものがあります。

- エネルギー生成のもとである石油、石炭、ガスからの脱却、したがって、輸送およびこれらの燃料の使用に関連する大気および水質汚濁

からの脱却。石油流出、地球温暖化、大気汚染による疾病、および
酸性雨は解消可能であり、解消しなくてはなりません。

- 天然資源の枯渇、および化石燃料をめぐる争いから生じる地政学的
緊張は終わりを迎えます。

- 大気および水域へ流れ出る製造業の排気や廃水をゼロ、またはゼロ
に近づけるテクノロジーは既に存在しますが、エネルギーを大量に
消費しすぎると考えられています（費用がかかる）。産業界が大量の
フリーエネルギーを活用できるようになれば（お金を払うのは燃料
ではなく、他の発電機よりも安い装置のみ）、この難問は劇的に変化
します。しかも、これらのシステムは公害を作り出しません。

- 現在、エネルギー依存度が高く公害を出している農業は、クリーン
で公害を出さないエネルギー源を使うように変革が可能です。

- 砂漠化の進行を防ぐことは可能で、世界の農業は脱塩工場を利用す
ることで力を与えられています。それは現在、非常に大量のエネル
ギーを消費し高価になっていますが、新しい公害を出さないエネル
ギーシステムを使うことができれば、コスト効率が高くなります。

- 空の旅、トラック輸送、および市街地の輸送機関システムは、新し
いエネルギーおよび推進テクノロジー（反重力システムにより、静
かな地表面移動を実現）に切り替わります。公害も生まれず、エネ
ルギー経費はごく少額なのでコストは大幅に削減されます。さらに、
都心部における大量輸送にこれらのシステムを使うことにより、静
かで効率の良い市内移動が可能になります。

- これらの静音装置を使うことで、ジェット機、トラック、およびそ
の他の輸送形態による騒音公害はなくなるでしょう。

- 各家庭、オフィス、および工場には必要なエネルギーを生成する装
置が設置されるので、（電気、水道、ガスなどの）公益事業は必要な
くなります。つまり、嵐による損傷および停電の影響を受ける醜い
送電線は過去の遺物になるでしょう。破裂や漏洩の発生で地球にダ
メージを与えることが少なくない地下のガス・パイプラインも、必

要なくなります。

• 発電所は廃炉となり、その場所を浄化するために必要なテクノロジーが使えるようになります。核廃棄物を中和する目的の、機密化されているテクノロジーが存在します。

　私たちは、体系的に地球および私たち自身を破壊しています。私たちには、もっとできることがありますし、そうしなくてはいけません。これらのテクノロジーは存在します。それを公にすることで、環境を救い、世界を向上させ、そして軍需産業だけなく、私たち1人ひとりの経済に数十兆ドルを加えることができるのです。

パート **2**

第五種接近遭遇 CE-5

平和のための人類主導による
地球外知的生命体との
コンタクト

「宇宙における意識の総数は、１つである」

—— エルヴィン・シュレーディンガー（1887—1961年）
オーストリアの物理学者、量子論の創始者の１人、
1933年ノーベル物理学賞を受賞

「私は、宇宙に異星人がいる、そして実際に地球を訪問していると確信している。彼らの見た目は私たちと異なるかもしれないが、彼らは私たちの知力をはるかに超えていると強く感じている」

—— バリー・ゴールドウォーター上院議員 1965年

CE 5

　様々なUFO研究において、接近遭遇は人間が未確認飛行物体を目撃する出来事と定義されています。軍のブルーブック計画の責任者に選ばれた（そして、この計画の目的は本物の目撃談を虚偽だと証明することだった、と後に認めた）J・アレン・ハイネック博士は、オハイオ州立大学の物理学教授で、接近遭遇の3つの分類を考えつきました。このおかげで彼が、スティーブン・スピルバーグ監督の映画『未知との遭遇（原題：Close Encounters of the Third Kind ／第三種接近遭遇)』のテクニカル・アドバイザーとして雇われたことは、間違いありません。

第一種接近遭遇：一見して500フィート（約150メートル）以下の距離で飛行し、知覚できるほどの角度ある伸展部や、かなりの詳細を示す未確認飛行物体の目視。

第二種接近遭遇：物理的な影響が報告されるUFO現象。この現象には、乗り物や電子機器の機能障害、動物による反応、目撃者が麻痺症状または熱、不快感などの生理的影響を受けたり、または地面に残る跡や焦げたり他の影響を受けたりした植物、あるいは化学的痕跡などの物理的な形跡がある。

第三種接近遭遇：UFOとの遭遇で、そこに動く生物が存在する。その生物とは、ヒューマノイド、ロボットやUFOの乗組員または操縦者と思われる人間のような存在が含まれる。

第四種接近遭遇：UFO現象において、目撃者は現実感の転換を経験する、とハイネックの仲間であるジャック・ヴァレが定義。

第五種接近遭遇：私（グリア博士）が定義したCE-5は、科学的研究および種族間における外交関係の要素を持つハイブリッド型の試作プロジェクトである。このUFO現象において、意識的、自発的および積極的な共同コミュニケーションを通じて、ETと平和的で双方向の接触を

始めるのは人間である。

メキシコ、モンテレイ

　1994年12月、CSETI（地球外知性研究センター）のメンバーたちと私は、メキシコのモンテレイ中心地の郊外にある山脈において、ET活動が相次いでいることを知りました。そこで、私たちは多くのUFO目撃体験を映像に収めたサンチアゴ・イトゥリア・ガルサという調査員に、連絡を取りました。サンチアゴと彼の友人でテレビの司会者ディアナ・ペラ・チャパは、1970年代から宇宙船と思われる物体やETの存在の調査に関わっており、お膳立てをしてくれました。

　私たちは、車で街の外れから山の中に入っていきました。参加したのは、私たち4人、そして運転手とその妻。CE-5プロトコルを行って間もなく、円盤型の宇宙船が現れました。今回の現象は、私たちの上の方にあるギザギザの形をした頂上に物質化した宇宙船が止まっていたのです。そこは歩いて行ける場所ではありません。数分後、コバルトブルーの電光が宇宙船から山に流れてきました。その「液体光」は植物の巻きひげのように動き、私たちの足を包んだのです。この現象が起こっている間、私たちはETの宇宙船に合図を送り、乗組員にコミュニケーションを取っていました。それを下から見ていたメキシコ人の運転手は、あまりにも驚いて叫びながらトラックに戻り、窓を閉め、ドアをロックし、その場を去ろうとしたのです。私たちにとって幸いなことに、彼の妻が彼をとどまるよう説得しました。

地球外知性研究センター

　1990年、地球外知性研究センター（CSETI）を設立しました。センターの目的は、人類と地球外生命体とで平和的なコンタクトを確立する新しいパラダイムを構築することです。

　政府により始まった平和的なコンタクトを確立する取り組みは、アイゼンハワー大統領がエドワーズ空軍基地（ミューロック）近くで地球外生命体と実際に会った1954年に終了しました。私の手元に、ある欧州の国の防衛省が送ってきた文書がありますが、その中でこの会合が実際に開かれたことを裏付ける、直接目撃した人物の言葉を引用しています。

　それ以上のコミュニケーションは、UFOおよびETに関するいかなる情報も開示したくない軍産複合体により乗っ取られた可能性が高いのです。乱暴者のように、彼らはマジェスティック12を乗っ取り、その後の大統領および議会を世界中で大きな進歩に導くことができたはずのテクノロジーから切り離したのです。

　軍産複合体が止められなかったことは、一般市民が地球外生命体と自分たちでコンタクトを始めることです。究極の情報公開は、何百万人もの市民が「開かれた」平和的なコンタクトを行い、それをソーシャルメディアに記録することです。

　1991年までに、私たちは地球外生命体が私たちとオープンかつ宇宙的な平和の枠組みの中で交流するよう促す一連のプロトコル、CE-5イニシアチブを立ち上げました。それ以降、世界中において何千もの人々が小さな集団で地球外生命体との直接コンタクトを学び、そして体験し、リアルタイムで開かれたコミュニケーションを行う市民大使の役割を担ってきました。

　コンタクトを確立している主体は、市民。

　国連ではありません。

　米国国務省、または欧州の外務省、あるいは地球上のその他の国でもありません。

そして一番大事なのは、その主体が市民であり、秘密の政府や1947年から秘密主義によって利益を得てきた軍産複合体が支配する陰謀団ではない、ということです。

　では、資金援助を受けていない市民連合が、大統領執務室ができなかった複数の地球外種族との通信経路を、どのように確立することができたのでしょうか?

　それは、意識から始まります。

　平和的な種族間のコミュニケーションの確立を成功させるためには、まずいくつかの重要な質問を行い、答える必要があります。

- どのようにして、広大な恒星間の距離を移動し、生物学的な生物の自然な寿命のうちに別の場所に到達するのでしょうか?
- どのようにして、広大な距離をリアルタイムで、自分の故郷の星と意思疎通を図るのでしょうか?

　地球外の生命体が1,000光年離れた(光年とは、光が秒速186,000マイルで、1年で移動する距離と定義)恒星系から来ている場合、地球に到着するのに1,000年かかり、自分の星に戻るにはさらに1,000年かかります。これは往復に2,000年、キリストの誕生から経過した時間とほぼ同じです。1,000光年の距離で、私たちの銀河系の中で比較的近いのが天の川で、直径10万光年と推定されています。

　では、通信を考えてみましょう。地球上で現在流行している、無線、マイクロ波、テレビ、またはその他の電磁信号を使うと、このETが地球に到着して自分の星に通信するのに1,000光年(電波のように電磁信号が進む速度、つまり光速で)、そしてETの星が答えるのに、さらに1,000光年かかります。

　また、2,000年です。

　明らかに、恒星間を移動する文明は、現在21世紀に地球で使用されている機器とは別に機能するテクノロジーを開発してきたに違いありません。

したがって、地球外生命体を起源とするUFOは、断じて地球の現在のテクノロジーを使っていない、と想定していいでしょう。そして純粋に私たちが持つ既存の科学的知識の小さな箱の中で、それらを検知し理解しようとすれば、落胆するだけです。実際、私たちはそのデータの99.9％を見逃し、その発見も私たちの限定的な視点の中の霧で隠されてしまうでしょう。

　高度な文明が次元を超えて銀河を移動し、意思疎通を図る方法を私が理解するに至った2つの重要な出来事が、子供時代に起きました。私が序章で短く説明した最初の出来事ですが、それは私がノースカロライナ州シャーロットにいた9歳の男の子の時に起きた初めてのUFO目撃体験でした。目撃した後の1週間、私は一連の明晰夢と、絶対に地球のものではない存在との夜間の邂逅を体験したのです。

　さらに知識を求めて、私はサンスクリット語を学び、古代インドの聖典ヴェーダを読みました。そして瞑想および超越について学びましたが、それは私の気質にうまく馴染みました。時間を見つけて、田舎までの長い距離を自転車で走ったり、野原に寝転がって瞑想を行いました。時には、自分の意識が肉体を離れシャーロットの別の地域、または世界の他の場所を観察しに行くこともありました。何度かの幽体離脱体験の間、私は思い切って「宇宙へ足を踏み入れた」のです。

　最初の出来事と学びは、自ら課した物理的3次元の限界の向こう側を見て、自分の内側にある無限の意識を利用することを教えてくれました。

　2つ目の出来事は、向こう側で何が私たちを待っているのか、チラッと見せてくれました。

　17歳の時、私は左太ももに重度の怪我を負いました。脚にひどい炎症が起こり体中に広がったのです。私は感染症を起こし、血流に影響が出て発熱しました。自分の状況の深刻さを完全に理解しないまま、私は死に向かって状態は急降下していました。これがきっかけで私は臨死体験をして突然、肉体から離脱した自分に気づきました。

　私の意識は、宇宙の深奥（既に居心地の良さを感じた場所）に運ばれ

ていきました。そして今「宇宙意識」と理解しているものを体験しました。そこでは私個人の人格は薄れ、制限のない純粋な無限の意識に統合していきました。そこには2元性はありませんでした。これは永遠に感じられるほど続きました。この状態には時間の感覚はありません。私にはすべての創造、宇宙の広大さを見ることができ、それは言葉には言い表せない美しさでした。私たちの持つ制限された3次元の視点から見ると、私は死んでしまったのですが、何も怖くないのです。あるのは無限の気づき、喜び、および絶え間のない完全な創造の知覚のみ。

　最終的に、2つのまばゆい光が星から近づいてきました。それらは輝いた光の点で純粋で意識を持ったエネルギーのように見えました。その光が近くにくると、私はそれらとワンネスの状態に入りました。それは信じられないほどの美しい体験で、存在するコミュニケーションは非言語のみ。「リンゴ」という言葉を言わずに、リンゴの実際のイメージが受け取れるのを想像してみてください。その意識のイメージの中に、リンゴの純粋な概念の形、本質が存在するのです。このような形で、情報が私に送信されてきました。私は、これこそが、ET文明が遠距離を瞬時に超えて意思疎通を行う方法だと信じています。しかし、これは非常に高度な電子工学でも円滑に進められるのです。

　この臨死体験は、私の人生を変えただけでなく、その後にやってくる課題の準備にもなりました。［パート3：ディスクロージャーへの道、を参照］。私は、死は恐れるものではないことを学びました。実際には死は存在せず、次元を超えて、ある状態から別の状態……地球外生命体の訪問者、および私たち1人ひとりにアクセスできる状態へ転換するだけなのです。

＊　　　　＊　　　　＊

　現在、他の星から地球を訪れているこの存在は、肉体的に、そして深い意味で人間とは異なることは間違いないですが、意識を持った知性の

ある存在です。宇宙のすべての意識を持つ存在たちは、意識を持つ知性、多様な生命体の間における持続可能な関係のベースになり得る最も高い共通項で繋がっているのです。私たち人類は、意識があり覚醒しています。その他の高度な生命体も意識があり覚醒しています。私たちは、他に共通項はないかもしれませんが、この普遍的に変わらないものは、人類であれ地球外生命体であれ、知性があり意識を持つすべての存在たちが共有しています。

　ですから、意識、または宇宙意識を持った知性は、惑星間における調和の基盤の要なのです。

１つの宇宙 ── １つの人類

　１つの創造を示す存在があるように、地球あるいは他の場所であれ、意識を持つすべての存在の源である存在があります。偉大な宇宙の知性は、意識を持つ存在のすべてを通して、この意識の一筋の光を送ってきました。そして、私たちはこの無限の意識、およびお互いと、繊細で広がる効果を通して、１つになります。これが、人間の現実および他の地球外の者たちの現実は１つである、と私が言う理由です。差異という視点で見れば、私たちは多様で関係はありませんが、一体性の観点から、私たちは似ていないというよりも、似ているし、縁もゆかりもないというより、親類と言えます。したがって、私たちは仲間の人類との一体性だけでなく、宇宙にいる他の知的生命体との一体性も見出すため、自らの内側の現実に目を向けなくてはなりません。束の間の違いは私たちを混乱させるかもしれませんが、意識における本質的な一体性は私たちを裏切ることはありません。１つの人類が住む１つの宇宙があります。だから、私たちは彼らでもあるのです。

星間旅行：既存の枠組みから抜け出す

　何回 UFO を目撃してきましたか、と多くの人が私に質問してきました。UFO を 1 度も見たことはありません、と答えます。なぜなら、UFO というものは存在しないからです。その用語は、その物体が何かよく知っている者たちが捏造した言葉で、巧妙に「マインドを条件付け」する試みです。

　乗り物には 2 種類あって、1 つは ETV、地球外生命体の宇宙船、これは国家安全保障局（NSA）で使われている用語です。2 つ目は、ARV、地球で複製された宇宙船 / 地球製 UFO、これは人間が作った高度な反重力装置を搭載した「UFO」に見える乗り物です。

　ETV も ARV のどちらも、通常の航空力学的な意味での飛行はしません。それらは、1920 年代に遡って T・タウンゼント・ブラウン（1947 年ロズウェル事件の後）によって開発され、墜落した ETV を逆行分析したフィールド推進を使っています。それらが利用しているのは、高電圧、電磁気、および磁束現象を引き起こし、それにより物体が無重力になり浮遊し、そして実質的に質量ゼロの状態で移動を可能にするビーフェルド-ブラウン効果と呼ばれるものです。機密プロジェクトに関わる優秀な物理学者たちは、これを少なくとも 60 年間、あるいはそれ以上の間理解していたのです。そういうわけで、私たちは「UFO」を 1 度も見たことはないと、言うのです。しかしながら、私たちは地球外宇宙船およびその乗組員を目撃、そして彼らとの交流を何千と体験してきています。

　私も何機か ARV と遭遇したことがあります。ETV と ARV の両方を見たことがありますので、その 2 つを見分けられるようになることが重要です。航空機を見て、どちらだろうと思った場合、ETV は光沢があり継ぎ目がなく滑らかな機体で、一瞬にして位相シフトする能力を持っています。よく発光しており、固い 1 つの表面のように見えます。光を反射しない表面です。一方、ARV は位相シフトせず、通常その機体は光を反射し、ナットやボルトそして継ぎ目も目視できます。

どのようにして ET の宇宙船および乗組員は、広大な星間空間と時間を横断できるのでしょうか？　ゼロポイント・フィールドにアクセスし［機密ファイル：ゼロポイント・エネルギーを参照］。そして上述した高電圧、電磁現象、および磁束現象を使用することで物体が無重力になり、浮遊し、そして実質的に質量ゼロの状態で移動を可能にし、頻繁に光バリアの反対側に移動すれば、広大な空間の剛性がかなり柔軟になって大きく通り抜けることができます。

　1 度の量子の動きで、ET の宇宙船および乗組員は上述の宇宙論の微細な側面に位相シフトし、現代の科学に知られている物質的宇宙よりも非局所的な局面または次元に存在します。すなわち、消えてから瞬時にかなり離れた場所に現れるように見える、これらの物体で観測される現象は、一定の時空の物質的側面から出たり入ったりして、本質的に非局所的である場に位相シフトできる事実があるからなのです。これまで私が観察してきたことや言われてきたことに基づけば、これは強力な回転性の電磁場と重力場、文字通り 1 つの量子飛躍で宇宙船を位相シフトさせる質量慣性の間における複合体相互作用を通じて行われます。

　光が交差するポイントのこちら側に宇宙船がいる場合、それは他の資材で製造された物質と同じように見えますが、質量、慣性および重力を打ち消しているような形で飛ぶことができるのです。（私たちの元に来た目撃者たちは、UFO が時速 4,000 マイル以上で空を飛行したと思ったら、即座に停止し、90 度に曲がる（通常の条件で遂行すれば、強力な重力で全乗組員が押し潰されてしまう飛行）様子を証言しています）

　一旦、宇宙船が光／物質が交差するポイントの向こう側に位相シフトしたら、宇宙船は消えたように見えますが、実際には消えていません。その形態またはエネルギー・スペクトル（あるいは次元）にいる間は、宇宙船は光の何倍もの速度で物質的宇宙の中を浮遊または移動することができます。しかしながら、1,000 光年は瞬時に移動することはないのです。なぜなら、物質的宇宙を通じてこのアスペクトを移動するので抵抗の要素があるからです。別の言い方をすると、物質宇宙の端にくっつく物体

の構成要素があり、広大な星間距離の移動が瞬時に起こることを妨げる宇宙的な抵抗係数があるということです。

アスペクト（または次元）の間にある分岐合流点の中で動いていると、宇宙船はいずれかの間を位相シフトすることができます。実際に、その一部が両方に存在することも可能なのです。例えば、ETVはハーバード研究所の外で浮遊していながら、完全に物質的側面に現れて目撃されない。研究所の建物の中にいる人たちが外を見ない限り（もちろん、必ずしも彼らがUFO目撃を報告することは意味しません）、見つからない状態でいることができるのです。

星間コミュニケーション：既存の枠組みにとらわれずに考える

星間コミュニケーションを理解するために、精神の共通要素の方程式にある物を提示します。私は宇宙を次のように理解しています。すべての存在（原子、星、分子および人）の基礎は、非局所的であり、それは時空のあらゆる点に存在しながら時空または物質においてどの時点にも縛られない、ということです。この本質は、目覚めていて、知性があり、知っている、ということです。それは意識を持ち、精神です。それは、目覚めていることを認識しており、宇宙の分化されない純粋な知性および精神なのです。それは、草の葉1枚1枚に存在し、真空空間に浸透し、宇宙の隅々に広がります。しかし、時間、空間または物質のある一点に分割されたり、局所化されることはないのです。存在の構造は、この非局所的で、意識を持ち知性のある存在の要素は変えることはできない、そして空間、時間、物質などにおける相対性や変化によって影響を受けない、ということです。

精神の本質は分割はできず、時空のすべての点に存在する。しかし時空の側面によって縛られたり、制限されることはありません。つまり、時空における離れた地点には、この能力を通してアクセスできます。さら

に上述した能力を通じて、そしてこの基本的な意識に必須である結合力のある精神状態の本質により、個人は予知、ひらめき、直感、遠隔透視などを体験することができます。

　一旦、基本的な宇宙論が理解できると、これを受け入れることは容易いものです。意識は絶対に分離されることはなく、どこにでも存在し、時空に制限されず、逆説的に言えば、すべての原子およびすべての銀河を通じて時空のあらゆる時点に存在します。したがって、意識と物質の間の接合部分は、欠くことのできないものであり、不自然でも、難しいものでもありません。事象の発生は、この接合部分における仕組みの問題になります。

　では、最大の問題：広大な空間距離を超えた星間コミュニケーションの話に戻りましょう。

　ETの電子的コミュニケーションシステムは、精神、思考およびコンピュータ制御された遠隔測定と連動するものです。何十年もの間、市民はUFOとの精神感応的な体験として片付けられてきたことを報告してきました。そのような報告が認められると、科学者や科学界は大笑いし、それらを却下します。悲しいかな、彼らは産湯に浸かった赤子を却下してきたのです。プリンストン大学のジャーン博士（プリンストン変則工学研究所－PEAR）、ドッシー博士およびその同僚は、精神と思考は材料システム、技術系システムと連動し、影響を与えることができることを実証してきました。［乱数発生機研究を参照――PEAR研究所：www.princeton.edu/~pear/experiments.html.］

　この現象において52年の経験から明らかなことは、ETの通信プロトコルはAT&Tマイクロ波システムを使わずに星間距離の間をリアルタイムで通信していることです。彼らは、思考および意識と直接やり取りするのに十分に高度なシステムを利用し、そうすることで非局所的なエネルギースペクトルにアクセスし、線形時空を迂回しているのです。

　これらのシステムと、現在人間が実験している脳波活動およびコンピュータとの繋がり、と混同してはいけません。これらは、今でも光速

で移動するだけの電磁エネルギーを使っています。ここで言及されているETのシステムは、光が交差するポイントの反対側で作用しており、技術的に促進されていながら、思考および精神と直接連動します。このようなシステムを通すと、情報は即時に何百万光年を超えて伝達できるのです。なぜなら、精神、思考およびエネルギーの非局所的側面を活用しているからです。この通信システムには、上述した宇宙の抵抗係数のため、リアルタイムの遅滞はありません。基本的に、電磁気の下位にあり物質の下位にあるエネルギースペクトルがあります。とは言っても、これらは非常に実在的で形而下的なものです。この分野との関連で、形而上的という用語を使うのは、非常に間違っており時間に縛られたものです。500年前の人間にとっては、ホログラムまたは閃光は、形而上的または超自然的なものになるでしょう。

ここでの要点は、ここで言及されているエネルギーおよびエネルギースペクトルは、自然に発生している創造の側面です。それらはすべて私たちの周り、そして内側に存在しています。

それは「他のもの」ではありません。

それは超自然的なものでもありません。

それは形而上的なものではありません。それは単に、現代科学で十分に研究され理解されてきていなかったのです。しかし、それは星間移動能力のある高度なET文明によって、研究し理解されてきました。

ごく普通の人間がETの宇宙船を目撃し、思考だけで交流をしたという数多くの報告が何十年も前からあります。すなわち、目撃した人が「右に動くといいな」と思うと、その宇宙船が右に移動し、それが飛び去ろうとしたら「Uターンして戻ってくるといいな」と考えると、すぐに宇宙船は停止し旋回して戻ってきた、ということです。こういった報告が数例なら偶然で片付けられたかもしれません。しかし、経験上、これらの物体が相手に向けた思考で意思疎通ができる、テレメトリー能力を持っていると判断をした報告が数多くあります。

この類のETテクノロジーは一般的に、意識を使ったテクノロジー

（CAT）およびテクノロジーを使った意識（TAC）と考えられています。

CATとは、個人（または集団）意識および思考が、受信装置を支援または連動することです。

TACとは、装置が個人または集団意識や思考を増大、投影または支援することです。

例えば、私たちは、元ベル研究所／ルーセント・テクノロジーの科学者で、30年以上前に秘密の研究プロジェクトに取り組んでいる間、ある大佐にETの通信装置を渡された人を知っています。この科学者は、その装置を研究し逆行分析をするよう依頼されました。すなわち、それを分解して仕組みを解き明かすということです。

彼の話を紹介しましょう。

グレープフルーツくらいの大きさで、黒みがかった、表面がザラザラしたその装置を受け取ると、それは思考で彼の意識に直接「話しかけて」きたのです。これに彼は仰天しました。特に、装置を詳しく調べるように依頼した者たちは心の奥に悪意を持っているので、装置を破壊するように、その装置が彼の思考を通して訴えてきた時は、驚きました！

この難問をどうすべきか苦慮した後、その科学者は実験中に装置を「うっかり」加熱しすぎて壊してしまったのです（少なくとも物質的には）。しかし装置が壊れた後、彼は最後にもう1度思考を耳にしました。それは「ありがとう」でした。

この話は非常に奇妙に聞こえるのは分かっていますが、最も奇妙なものごとは真実であり、これは非常に奇妙だけれども真実である話の1つなのです。このような情報から光速で走り去り、そして古き良き電波信号に戻る方がいいのかもしれません。しかし未来はそこにあり、賢く対処しなければ、あの大佐（この装置を最初に渡してきた）のような他の人間が、未来を乗っ取り私たちが望まない場所に向かわせるでしょう。

CE-5イニシアチブ：

　私たちが行う人間とET間のコミュニケーション・イニシアチブは、高度な生命体との平和的なコンタクトと関係を確立するという、明確な意図を持って行われています。これは、数々のプロトコルを利用し、その中には明確で実用的なもの、他には実験的なものもあります。地球外知性研究センターは、空の下で文字通り数千人の人々と数千時間を費やし、類まれとしか言いようのない交流に勤しんできました。そして、視界に出たり入ったりする宇宙船やETの興味深い写真や動画を持っていますが、これまで本当に素晴らしかったことは録画または撮影することはできませんでした。実際に最高の出来事は、おそらく測定されたことはなかったでしょう。それは、言うなれば本当にいいモノは、これまで従来の現実と呼ばれるところではほぼ発生していません。多くは、光の交差するポイントの両側で発生していますが、最も興味深いモノは、これまで反対側にあったのです。

　議論の的になるプロトコルの1つには、非局所的な意識に集団でアクセスし、遠方で通過中または近くにいながら人間の視覚の可視領域を超えたところへ位相シフトしている、ETの宇宙船や存在を（意識を使い）遠隔で透視することが含まれます。

遠隔透視／リモート・ビューイング

　遠隔透視とは、感知者または遠隔透視を行う者が距離、時間または遮蔽物が原因で通常の感覚には到達できない目標を説明、または詳細を述べることができるようにする、制御可能で訓練可能な思考プロセスです。例えば、遠隔透視を行う者が、1度も行ったことのない世界の反対側の場所について述べるよう求められます。

　物理学のレベルでその仕組みの理論はありますが、広くは受け入れら

れていません。皮肉なことに、遠隔透視の手順はもともと米国軍および
情報機関から資金提供を受けた研究所で開発され、偵察目的で利用され
ました。

　一旦、ETの宇宙船または生命体に「狙いを定めて」遠隔透視を行う
と、そのプロセスは逆転し、そのETは視覚的思考の成分ベクトルを経
由してCSETI研究施設に向けられます。すなわち、ETの物体／存在は
私たちの座標および場所を「思考によって地図上で探し」アプローチす
るよう招かれるのです。

　一部の人には馬鹿げたように感じられるかもしれませんが、これによっ
てETの宇宙船が文字通り頭の上に「パッと現れる」ことが頻繁にあり
ます。光、レーザーおよび電波信号を使ってコンタクトを確認している
とはいえ、このプロトコルの核にはCAT（および頻繁にETからTAC
で反応があります）が含まれています。

交流の種類：

　前述のETテクノロジーを実証する、一般的な体験の種類を以下に紹
介します。

• 大きく形のはっきりした宇宙船（円盤型、三角型など）が突然の出
　現。パッと現れて数秒後またはコンマ数秒で消えてしまうのを複数
　の人間に目撃される。
• 様々な物体が、数分間などの長い時間にわたって出現した後、消え
　去る（視界／物理的な知覚範囲から位相シフトする）。
• 様々な色の球状の物体からなる知的調査機がやってきて、CE-5のグ
　ループに参加することもある。彼らは、知性で制御されているが自
　信を持っており、意識と知性（高度なAI──人工知能）を持ってい
　ます。通常、これらは半透明からかすかに不透明で、赤、青、緑ま

たは金色の球体で、6インチ〜1、2フィートの大きさをしている。彼らは、個人または集団に対し意識で交流し、そして消え去る。彼らはほとんどの場合、宇宙船に乗っているETの意識と思考（個性さえも）がテクノロジーにより支援され、制御された形で集団に投影されるTACを実証している。

- まるで一度にすべての方向から聞こえるような、全方向性の要素を持つ異常なビーという音、または高音。これらは、CSETIの施設から定期的に送信されるCSETIビープ音を電波に乗せて発信した後に、よく起こる。

- 機器、車両などに異常な電磁的（EM）影響の発生。1993年メキシコで800フィートある三角形の物体が、コンタクトしている集団にささやくような静かさで近づくと、カメラおよびその他の電子機器がすべて故障した例のように、ETの宇宙船が近づくと頻繁に機器が故障する。その他の兆候には、レーダー検知器およびレーザー検知器の作動、車の電子機器のライトが弱くなる、または電圧の低下、人間の肌や衣服に静電気が発生する、などが含まれる。反時計回りに磁針が動いていた私の方位磁石が、宇宙船が接近すると時計回りに動いたことが何度もあった。その方位磁石の磁北は、ほぼ南に変わってしまい（160度）、およそ3か月そのままの状態だった。

- ファスト・ウォーカー（動きの速い物体）との交流。コンタクトする集団は頻繁に、最初は衛星に見えるような、しかし方向づけられた思考および信号で交流する複数の物体を体験する。例えば、高い所を飛行する物体は、思考の司令が与えられると、停止しまたは突然方向を変更する。衛星は後ろに進むことはなく、右方向に曲がることもせず、または急降下もしないし、さらに地上にいる人間と交流している間に輝きが増大することもない。この種の出来事を、複数のCSETI研究イベント開催中に数百人の人たちが目撃している。

- 物質界面現象。ETの物体が光および物質の交差するポイントの反対側にいて「にじんで」私たちの次元に入り始めるときに、これら

の現象は発生する。コンタクトしているチームは、突然ストロボのような光が周囲に放たれる現象を頻繁に観測する。ETの宇宙船または個人の形態が、ぼんやりと現れ、チラチラ光る電子的ホログラムの中にいるように形を成す。これらの接近遭遇の間、参加者は誰かに触れられたように感じるが、かすかな光しか見えない、という体験を報告している。この種の出来事が長く続く間、異常な時空の膨張と収縮が発生する。時間は止まったように感じ、または非常に早く経つように感じ、コンタクトをしている集団の周りの空間は境界線がはっきりと見える。この種の邂逅は、一瞬のこと、または2時間以上も続いたようにも感じる。

例：1998年イングランドのアルトン・バーンズの近くにいた時、円になって集まっていた私たちCE-5グループのところに、巨大な円形の宇宙船が突然現れ数秒後には消えたのです。その物体は、私たちのグループの周りを降下しながらまばゆい光を放っており、まるで私たちは宇宙船の中にいるような感覚でした。キラキラ光る複数のETは、1人ひとりの間に間隔をあけました。その現象の間、その場の温度が少なくともカ氏10～15度上昇しました。参加者全員が、その宇宙船と生命体を目撃しました。その生命体も完全に「固形化した」物質ではなく、私たちの次元の中に一部だけ現れていました。

- 明晰夢の状態でETの宇宙船／または生命体と交流するETの技術的な現実のおかげで、彼らは高い次元の間を円滑に移動できるので、夢の中で細かいやり取りを体験するのは珍しくない。ETが人間とやり取りする最も一般的な方法は、物理的な接触の中ではなく明晰夢の中である、というのが私の意見である。物理的な接触は起こるが、星間存在たちにとってリスクが伴う。星間コミュニケーションおよび星間旅行のためETが通過するのに望ましいフィールドはアストラル領域であることが理解できれば、同じ領域が明晰夢におい

ても活性化され利用されることが理解できれば、多くの人々がこのような体験を報告する理由を理解するのは簡単である。

- 宇宙船は固形物質を通って移動ができる。私たちはこれまで、固形に見える宇宙船（日中の目撃）が激突しないで、山の中に直接入っていくのを目撃したことが複数回ある。これには、宇宙船の材料における振動数の変化が伴う。これによって、実際に山および宇宙船のどちらにも影響を与えることなく、従来の密度を持つ物質に調和、または通過することができるようになる。振動数の位相シフトのおかげで、1つの固形の物体が別の固形の物体に作用することなく通過できる。私たちが「声異物」と呼ぶほとんどのものは、まったく固形ではない。それは、ほとんどが空間である、ということを忘れないでほしい。

この現象は、何十年もの間報告されてきており、これを「幽霊のようなもの」またはポルターガイストだと片付けてきた者もいます。実際にこれは、存在が深くて微妙なレベルで作動している ET テクノロジーが表現されているもう1つの例にすぎません。これは物質の振動数を変えることができます（彼らは、同様の手段で時空の関係性も変えることができます）。秘密の軍事情報筋は、1953年以来、人類の秘密プロジェクトが物体を物質化および非物質化させ、それらを区切られた空間の中を移動させてきたという事実を証言してきました。

［スティーブン・M・グリア医学博士の本「ディスクロージャー：軍と政府の証人たちにより暴露された現代史における最大の秘密」を参照］

こうした話は枚挙にいとまがないが、上述されていることにより読者は、他とは異なる ET テクノロジーがどのように現実化されるかの感覚をつかむことができるはずです。上記から、なぜ ET 現象が ET ではないが、同じ実現要素を持つアストラル現象と混同されるのか理解しやす

いと思います。このため、資料がET、天使、幽霊およびあらゆる種類の怪現象について、混乱する話が一緒くたにされているのは不思議ではありません。当然、現代人は500年前の人間にとっては神通力があるように見えるはずです。あなたが1962年マサチューセッツ州ヤーラムの教会に、携帯電話、ホログラム、衛星テレビを持ち、そしてレンジローバーに乗って現れるところを想像してみてほしい。すぐに魔女だと言われて火あぶりにされるでしょう。

　それでも、宇宙は多くのレベルの存在を抱えていることを頭に入れておくことは重要です。アストラルおよびコーザル界にはETではない存在がいます。しかし捉えにくい領域にある物理的宇宙の側面と連動し利用するETは存在します。すべてのETが、とても高度ではない可能性があることは覚えておくべきです。何十億の銀河に何十億の星があることを考えると、ETの中には石器時代の人間と同等の者もいれば、私たちの進化レベルにある者もいて、さらに現在の私たちよりも数百年進化している者もいる可能性は高い。

　しかし、これは知っておきたい。電波および内燃エンジンよりもさらに高度なテクノロジーを持つETは存在する。彼らはここにいる、そして私たちの周りにいるかもしれません。ベールの向こう、光の交差するポイントを通ったところ、私たちの目の前に浮かぶ特別な機会に、私たち自身の心と目を開きましょう。

［ウェブサイトwww.SiriusDisclosure.comでPapersのセクションにあるスティーブン・M・グリア医学博士 著「地球外生命体と新しい宇宙論」を読むことをお勧めします］

CE-5グループに参加したい場合、www.ETContactNetwork.comにあるネットーワーキング・アプリでお近くのチームを探してください。CE-5の完全なトレーニングプログラムの入ったCSETIトレーニングアプリは、

アプリストアで入手可能です。詳細はこちら：www.SiriusDisclosure.com/ET-contact-tool

ディスクロージャーへの道

1人の町医者が
大統領へ状況説明を行う
立場になるまで

"UFO 現象は存在します。ですから、それを真剣に取り扱うべきです"

―― ミハイル・ゴルバチョフ
ソビエト連邦大統領

ファイル：スティーブン・M・グリア、医学博士

背景
・創設者：オリオン・プロジェクト
・創設者：ディスクロージャー・プロジェクト
・創設者：CSETI（Center for the Study of Extraterrestrial Intelligence：
　　　　　地球外知性研究センター）

　はっきり言って、私の目標は大統領やCIA長官に絶対に説明を行わないことでした。そして、自分の命を奪う脅迫に対処したり、ましてや自分の大切な人たちに危害が及ぶのを見るなんて、まったく思ってもみませんでした。私は、ノースカロライナ州の救急救命センターで正規の緊急医および外傷治療担当医をしており、自分の仕事が大好きでした。人間と地球に訪れる星間生命体との間で平和的なコンタクトを確立するため、瞑想を活用し、私の唯一の意図は、彼らを撃墜していた軍事組織より、人類はもっと多くのことを提供できるのだと示すことでした。[機密ファイル：ロズウェルを参照]

　パート2で述べたように、1990年に私はCSETI（地球外生命体研究センター）を創設しました。それは、政府を避け市民大使としてこれらの文明と平和的なコンタクトを行う草の根運動です。冷戦の暗い日々の間ソビエト連邦に対し社会的責任を果たすための医師団が市民大使だったのと、ほぼ同じです。

　初期のCE-5コンタクト活動で成功体験をしたのは、1992年2月に約50人のグループがフロリダ州ペンサコーラのビーチの近くに集まった時でした。参加者のうちの2人は空軍のパイロットで1人は大佐でした。ETの宇宙船4機を私たちが無線誘導したその夜、彼らが物質化した姿をフィルムに収めました。撮影はかなりの近距離だったのですが、当時

の夜間用カメラは画質があまりよくありませんでした。

　その様子はペンサコーラの新聞の一面記事になったのです。何千人という記事の読者の中に、アーリントン研究所のジョン・ピーターセンがいました。世界でも有数の未来学者と考えられているピーターセンの著書「The Road to 2015：Profiles of the Future（原題：2015年への道：その未来のプロフィール）」は、1995年にCHOICE学術書批評による最優秀学術書に選ばれ、地球外生命体に接触する人類が取り上げられたのです。

　他にもこの記事を読んだのは、軍諜報機関の元トップでMAJICカバールのメンバーだった人物です。突然、私は本格的な国家安全保障に関わる人間のアンテナに引っかかったのに気づきました。

　ペンサコーラでの接近遭遇の1か月後、私はアトランタで開催される会議に招待されました。世間知らずだった私は、それを単にUFOコンベンションだと思っていたのです。会場に到着すると、参加者の多くは軍諜報機関、NSA、DIAの責任者、多くの諜報機関のスパイを含む、MJ-12［機密ファイル：マジェスティック-12を参照］の関係者だということに気づきました。彼らは非常に挑戦的な態度で「自分が何をやっているのか分かっているのか？」と聞いてくるので、私は「記事を読んでくれれば分かります。隠すことは何もありません」と答えました。私は、政府が機能していないので、そのルートの外で地球外生命体文明とコンタクトを行うプロトコルおよびチームを作っているのだ、と伝えました。すると彼らは、お前には関係ないことなので、やめろと言ってきました。私の反応は「できるならやってみろ」でした。私たちは、ホテルの一室で朝の3時まで真っ向から議論していました。

　それから少し経ってCIAの高官が、特使をプライベートジェットでノースカロライナの私のところに派遣してきました。この男性の家族は、米国で最も権威のある大学の1つ、カリフォルニア工科大学を設立しました。彼は「グリア博士、やろうと計画していたことをやってください。あきらめないでください。誰かがやらなくてはいけないのです。現状が

手に負えないからです。さらに言えば、誰かがコンタクト・プロトコル
の陣頭指揮を取らなくてはいけなくなります。今、システムは完全に機
能していません」と言いました。それに対し、私は一介の町医者であり、
ERのシフト勤務と4人の子育ての合間に余暇として行っているにすぎ
ませんと私は伝えました。私はずっとこう考えていました。「この人は、
なぜ私にやれと言っているのか？自分たちで、やらないのだろうか？」。

　それが、秘密プロジェクトの世界の「異様な状況に突入した」最初の
出来事でした。

　数か月後、ウィリアム・ジェファーソン・クリントンが第42代アメリ
カ合衆国大統領に選出されました。そのすぐ直後に、彼の友人たちから
接触があり「これは、大統領が非常に興味を持っている問題の1つだ」
と言われました。ウェブスター・ハッブル他の問題で逮捕される前は司
法省ナンバー3の人物だった人物が自身の本の中で、クリントンは就任
した時に3つのこと。マリリン・モンロー殺人の真犯人、ジャック・ケ
ネディー殺人の犯人、そしてUFOの正体を知りたがっていた、と書き
ました。どうやら彼らは、これらの3つについて問い合わせをしたよう
ですが、出てきた回答には満足しませんでした。つまり、嘘をつかれた
ことを知っていたのです。同じ頃、軍関係者で情報公開に賛同している
人物が数人、私に接触してきました。彼らは、戦艦や核兵器が格納され
ていた戦略空軍の施設でUFO現象を体験しており、私の支援を申し出
てくれました。

　彼らの1人は、海軍の中佐で国防総省に有力なコネを持っていました。
彼がうちの玄関に現れた時、最初に頭をよぎったのは彼がスパイだとい
うことでした。後で分かったのですが、彼はまったく立派な人物で、私
が国防総省で行った数々の深い背景説明の設定をするため、できる限り
のことをやって実現させました。政府内の適切な人間に説明をするチー
ムを作り、秘密主義を終わらせるよう促す方法を話し合うため、会議を
開くことにしました。理解してほしいのは、これが起こったのは、立憲
政治は機能していると私が思っていた1992年から93年のことでした。そ

れ以降、すべてはまやかしで、市民が選出した議員から完全に独立して活動する、平行政府プロセスの存在が分かったのです。

とにかく、その会議を開きアメリカ政府の主要人物に接触して、空軍およびその他の軍事作戦からCSETIのコンタクトチームとの「衝突を回避させる」よう依頼することにしました。そうすれば、お互いに干渉することはなくなるからです。偶発的な射撃の間に入らないようにする。それがこの会議を開いた理由です。私たちがCE-5を行えば、いつでもどこでも軍のジェット機、ヘリコプターなどがコンタクト現場にやってくるようでした。現在もそれは変わりません。私の望みは、一緒にコンタクトをしている参加者の安全を確保することでした。

私の軍事顧問は、当時、統合参謀本部情報部門のトップであるクレイマー大将と会合を開きました。大将との会議の後、彼はロズウェル事件で回収されたETの遺体を送った空軍基地、ライト-パターソンの情報部門の人間と会議を開くことを決めました。1993年9月のことです。その会議を設定している間、さらに2人の有力な人物が、私に接触してきたのです。1人目は、国連事務局長の友人を介して連絡してきた、ブトロス・ブトロス・ガリ。2人目は、ローランス・ロックフェラーです。

ローランスは、ロックフェラー家の哲学王で、デイビッド・ロックフェラーはチェース・マンハッタン銀行を仕切る金融家。彼の甥、ジェイ・ロックフェラーは上院情報委員会の委員長でした。ローランスは私たちの活動が好調であると知っており、ETの宇宙船が現れたり消えたりする私たちのCE-5プロトコルに自分の仲間を送り込んできました。私はワイオミング州にあるJ.Y.牧場に招かれました。そこはクリントン家が休暇を過ごした所です。私は、1993年9月に牧場に来て、CE-5イニシアチブについて説明するよう依頼されました。

そこにはいろいろな人たちがいました。ビゲロー・エアロスペース社のロバート・ビゲロー、UFOサブカルチャー界から様々な経歴を持つ人たちには私たちの活動に好意的な人もいれば、かなり敵対的な人たちもいました。後で分かったのですが、敵対的な人たちは情報コミュニティー

で働いていました。

その週末のある時点で、他に何に取り組んでいるのか聞かれました。私は「この件で秘密主義を終わらせるため、政府に政策を変えさせるため、クリントン政権の政府高官、国防総省および議員に説明するプロジェクトを立ち上げました。なぜなら、次期大統領はこの考えに賛成していると理解しているからです」と答えました。

すると、その場が水を打ったように静まり返りました。ローランス・ロックフェラーは、私が次に何をするのか尋ねてきたので、私は「この会議の後、ライト–パターソン空軍基地に行き空軍の外国技術部について大佐に説明し、それから数か月後クリントン大統領のCIA長官に説明する予定です」と言いました。

ローランス・ロックフェラーおよび彼の客たちは衝撃を受けていました。ローランスは関わる意思はありました。しかし、裏からだけです。彼は、クリントン大統領夫妻を彼の牧場に招き、そこで私たちが収集してきた最高のUFO写真および証拠を見せようと提案してくれました。

その間に、国連事務総長の奥様は私がETおよびUFOについて講演したイベントに出席しました。この内容に驚いたブトロス・ガリ女史は、国連で会議を設定し、秘密主義を終わらせ、平和的な星間コンタクトを実現することに賛同する多くの外交官および彼女の友人たちを集め、そこで私が説明できるようにしたいと望みました。繰り返しますが、私たちの目的は、世界の指導者、大統領、大統領の顧問、議会の主要な人物に正確な情報を提供することでした。私たちは、この情報が長い間大衆から秘密にされてきた理由について完璧な表向きの理由さえ、彼らに教えました。世界の指導者たちは単に冷戦が終わるまで待っており、地球は星間文明の存在たちが訪問している、地球の科学者たちは彼らのテクノロジーの多くを実際に逆行分析してきた事実の公表を望んでいない、ということです。

1993年の秋、私はコロラド州立大学での講演に招かれました。そのイベントは宇宙飛行士のブライアン・オリアリー［推薦文を参照］、ピース・

コーの共同創設者の1人、モーリー・アルバートソンが主催していました。およそ800人を前にして、私は、情報公開の妥当性およびその方法を記載したマニフェストのすべてを説明しました。私の講演の最後に、部屋の後ろに立って私と話すのを待っている、ハゲ頭の男の姿に気づきました。彼は「グリア博士、この件でお手伝いできます。私はジョン・ピーターセンです。ワシントンで、この件について知りたがっている人たちを知っていますが、彼らからは思うような回答が得られていません」と言いました。彼らは若手議員の下っ端スタッフだと思ったのですが、彼からそれは中央情報局の長官ジェームズ・ウールジーだと聞いて驚きました。ピーターセンとウールジーは親しい友人で、ウールジーが説明を望んでいると言ったのです。

その会議は最終的に1993年12月13日に設定されました。表向きの理由は、アーリントンにあるピーターセン宅での夕食会でした。CIA長官、および彼の妻で米国科学アカデミーのCOOであるスー・ウールジー博士は、私の妻エミリーと私とで、夕食会に出席することになりました。私たちはベビーシッターを雇い、ワシントンに飛行機で向かい、この会議に出たのです。まず画像、写真および文書のポートフォリオを長官に見せたのですが、10分後にウールジーは私をさえぎりUFOが本物だと知っていると言いました。若い頃に2人はニューハンプシャー州でUFOを目撃していました。彼が知りたかったのは、なぜ誰もUFOについて彼やクリントン大統領と話そうとしないのか、ということでした。

私は最初に、ハメられた、と思いました。しかし3時間後、長官はこれらのプロジェクトについて何も知らないのだ、彼も大統領もCIAの内部にある区画化された情報を握っている者たちに完全に騙されているのだ、と確信しました。その瞬間、何十年も前にクーデターが行われた国に私たちは生きているのだと気づいたのです。ニューヨークタイムズ紙やワシントンポスト紙のどちらも絶対に記事にしない話です。なぜなら、記事にすれば史上最大のスキャンダルになるからです。

私はウールジーとの会議に、この秘密主義を終わらせるため大統領お

よび彼の関係者がやるべきことを記載した「白書」を持って行き、長官が会議に出る時に渡しました。ウールジーは私を見て「自分たちにアクセス権限のないものを、どうやって公開できるというのか？」と言いました。それは冷ややかな質問でした。私たちがこの件を推し進めたら、合衆国史上最大の憲法の危機が明らかにされたでしょう。自分たちが重要な問題について蚊帳の外に置かれていたなど、どの大統領でも認めたくありません。彼らは、活動は機密、極秘または最高機密のいずれかの分類で考える傾向があり、これらの分類の中に区画があるとはまったく気づいていないのです。非認可特別アクセス計画は、その区画の中にいる人間だけにしか知られていません。そして合衆国大統領もそれに含まれているのです。

　自分が所属している省の情報について、高級官僚でさえ知らされていない例を紹介しましょう。2001年9月10日、世界同時多発テロが起きた9月11日の前日、ドナルド・ラムズフェルド長官は国防次官の指示による最近の監査に基づき、国防総省の予算の中に2.3兆ドルの使途不明金があると発表しました。少し考えてみてください。イラク戦争でアメリカの納税者は1兆ドルを支払い、国防総省のラムズフェルド長官はその2倍の金額が無くなっているのではなく、使途不明だと言っているのです。

　私は、ノースロップ・グラマン社の監査をした監査員を知っています。ロッキード・マーチン社のように、彼らは反重力推進を搭載する特定の種類の航空機に関わる多くの最高機密の仕事をしています。仮に、それが非認可の区画として何十億ドルが投入されている場合、その監査員は「これに関して中身を知る必要はありません」と言われ、監査済みというゴム印が押されるだけです。その監査員は、その資金がどこに属するのか、どこに流れるのかまったく分かりません。その資金は正面の扉から入り、横の窓から出ていき、誰も最終的な行き先は分かりません。

　1994年2月上旬、大統領の友人が私の自宅での夕食に来ました。彼はビル・クリントンの有力な資金調達者であると教えられました。テーブ

ルで夕食をとっていると、彼は私のところを向き、妻と子供がいる前で「大統領と彼のチームは、この白書の中で推奨している内容に大いに賛同しています。しかし彼がそれを実行すると、ジャック・ケネディのようになるのではないかと懸念しています」と言うのです。

　私は笑い出しました……彼が冗談を言っていると思ったのです。彼は私をさえぎって、「いえ、グリア博士。彼らはふざけているのではありません」と言いました。私たちは2人だけで話すため書斎に移りました。そこで彼は、大統領と彼の関係者がUFO問題を推し進めると大統領がTWEP（Terminate With Extreme Prejudice＝軍事用語で暗殺、処刑の意味）の対象になると確信している、と言うのです。それを聞いていた私は、「で、私は何をすればいいのだろうか？」と思っていました。私は、シークレット・サービスの詳細を知っているわけでもありません。彼は「いいえ、彼らはあなたにやってほしいのです。ぜひ、これを取りまとめてください」と言いました。言い換えれば、クリントン大統領は彼自身がUFO/ET問題の情報公開をしようとすれば暗殺の恐れがあるが、私は犠牲にしても良い？ということなのでしょうか。

　ローランス・ロックフェラーも同じことを言いました。彼が実行するには危険すぎる、ロックフェラー家の金融部門、石油部門の人間は、彼がこの問題を追及することに既に怒っている、と言うのです。彼は、私たちの取り組みを支援し、彼の牧場でクリントンが説明資料を受け取るよう手配する意向でした。その会合は1990年代の半ばにようやく実現したのです。大統領は大いに興味を示したのですが、ヒラリーが止めさせました。あまりにも恐れていたからです。

　大統領が大統領令に絶対に署名しないと気づいたので、私は両議会にいる潜在的な協力者、軍や政府に属する目撃者に接触することを決めました。（十分な人数）数による安全が確保できると踏んだからです。彼らだけなく自分自身にとっても。1995年から98年の間に、私たちは証人として召喚可能で、宣誓の下UFOおよびその裏の秘密主義について証言してくれそうな人で、最高機密の取扱許可を持つ数十人を特定しました。

国軍に属する目撃者が国家安全保障の宣誓を破り、名乗り出て証言させるのにどのように説得したのか、と私はよく聞かれます。私の軍の仲間が、その解決方法をさずけてくれました。彼らは、UNODレターの原稿を書くよう助言してくれたのです。

　UNODとは、「Unless Otherwise Directed.／特に指示がない限り」の略語です。私たちが書いたレターには、これらのUSAP（Unacknowledged Special Access Projects／非認可特別アクセス計画）は違法に存在し運営されており、1950年代から違憲状態が続いています。私たちが知る大統領および主要な人物たちは騙されており、そして議会の監視委員会も同様に騙されてきました、と書かれています。そのレターは、私が説明を提供した英国や他国にも同様の違法プログラムがどのように存在しているのかも、言及されています。したがって、国家安全保障法および秘密保持の誓いに付随する秘密法は無効であり、UFOおよび地球外生命体の問題に付随するいかなる文書、資料または証拠の情報を持つ者は、その情報を法で罰せられることなく公表することができる、という判断である。特に指示がない限り、私たちはこのUFOについての証言およびそれに関連するすべての文書の公開を進める意向である、と書いてあります。

　自分たちを法的に守るため、このUNODレターを大統領、司法省長官、国防総省長官、CIA長官、FBI長官、NSA長官、基本的に略語のつく情報機関すべてに送付し、しかも受信を証明する配達証明書付きで送りました。憲法弁護士であり、シルクウッド事件を担当し、ペンタゴンペーパー事件でニューヨークタイムズ紙の代理人を務めたダニー・シーハンは、基本的に憲法とは何かを私が理解する手助けを無償で行ってくれました。このレターは、民間および公的部門、情報機関または軍に属するすべての男性および女性、これらのプロジェクトに関わった者は誰でも、情報公開に関連する法的罰則から免除してくれます。ディスクロージャー・プロジェクトのために、名乗り出て証言するすべての目撃者および内部告発者を法的に保護するのに、私たちはこのレターを利用しま

した。今日まで、これらの最高機密の証言者はいずれも起訴されたり、嫌がらせを受けたり、怪我を負ったことはありません。私たちは、彼らのような何千人もの人たちが名乗り出てくることを呼びかけています。

CSETI：地球外知性研究センター

1996年11月
宛先：ウィリアム・ジェファーソン・クリントン大統領
差出人：スティーブン・M・グリア医学博士、CSETI代表
件名：UFO/ET問題、および国家安全保障の宣誓の情報公開の計画

　CSETIプロジェクト・スターライト・イニシアチブは、軍、情報機関、そして防衛関連企業の元関係者および現在所属している、UFO/ETI現象やプロジェクトの目撃者を確認してきました。数々の文書と説明（同封物を参照）で示された通り、これらの重要な目撃者たちに本件について近日中に開かれる公の場で証言してもらうのが私たちの意向です。

　1995年の夏に、私たちは大統領閣下に対して彼らが民事、軍事その他の罰則を受けることなく、率直に語ることができるよう適切な手段を講じるよう要請しました。それ以降、名乗り出たいと望むような目撃者の数が急激に増えてきており、その中には高齢で深刻な病状を抱えている方もいらっしゃいます。私たちは、この件について仲間の市民に真実を伝えたいと強く望む。この国の愛国心を持ち勇敢な英雄たちが、この情報を墓場に持っていくべきではない、と感じております。したがって、本件について彼らが公に語る自由に関する、大統領の明確な決意を求めております。

　議会、行政機関、軍の関係者および情報機関の指導者たちは、この重要な件について説明を受けてきておらず、この件に関連する活動が「非認可」特別アクセス計画として、存在することが過去3年間で分かって

きました。これらの活動のほとんどは、明らかに超憲法的な資金調達を受け監視を逃れ、軍産複合体の民間部門として存在しています。

したがって、私たちの満足いく理由が確立されるまで、私たちは、これらの活動およびその活動から生じる「安全保障の宣誓」のすべてが違法であり、それゆえ上記の目撃者に対して法的拘束力はないと見なします。

したがって、1997年1月1日までに特別な指示がない限り、私たちはこれらの目撃者が開かれた公の場で証言を行う一連の活動を行います。ご回答を頂けない、または賛同する返信を頂ける場合、私たちは当該日の後、公の場で情報公開を進めます。UFO/ET に関連する問題の目撃者が依然として口外しない義務がある、と明確に通知された場合、彼らによる情報公開の計画は修正されます。現政権、軍、議会およびその他の関係者に対する過去の説明会および文書で述べたように、私たちの意図は、この情報公開に科学的で、将来を考慮し希望に満ちた形で影響を与えることです。私たちの目的は、国家または世界に不安定をもたらすことではなく、この問題を秘密裏に管理することでもたらされる明らかな危機を軽減させることです。私たちは、20世紀および21世紀初期において、ほぼ間違いなく最も重要な問題の情報公開プロセスに関する助言、援助および支援を大統領閣下から頂きたくお願い申し上げます。

これらの目撃者の証言には以下が含まれますが、それらに限定されません。

- 稼働不能になった ET 製の装置および障害を負った ET 生命体の回収
- ET テクノロジーに関連する逆行分析プロジェクト
- UFO/ET 宇宙船の偵察および追跡
- この問題に関連する秘密プロジェクト
- 軍と UFO 遭遇事例の裏付け
- この問題に関連する偽情報プログラムの性質および対象範囲

本件に関して、速やかに返信いただけると幸いです。

1997年に開催する公開証言に関わるため、これらの目撃者の地位の判断に関する要請にご配慮いただき感謝いたします。

敬具

CSETI 代表
スティーブン・M・グリア医学博士

*　　　　　*　　　　　*

つい最近、なぜエリック・スノーデンがこの戦略を使わなかったのか質問されました。スノーデンの犯した間違いは、合法なこと（それらがジョージ・オーウェル的な可能性があったとはいえ）を開示したことです。たとえ、これらのプログラムが独裁的だとしても、大統領および上院スパイ活動特別調査委員により監視されていました。彼が、非認可で違法な活動の情報公開だけに限定していれば、法的な問題に巻き込まれることはなかったでしょう。

私が思うに、彼はそれを知らなかったのです。若かったですし、アドバイザーが非常に悪かったのです。ジャーナリストやスノーデンに協力していた人たちも、システムを理解していませんでした。内部告発者として、違法なプログラムを開示するのは構わないのですが、どんなにひどいものだとしても合法なものを開示してはいけません。当然、家族への脅威が理由で、絶対に名乗り出ない潜在的な証言者もさらに多くいます。これは、組織犯罪と結びつく犯罪行為の種類です。まさに、それ……組織犯罪です。

USAP に関与した人間で私たちが接触した多くは、私に「真実を公表

したいが、あと30年は地球で自由に空気を吸いたいのです」と言いました。彼らの恐れは義務感よりも強く、口を開けば死刑囚になると感じていたのです。

1996年8月、私はクリストファー・コックス議員と会いました。彼は後に、ジョージ・W・ブッシュ大統領政権で証券取引委員会の委員長を務めた人物です。ハーバード大学卒の英才であり、カリフォルニア州オレンジ郡の議員で、主要な委員会に属していました。コックス議員を知るCSETIの友人で支援者であり、オレンジ郡のIBMで役員をしている方が、彼に説明してほしいと依頼してきました。

その会議が始まった直後、コックスは「これが真実だと疑ってはいないが、1度も聞いたことがない。しかも、私はかなり重要な委員会に属してきた」と言いました。そこで私は彼に、これまで会った方すべては内情を知るべきなのに蚊帳の外に置かれていること、それが共通のテーマです、と伝えました。

すると彼は、UFO問題に取り組んでいる施設および企業の一覧を求めました。

私は、会議の後にコックス議員へ手紙と付録13に記載された一覧を送付しました。その一覧は、それ以降更新されています。

1997年、ジョージタウンのウェスティンホテルにてグループおよび数人の議員を対象に会議を開きました。非常に内輪だけの非公開の会議です。下院監視・政府改革委員会の委員長を務めたダン・バートン議員がやってきました。彼が興味を持った理由は、親しい友人の1人が数年前インディアナ州でUFOと遭遇し、その話をすべて彼に話したからです。バートンは人を動かす力のある人間で、この件で私たちが持っているすべてを知りたがったのです。しかし、少し後で誰かに脅されたのか、彼はこの件から手を引きました。

1998年から2,000年まで、私たちは最高機密を扱う軍関係者および他の人たちをさらに集めました。世界中を周り、彼らをインタビューしました。110時間の証言を完了させ、それを4時間と2時間に短縮しDVD

に落としました。これは私たちのウェブサイトで購入可能です。人量の資料があり、それはデジタルフィルムに記録してあります。当時は私自身がほとんどの撮影を行いました。大規模なプロジェクトのようにする資金はありませんでした。

　私たちが集めた資料はすべて、ディスクロージャー・プロジェクトにささげられました。

ディスクロージャー・プロジェクト

　2001年5月9日ワシントンD.C.にあるナショナルプレスクラブで私は、決定的なUFOおよび地球外生命体現象を目撃した20人以上の軍、政府および企業の関係者による証言を紹介する、ディスクロージャー・プロジェクトを主催しました。このイベントは生でウェブ放送され、午前9時の時点で25万人が生の記者会見が始まるのをオンラインで待っていました。次にナショナルプレスクラブで行われた大きなウェブ放送イベントの視聴者は、2万5,000人以下でした。

　陰謀団（カバール）も準備していました。ナショナルプレスクラブのすべてのイベントをウェブ放送するコネクトライブ社の社長によれば、会見の最初の1時間には「電子的な故障」が発生しました。その時までの全インターネットの歴史上、この放送は最も視聴されたイベントになりました。インターネット放送をナショナルプレスクラブで主催した会社は、多くの人が視聴しようとしたため、システムがクラッシュしたと言いました。彼らはワシントンにあるすべてのT-1ランを確保しなくてはなりませんでした。

　最終的に世界中で8億人が記者会見を視聴し、その時までに、すべてのメディアに連絡が入り即座に放送を中止するよう繰り返し要請されたのです。その4か月後、9月11日に世界同時多発テロが起きました。

　この過程で私は多くのことを学びました。その1つは、権力の座にい

る人々に恩を仇で返すことは期待できないということです。企業および政界にいる多くの人は、自分自身にとって個人的にとてつもなく危険な可能性があること、それに結びつけられることでキャリアを台無しにすることはやりません。そういう訳で、私は市民がそれをやらなくてはいけないと結論づけたのです。

　私たち、市民が、それをやらなくてはいけません。

パート4

宇宙に展開する策略

究極の偽旗作戦

"世界各国は、一致団結しなくてはならなくなるだろう。次の戦争は星間戦争になるからだ。地球の国々は、いつか他の惑星から来る者たちによる攻撃に対して、共同戦線を張らなくてはならない"

—— ダグラス・マッカーサー元帥
1955年10月8日

「私たちは、自分たちに共通の絆を認識させるため、外部からくる万人にとっての脅威が必要なのかもしれません。この世界の外から来る異星人の脅威に直面すると、世界に広がる不和がどのくらいの速さで消えるのだろうかと、時々考えます」

—— ロナルド・レーガン大統領
国連演説—1987年

私たちは2度と騙されない……

証言

・キャロル・ロジン博士、フェアチャイルド・インダストリーズ社およびウェルナー・フォン・ブランの広報担当者
・リチャード・ドーティ、空軍特別捜査局 特別捜査官

スティーブン・M・グリア医学博士による解説

　これが、私が人々から本当に嫌われる理由です。これを暴露すれば、私が最も危険にさらされるからです。私は今、終わりなき戦争を望む終末論的幻想を持つ人々を怒らせる行為をしているからです。

　終末論とは、この世界がどのように終わりを迎えるのかを研究する分野です。これら秘密の集団の中心にいるのは、アルマゲドンのような大火災を引き起こすことを望む人々です。

　宇宙戦争。彼らは、人間が共通の敵に対して一致団結する考えが大好きです。1つの国、サブカルチャーまたは宗教ではなく、この惑星全体が1つになるということです。しかし、やろうと思えばとっくの昔に地球を簡単に全滅させることができる、複数の地球外生命体の種に対して、彼らは戦争を真剣に起こそうと言うのでしょうか？どんなET文明も、水素爆弾を弓矢のように見せるテクノロジーを持っているはずです。ETが敵意を持っているなら、私たちは今頃もう知っているはずです。

偽旗作戦に警戒しろ

　定義として、偽旗作戦とは、一方が他方（彼らの敵）に攻撃の責任があるように見せかけるようにする秘密の作戦です。実際には、その攻撃は偽装され、キューバ沖のメイン号の爆発から、ヒトラーが共産主義者

のせいにしたドイツ国会議事堂放火事件、リンドン・ジョンソン大統領がベトナムで戦争を始めるよう仕向けられたトンキン湾事件まで、歴史は偽旗作戦の例であふれています。イラク戦争は、サダム・フセインが大量破壊兵器を持っているという偽情報を提供していると知りながら、正当化されました。

1992年以降、少なくとも12人の信頼できる内部関係者が次の大きな偽旗作戦（世界同時多発テロ事件が軽い衝突事故に見える攻撃）について、私に警告してくれました。

最初は、あまりにも突飛なので信じられないと感じ、当然のように取り合いませんでした。それから、ディスクロージャー・プロジェクトの目撃者の1人、キャロル・ロジン博士が同じ警告をしてきたのです。その出どころは、V-2ロケットの開発者で第二次世界大戦後ナチス・ドイツから採用された航空宇宙工学者のヴェルナー・フォン・ブラウンでした。

＊　　　　　＊　　　　　＊

証言

キャロル・ロジン博士はフェアチャイルド・インダストリーズ社における初の女性管理職で、ヴェルナー・フォン・ブラウン博士の晩年、彼の代弁者を務めました。彼女はワシントンD.C.で宇宙安全保障協力研究所（ISCOS）を創設し、議会で何度も宇宙兵器について証言してきました。

私は、宇宙ミサイル防衛顧問で、いくつかの企業、組織、政府部門、情報機関を担当してきました。私はMXミサイル（私たちに不要なもう1つの兵器システム）に取り組んでいたTRW社の顧問もしていました。

私は1974年から77年までフェアチャイルド社の管理職を務めていた時、今は亡きヴェルナー・フォン・ブラウン博士に会いました。当時、フォン・ブラウンは末期のがんにかかっていました。彼に初めて会ったその

日、身体の横からチューブが垂れ下がっている状態で、彼はテーブルを軽く叩きながらこう言ったのです。「フェアチャイルドに来て、宇宙に兵器を持ち込ませない役割を果たしなさい」。彼の口調と真剣な眼差しで。

彼の体調が悪くて話ができないときの代弁者になるよう私は依頼され、彼が亡くなる1997年まで4年間その役割を務めました。

私が最も関心を持ったのは、彼が言っていた、政策決定者と国民を操るために使われていた脅し策略であり、この脅し策略を使う者たちが真の敵だ、ということでした。

1974年当時、ロシアは認定された敵でした。私たちは、彼らが「キラー（攻撃用）衛星」を持っており、彼らが私たちを捕らえて支配すると教えられました。1970年代の初期にロシアへ行った時、彼らがキラー衛星を持っておらず、それが嘘だということが分かったのです。実際、ロシアの指導者と国民は平和を望んでいました。彼らは米国および世界の人々との協力を望んでいました。フォン・ブラウンは、次はテロリストが敵として特定され、その後に第三世界の国の「過激派」が敵と認定されると言っていました。今、彼らは「懸念のある国々」と呼ばれています。

1977年、私はフェアチャイルド社にある作戦司令室と呼ばれる会議室で開かれた会合に、出席していました。出席者は、「回転ドア・ゲーム」に身を置く人たちでした。彼らは、コンサルタント、産業界および／あるいは軍人や情報機関員として働きます。彼らは産業界で働き、これらのドアを通って政府の役職へ就くのです。その逆もあります。

そこの壁には、多くの図表が張ってあり、サダム・フセインやカダフィなど世間では知られていない名前を持つ敵が載っていました。これは宇宙兵器を造るために必要な次の敵だったのです。そして次世代兵器を国民と政策決定者に受け入れてもらえるように、中東湾岸地域での戦争のための宇宙兵器予算として250億ドルが使われていました。

言い換えれば、この「湾岸戦争」は、彼らが古い兵器を捨てまったく

新しい兵器一式を造るためだけに、作られたのです。

　この会議で、私は立ち上がってこう言いました。「すみません、なぜ建造する宇宙兵器の対象として潜在的な敵について話し合っているのですか。現時点で彼らが敵でないことは、ご存じでしょう？」

　誰も答えませんでした。彼らは、まるで私が何も言わなかったかのようにこの会合を続けたのです。

　これで堪忍袋の緒が切れて、私はこの仕事を辞めました。あの業界では、もう働くことはできなかったのです。

　1990年、私は居間に座り宇宙兵器の研究開発プログラムに充てられた資金データを眺めていると、それが約250億ドルというあの数字に達していたことに気づきました。私は夫に「私は座ってCNNテレビを見て、戦争が起きるのを待っているのよ」と言いました。

　夫は、君はとうとう頭がおかしくなったなと言い、友人たちは「今度だけは、度を越している。湾岸で戦争が起きることはない。誰もそんなことは話していない」と言いました。

　私は「湾岸で戦争が起きることになっているの。私はここに座って、それが起きるのを待っているんだわ」と言いました。

　そして、戦争はまさに予定通りに起きたのです。

　湾岸戦争の一環として、国民は米国がロシア製スカッドミサイルの撃墜に成功した、と知らされました。撃墜の成功に基づいて、私たちは新しい予算を正当化しようとしていました。実際には、その撃墜情報がすべて嘘で、さらなる兵器製造に予算を充てるために利用されたのです。

　フォン・ブラウンの次の敵は小惑星。彼はこれを最初に話した時、クスクスと笑いました。小惑星の後に来るのは、彼が異星人または地球外知性体の脅威と呼ぶものでした。それが最終の脅威になるのです。

　私が彼を知った4年の間、彼は私に「キャロル、覚えておきなさい。最後のカードは異星人カードだ。私たちは、異星人に対抗するために宇宙兵器を造らなくてはならなくなる、そしてそのすべては大嘘だ」と繰り

返し思い出させました。彼は怖くて、その詳細を私に話しませんでした。もし彼が話したとしても、私がそれを受け入れられたかどうか分かりません。しかし、彼はそれを知っており、内情を知る立場にいたことに疑いはありません。なぜなら、後で分かったのですが、彼は知っておく必要があったからです。

　最後にフォン・ブラウンは、この動きが加速しているアルマゲドンの到来を実際に信じている人々がいて、彼らはこれらの戦争が必要なのだ、と教えてくれました。

＊　　　　　＊　　　　　＊

証言

リチャード・ドーティは、空軍特別捜査局（AFOSI）の対諜報活動特別捜査官でした。8年以上、彼はニューメキシコ州にあるカートランド空軍基地、ネリス空軍基地（いわゆるエリア51）およびその他の場所において、UFO／地球外生命体に特化した任務を課せられていました。

　エイリアンではないのに、そう見せるために作られた偽のI&W（指示と警報）およびでっち上げのET事件に関して、それはOSI／空軍特別捜査局の仕業です。フォートベルボア基地に第7602空軍諜報航空団から派生した特別なグループがあり、彼らが出て実行したのです。彼らは、なんらかの欠陥、解剖学的な欠陥を持つ人たちを抱えており、彼らを連れてきて、人々に彼らをエイリアンだと思わせて、欺いています。具体的なことは言えません。なぜなら、このプログラムがいまだに機密扱いだからです。恐らく、彼らは今でも活動しています。きっと継続していると思います。たぶん1986年か87年ワシントン州タコマで起こった、機密度のかなり高い作戦がありました。それは、シアトルにある海軍基地、ウィッビーアイランド海軍航空基地だったと思います。

　民間人が、その基地にどうにか入り込んで、見てはいけないものを目

撃しました。それで、この特別なグループは基地から出て民間人の家に入り、彼らを死ぬほど怖がらせました。エイリアン事件を仕組んだのです。その件と、人員を採用する際に私たちが行った他の件は、最も慎重を期する問題です。

　この仕組まれたエイリアン事件。これは非常に機密度の高いものです。

　偽旗作戦の計画に関していえば、かなり機密度が高い極秘扱いです。それについては、私が話すべきではないと思います。

スティーブン・M・グリア医学博士による解説

　リチャード・ドーティは偽旗作戦に関する問題を語るのは不安そうでしたが、その存在を認めてくれました。

　人類が地球外生命体から攻撃を受けているように見える偽旗作戦は、明らかに馬鹿げたことに聞こえるでしょう。以下のことを考慮するまでは。

1. USAP を運営している軍事産業の実業家たちは、専門家のみが本物との違いを見分けることができる ARV（地球で複製された ET の宇宙船）の船団に資金を提供してきました。これら人工の UFO は、税金で賄われたエドワーズ空軍基地、ネリス空軍基地、ダグウェイ実験場、オーストラリアにあるパインギャップ基地およびその他多くの極秘地下基地に保管されています。

2. USAP を運営している軍事産業の実業家たちは、本物の ET にそっくりに見えるようにプログラムされた生命体も作ってきました。これら「バイオロジカルズ」と呼ばれる生命体は、神経複合体の中に集積回路を持っています。それは EG&G およびその他の企業によって製造されたインプラント（移植組織）です。これら人工の「エイリアン」は、ここでも税金で賄われたニューメキシコ州ダルシーの地下基地、オーストラリアにあるパインギャップ基地、およびその他の場所に保管され

ています。

　エイリアンをテーマにした偽旗作戦の第1幕が起こる前に、人工の
UFOが電磁兵器で主要な都市を破壊する前に、この陰謀団（カバール）
の意図を市民に今警告する方がずっとマシだと思います。主要な情報源
が集団ヒステリーの最中に、実は私たちが「邪悪なエイリアン」だと厚
かましくも示唆するとは思えません。

　偽の独立記念日？

　正気な人間が、なぜ偽のエイリアンの侵略を立ち上げ、地球史上最大
の戦争を開始し、その過程で何百万（いや何十億）の人々を殺したいと
望むのでしょうか？

　1つ目に、彼らは正気ではなく、反社会的人間です。

　2つ目に、戦争というのは非常に儲かるもので、しかも大衆を制御で
きます。特に、この種の恐ろしい攻撃なら。

　3つ目に、彼らの中にいる狂信的な信者は、キリストの再臨に関わり
たいのです。

　それが起こる前に、どうやって止めればいいのでしょうか？

　今、それを暴露するのです。

　1960年代から稼働している秘密の平行宇宙プログラムの一環として、
宇宙兵器は既に配備されています。ARVは製造され、準備万端。スペー
ス・ホログラム策略テクノロジーは、配備され、テストも済んで、発射
準備ができています。主流メディアは操り人形で、王様の腹心の口述を
書き取っています。

　宇宙から本当の脅威があるなら、人類が核兵器の爆破を開始し有人旅
行で宇宙に行き始めた直後にそれを知っていたはずです。手に負えない、
違法で秘密のグループによる銀河的に見て愚かで無謀な行動の数々を考
えれば、私たちが地球上の空気を自由に吸っていることは、宇宙からの
訪問者の自制した平和的な意図の十分な証になります。その脅威は、全
面的に人類なのです。そして、この脅威に対処し、阻止し、戦争、破壊

および心理的な操作の現状から、情報公開および持続的な平和の時代へと変革すべきは、私たちです。

　地球での戦争を宇宙での戦争に切り替えるのは、進化ではなく宇宙的な狂気です。したがって、恐怖により団結する世界は、無知による分裂よりも深刻です。今こそ未来への大躍進、恐怖と無知から抜け出し、完全な世界平和の時代へと飛躍する時なのです。これは私たちの運命です。選びさえすれば、すぐに私たちの運命になるのです。

［偽旗作戦の一環として利用されるインプラントに関する情報は、機密ファイル：非認可特別アクセス計画；ポウェレックの証言、を参照］

パート 5

行動計画

私たちが望む未来を
確実にするために……

行動への呼びかけ

　情報公開、およびフリーエネルギー運動の継続のため、皆さんにできる多くの行動があります。

1. www.SiriusDisclosure.com で、情報やイベントが発表される無料ニュースレターに登録しましょう。

2. この本および映画『非認可の世界（Unacknowledged）』を他の方と共有してください。ご自宅、公民館などで上映会を主催してください。

3. www.SiriusDisclosure.com にて、情報公開およびフリーエネルギーの取り組みに寄付をお願いいたします。お１人わずか10ドルの寄付で、研究所へ資金を提供し地球を救うフリーエネルギーを世界にもたらすのに十分な金額が賄えます。

4. あなた、または知り合いの方が軍人、情報機関、または政府の請負業者で、UFO/ET およびフリーエネルギー／反重力のテーマを扱うプログラムおよび作戦についてご存じでしたら、自信を持って私たち：Witnesses@SiriusDisclosure.com までご連絡ください。これらのUSAP は、違法に管理されており憲法による必須の監視の範囲外［パート３の UNOD メモ：情報公開への道、を参照］なので、名乗り出ても起訴されることはありません。UFO/ET に関する政府文書または資料をお持ちの場合、それらが公に開示できるようにするため、私たちにご連絡ください。

5. あなたまたはお知り合いの方で、使用可能なフリーエネルギー・システムの情報を公開する用意があれば（条件は、Sirius Disclosure ツール

バーにある New Energy の中をご覧ください)、すぐに私たち cnergy@
SiriusDisclosure.com にご連絡ください。

6. 議会または国会議員、あるいはその他の政府高官に直接連絡できる場
合、この問題について教えてください。この本および非認可の世界の
DVD を国会議員、上院議員、または他の政府代表者に送付する簡単な
行為が、大きな反応につながることがあります。雪崩を起こすには、
多くの雪の結晶が必要です。教育と忍耐、それが答えです。

7. 地元の人とネットワークを構築し、真実の公開をいとわない政府の内
部告発者を多く見つけるためチームを作りましょう。

8. CE-5 グループに参加しましょう。www.ETContactNetwork.com にあ
るネットーワーキング・アプリでお近くのチームに連絡しましょう。ア
プリストアで CE-5 の完全なトレーニングプログラムの入ったトレー
ニングアプリをご購入ください。詳細はこちら：http://www.Sirius
Disclosure.com/ET-contact-tool/ まで。

ディスクロージャーは、何百万人もの市民が地球外文明を平和的に地
球へ歓迎しコンタクトを行い、それを世界中が見られるように記録して
います。地元で仲間を見つけ、アプリで CE-5 コンタクトチームに合流
し、または作ることもできます。1 人ひとりが活動家になり、違法な秘
密工作を終わらせるよう働きかければ、ディスクロージャー（情報公開）
は今日にでも起こります。

皆様のご協力およびご支援に感謝いたします！

スティーブン・M・グリア、医学博士

ニューアース・インキュベーター基金

コンセプトおよび提案：スティーブン・M・グリア医学博士

コンセプト

　何百年以上も、電磁システムの進歩のおかげで、ゼロポイント・エネルギー（ZPE）場および量子真空を経由したオーバーユニティ（人為的なインプットよりもアウトプットが高い）発電が実現してきました。これらは、合法および違法の両面から様々な方法で、揉み消されてきたのです。今日まで、どの発明者、企業、研究チーム、または大学も、そのような障害を克服することはできませんでした。[www.SiriusDisclosure.com にて、The Orion Project および ET/Energy Suppression のセクションを参照]

　世界各国の政府、または大企業のいずれも、これらのテクノロジーを公開する思い切った動きをしてこなかったため、この目標を達成するべく新しい民間の共同体が必要です。DAPRA によりインターネットが開発されたのと同じように、この共同体はクリーンで、制限なく、安全で、基本的に無料で使用可能な電力を提供するため、後に様々な形で適合される、基本的に新しいエネルギー技術を開発していきます。この意味で、私たちは大きな政府および企業プログラムが失敗してきた分野に足を踏み入れることになります。そのニーズは急を要していて、時間はあまりありません。

　資金の提供者は、うまくやることで良い結果をもたらすことができます。後に特許を取って販売可能な商品を通してマネタイズ（収益化）できるこのテクノロジーに対して、数千の申し込みがあるのです。しかし、インターネットなどの根本的なテクノロジーは、オープンソースで自由に使用可能で、リアルタイムで大規模に公開されなくてはなりません。

私たちは大局的に考える必要があります。地球には72億人が住んでおり、10億の動力車および10億またはそれ以上の住宅と企業があります。それらすべてに電力が必要です。秘密主義およびテック系の新規事業への取り組みのほとんどを支配する特許のゼロサムゲームは、間違ったアプローチであり、ZPEが関わった過去において見事に失敗してきました。この過ちを繰り返してはなりません。

　この理由から、新しく創造的なアプローチが必要になります。

　私たちは、以下のような連動した戦略を組み込んだまったく新しい研究開発プロジェクトを提案します。

- インターネットを通じてリアルタイムで接続し、成果、EM周波数、資料、問題解決策などを共有する複数の拠点を持つR&Dプロジェクト。

- オープンソース ── 知的財産（IP）または特許は、この時点で求めないため、研究コミュニティーからのオープンシェアリングおよびフィードバックが可能になる。隠し事はなくし、すべての開発、回路、運用上の飛躍的進歩は、国民および他の研究者たちとリアルタイムで共有される。

- ライブ配信を行う。国民がプロセスに貢献し、その結果、成功または失敗を共有できるようにするため、すべての研究所の様子は24時間、週7日、365日ライブ配信される。飛躍的な進歩を隠蔽しようとする行為は、ライブ配信およびオープンソース・ポリシーにより無効化される。

- 国民の意識を高め、この新しいエネルギー・パラダイム（これはP.R.／ニュース、ドキュメンタリーおよび大規模なソーシャルメディア・ネットワーキングを含めることが必要）を急速に受け入れ適合させる準備をさせるため、R&Dへの取り組みと同時に行われる、大規模なP.R.／マルチメディアでの公教育への取り組みを立ち上げなくてはならない。同時に、いかなるまったく新しいテクノロジーに

も、国民および科学者だけでなく、政策オタクも対象にした、斬新なメディアおよび教育の取り組みが必要。

目的

　第一の目的は、家庭、ビジネス、または自動車を動かすのに必要な、強固で複数キロワットを生成するオーバーユニティ装置を製造することです。理想的なシステムは、費用効率が高く簡単に調達できる部品を使う（動くパーツがない）ソリッドステート／固体自体の電子現象を利用した回路や装置です。放射性で、有害で、潜在的に危険な材料の利用は避けます。

　このプロジェクトの第一段階の間、電磁重力（EMG）または重力制御システムを推進することはしません。今は、それが正規の軍および国家安全保障に危険を及ぼすからです。すべてのEMGシステムは、簡単にミサイル輸送および迎撃システムに作り替えることができますが、現在の地政学的現実を考えると本質的には危険です。立証済みのEM周波数および電圧、主要材料および実施計画を含む基本的な科学調査は、独立した検証および再現性の確認のため市民と科学界、マスコミにも、包み隠さず共有されます。

　私たちの目的は、地球上で利用されている石油、ガス、石炭、原子力、風力、水力、地熱および太陽エネルギーシステムのすべてに効果的に取って代わる、十分に機能し、強固なプロトタイプを2年以内に持つことです。既存の化石燃料、内燃装置および同種のものを変換する過渡期のテクノロジーも開発される予定です（スタンリー・メイヤーの水燃料電池など）。

資金調達

　資金については、VC／エンジェル投資家の共同体の資金源、または1つの資金源から得ることが可能です。率直に言えば、私たちの取り組みに投入される資金が少なければ少ないほど、リスクが高くなります。このような取り組みへの資金が不足すれば、様々な面で失敗の可能性が高くなります。

　1億〜2億ドルの範囲で当初予算があれば、テクノロジー、戦略、およびP.R.面の成功が確保されます。少ない資金でもこのプロジェクトを成功に導くことはできますが、資金供給が不十分だとリスクが高まります。地球上のすべてのエネルギーおよびマクロ経済の特別利益団体は、本プロジェクトを突き崩そうとするでしょう。私たちは、それに対し備えなくてはいけません。

ガバナンス

　プロジェクトを導く理事会を作らなくてはなりませんが、最終的に各研究所には、確固たる科学的な管理能力の経歴並びに創造的なアイディアを追求する裁量を備えたディレクターが必要です。戦略上、上述の中心的信条、複数の拠点を持ち、データおよび成果をリアルタイムで共有し、完全な透明性があり、国民および巨大なP.R.並びに公教育を含めたライブ配信を忠実に守る、管理法務責任者が必要になります。

　上述のオープンソース、大々的なPR活動、およびライブ配信へのアプローチを変更、または覆そうとする動きは、確実に失敗し、関わった者たちにとって致命傷になるでしょう。過去には、企業秘密、複数特許を利用して、IPを隠した複数のテクノロジーに分けて入れようとし、控えめに静かに行った取り組みは、すべて失敗してきました。資金は潤沢

だが、的外れな努力により、戦略的に致命的なミスに繋がった例（最近の例）がたくさんあります。秘密のプロジェクトおよびそれらの企業所有者は、秘密と闇を抱えています。私たちは、透明性と情報公開の光を持たなくてはなりません。

　ガバナンスは、これらのポリシーを政府文書、定款およびその他の正式な組織文書に恒久的に記録することを求めています。いかなる者かにより研究と成果を秘密にしようとする行為があった場合、その違反した当事者は、たとえ主要な資金提供者、主任調査員、または研究者であっても、追放となります。

　私たちの運が良ければ、地球で新しいエネルギー技術の開発、製造および世界中での使用までに必要な時間は、20年かもしれません。2036年までに、すべての輸送機関、発電およびエネルギー利用は、ここが源でなくてはなりません。仮に今日、十分に稼働する ZPE システムが公表されるとなると、ほとんど時間はありません。なぜなら、重厚なインフラ、自動車およびトラックエンジンや同類のものを置き換えるまでの時間は、非常に長く、大きな資本を必要とするからです。耐久性がある重工業機器の在庫回転率は、15 ～ 30年です。私たちは、既に実質的に時間切れなのです。

　いい知らせは、地球は生きていて、自己回復作用を持つ生物圏であり、人間が地球への虐待をやめれば、驚くほどの回復力を見せてくれることです。産業化の進んだ過去150年間でこの惑星が既に受けてきたダメージは、急速に修復が可能です。これらの新しいエネルギー技術の多くは、特に化学および放射性廃棄物を除去するために、配備することができるのです。エネルギーコストが実質ゼロに下がれば、リサイクル率が100％に迫ることも可能です。

　最終的に、このプロジェクトの戦略的な安全および成功を確保することができる総合責任者が必要です。人員計画は最大の課題ということが分かるでしょう。これが、プロジェクト初期から最初の研究所の建設以前にファンドをプロによる大規模な P.R. キャンペーンとともに正式に発

表しなくてはならない、もう1つの理由です。私たちが、人類とこの地球のために、この偉大な目標を達成する上で団結すれば、私たちは生きている間に、自然と調和して暮らし、何千年も持続可能な新しい文明を地球上で目にすることができるかもしれません。

　詳しい情報をご希望、または参加ご希望の場合は、こちら：www.SiriusDisclosure. com にご連絡ください。

UFO の写真および図面

Photo by Dr. Lynne Kitei   September 16, 2002

Three unexplained amber orbs over Phoenix.

McMinnville, Oregon – May 11, 1950 (photo by Paul Trent)

Santa Fe   photo taken by Ivy Blank - CE-5

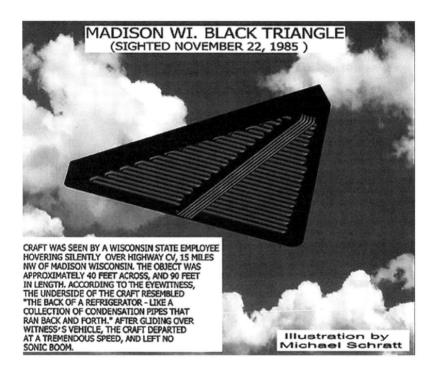

MADISON WI. BLACK TRIANGLE
(SIGHTED NOVEMBER 22, 1985)

CRAFT WAS SEEN BY A WISCONSIN STATE EMPLOYEE
HOVERING SILENTLY OVER HIGHWAY CV, 15 MILES
NW OF MADISON WISCONSIN. THE OBJECT WAS
APPROXIMATELY 40 FEET ACROSS, AND 90 FEET
IN LENGTH. ACCORDING TO THE EYEWITNESS,
THE UNDERSIDE OF THE CRAFT RESEMBLED
"THE BACK OF A REFRIGERATOR – LIKE A
COLLECTION OF CONDENSATION PIPES THAT
RAN BACK AND FORTH." AFTER GLIDING OVER
WITNESS'S VEHICLE, THE CRAFT DEPARTED
AT A TREMENDOUS SPEED, AND LEFT NO
SONIC BOOM.

Illustration by
Michael Schratt

ARV
Alien Reproduction Vehicle

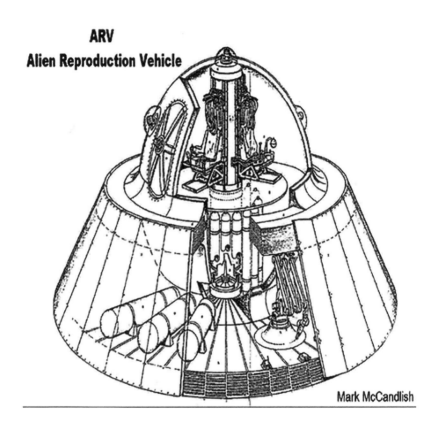

Mark McCandlish

Costa Rica   (photo taken by Government Survey Plane)

Costa Rica   photo taken by Government Survey Plane (zoom)

Vancouver Island – 1981   (photo by Hannah McRoberts)

付録

1. 証言者一覧

2. 政府の公式文書

3. イランにおける UFO 目撃報告書 ―― 1976 年 9 月
   （クリフォード・ストーンの証言を参照）

4. 米国海軍航空基地の報告書 ―― UFO 目撃 ―― 1951 年
   （グラハム・ベスーンの証言を参照）

5. 運輸省 ―― 1950 年カナダ
   W.B. スミスによる文書

6. 米国運輸省／連邦航空局：日本航空 ―― 1986 年
   （ジョン・キャラハンの証言を参照）

7. 空軍 − 1980 年 ―― チャールズ・ハルト中佐
   ベントウォーターズ基地の事例（ラリー・ウォレンの証言を参照）

8. 南アフリカ空軍 − 1989 年：UFO 墜落および追跡調査報告
   （ダン・モリスの証言を参照）

9. マルストローム空軍基地：UFO 出現の報告書 ―― 1967 年
   （ロバート・サラスの証言を参照）

10. マルストローム空軍基地：UFO 出現の報告書 —— 1975年
  （ドウェイン・アーニソンの証言を参照）

11. テネシー州オーク・リッジ近郊での UFO 出現 —— 1950年
  （ロス・デッドリクソンの証言を参照）

12. カークランド空軍基地からの報告書 —— 1980年
  （リチャード・ドーティの証言を参照）

13. クリストファー・コックス議員へ宛てた公文書および報告書
  —— 1996年

付録 1 ── 証言者一覧

証言者名

A.H.（匿名）── ボーイング・エアクラフト社

アーニソン、ドウェイン ── 米国空軍中佐

B.（博士）── 科学者で極秘プロジェクトに関与

ベスーン、グラハム ── 海軍中佐パイロット

ブラウン、チャールズ ── 中佐、グラッジ計画

キャラハン、ジョン ── 元連邦航空局 部門責任者

クーパー、ゴードン ── 宇宙飛行士

コルソ、フィリップ、シニア ── 大佐

コルソ、フィリップ、ジュニア

デッドリクソン、ロス ── 大佐、米国空軍

ドーティ、リチャード ── 空軍特別捜査局の特別捜査官

ファイラー、ジョージ・A・ ── 少佐、空軍情報将校

ヘア、ドナ ── NASA の請負業者 ── フィルコ・フォード

ヒルーノートン（卿）── 英国国防省 元参謀長

ジェイコブ、ロバート ── 大学教授で米国空軍元中尉

メイナード、ジョン ── 国防情報局

マクダウ、マール・シェーン ── 米国海軍 大西洋軍

ミッチェル、エドガー ── アポロ号宇宙飛行士

モリス、ダン ── 曹長、国際偵察局 作戦隊員／コズミック（宇宙）レ
　　　　　　　ベルの機密取扱許可保有

ポウェレック、ウィリアム・ジョン ── 米国空軍コンピュータ操作プ
　　　　　　　ログラミング専門技師

フィリップス、ドン ── 米国空軍、ロッキード・スカンクワークス、
　　　　　　　CIA の請負業者

ポープ、ニック ── 英国国防省

ロジン、キャロル —— フェアチャイルド・インダストリーズ社、ヴェ
ルナー・フォン・ブラウンの代弁者

サラス、ロバート —— 大尉、米国空軍

シュラット、マイケル —— 軍事航空宇宙 歴史学者

シーハン、ダニエル —— 弁護士

スミス、マイケル —— 米国空軍、レーダー管制官

ストーン、クリフォード —— 三等軍曹、米国陸軍 回収部隊

W.H. —— 米国空軍二等軍曹

ウォレン、ラリー —— 保安兵、英国ベントウォーターズ空軍基地

ウェイガント、ジョン —— 上等兵、米国海兵隊

ウォロフ、カール W —— 米国空軍

ウッド、ロバート —— マクドネル・ダグラス航空機会社、エンジニア

付録２── 政府の公式文書

１ページ目

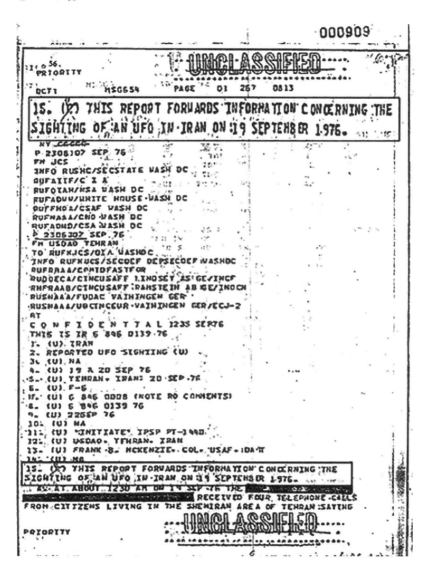

付録2 —— 政府の公式文書

2ページ目

HAT THEY HAD SEEN STRANGE OBJECTS IN THE SKY. SOME REPORTED
KIND OF BIRD-LIKE OBJECT WHILE OTHERS REPORTED A HELICOPTER
WITH A LIGHT ON. THERE WERE NO HELICOPTERS AIRBORNE AT THAT
THE ▮▮▮▮▮▮▮▮▮▮▮▮▮▮ AFTER HE TOLD THE CITIZEN IT WAS ONLY
STARS AND HAD TALKED TO MEHRABAD TOWER HE DECIDED TO LOOK FOR
ITSELF. HE NOTICED AN OBJECT IN THE SKY SIMILAR TO A STAR
IGGER AND BRIGHTER. HE DECIDED TO SCRAMBLE AN F-4 FROM
SHAHROKHI AFB TO INVESTIGATE.

B. AT 0130 HRS ON THE 19TH THE F-4 TOOK OFF AND PROCEEDED
TO A POINT ABOUT 40 NM NORTH OF TEHRAN. DUE TO ITS BRILLIANCE
THE OBJECT WAS EASILY VISIBLE FROM 70 MILES AWAY.
AS THE F-4 APPROACHED A RANGE OF 25 NM HE LOST ALL INSTRUMENTATION
AND COMMUNICATIONS (UHF AND INTERCOM). HE BROKE OFF THE
INTERCEPT AND HEADED BACK TO SHAHROKHI. WHEN THE F-4 TURNED
AWAY FROM THE OBJECT AND APPARENTLY WAS NO LONGER A THREAT
TO IT THE AIRCRAFT REGAINED ALL INSTRUMENTATION AND COM-
MUNICATIONS. AT 0140 HRS A SECOND F-4 WAS LAUNCHED. THE
BACKSEATER ACQUIRED A RADAR LOCK ON AT 27 NM, 12 O'CLOCK
HIGH POSITION WITH THE VC (RATE OF CLOSURE) AT 150 NMPH.
AS THE RANGE DECREASED TO 25 NM THE OBJECT MOVED AWAY AT A
SPEED THAT WAS VISIBLE ON THE RADAR SCOPE AND STAYED AT 25NM

C. THE SIZE OF THE RADAR RETURN WAS COMPARABLE TO THAT OF
A 707 TANKER. THE VISUAL SIZE OF THE OBJECT WAS DIFFICULT
TO DISCERN BECAUSE OF ITS INTENSE BRILLIANCE. THE
LIGHT THAT IT GAVE OFF WAS THAT OF FLASHING STROBE LIGHTS
ARRANGED IN A RECTANGULAR PATTERN AND ALTERNATING BLUE-GREEN,
RED AND ORANGE IN COLOR. THE SEQUENCE OF THE LIGHTS WAS SO
FAST THAT ALL THE COLORS COULD BE SEEN AT ONCE. THE OBJECT
AND THE PURSUING F-4 CONTINUED ON A COURSE TO THE SOUTH OF
TEHRAN WHEN ANOTHER BRIGHTLY LIGHTED OBJECT, ESTIMATED TO BE
ONE HALF TO ONE THIRD THE APPARENT SIZE OF THE MOON, CAME
OUT OF THE ORIGINAL OBJECT. THIS SECOND OBJECT HEADED STRAIGHT
TOWARD THE F-4 AT A VERY FAST RATE OF SPEED. THE PILOT
ATTEMPTED TO FIRE AN AIM-9 MISSILE AT THE OBJECT BUT AT THAT
INSTANT HIS WEAPONS CONTROL PANEL WENT OFF AND HE LOST ALL
COMMUNICATIONS (UHF AND INTERPHONE). AT THIS POINT THE PILOT
INITIATED A TURN AND NEGATIVE G DIVE TO GET AWAY. AS HE
TURNED THE OBJECT FELL IN TRAIL AT WHAT APPEARED TO BE ABOUT
3-4 NM. AS HE CONTINUED IN HIS TURN AWAY FROM THE PRIMARY
OBJECT THE SECOND OBJECT WENT TO THE INSIDE OF HIS TURN THEN
RETURNED TO THE PRIMARY OBJECT FOR A PERFECT REJOIN.

D. SHORTLY AFTER THE SECOND OBJECT JOINED UP WITH THE
PRIMARY OBJECT ANOTHER OBJECT APPEARED TO COME OUT OF THE

```
      58                    ···UNCLASSIFIED···
   PRIORITY               ·····················
                          ·····················
  DCT 1        HS6654      PAGE   03  267   0813
```

OTHER SIDE OF THE PRIMARY OBJECT GOING STRAIGHT DOWN AT A
GREAT RATE OF SPEED. THE F-4 CREW HAD REGAINED COMMUNICATIONS
AND THE WEAPONS CONTROL PANEL AND WATCHED THE OBJECT APPROACH
THE GROUND ANTICIPATING A LARGE EXPLOSION. THIS OBJECT APPEARED
TO COME TO REST GENTLY ON THE EARTH AND CAST A VERY BRIGHT
LIGHT OVER AN AREA OF ABOUT 2-3 KILOMETERS.
THE CREW DESCENDED FROM THEIR ALTITUDE OF 26M TO 15M AND
CONTINUED TO OBSERVE AND MARK THE OBJECT'S POSITION. THEY
HAD SOME DIFFICULTY IN ADJUSTING THEIR NIGHT VISIBILITY FOR
LANDING SO AFTER ORBITING MEHRABAD A FEW TIMES THEY WENT OUT
FOR A STRAIGHT IN LANDING. THERE WAS A LOT OF INTERFERENCE
ON THE UHF AND EACH TIME THEY PASSED THROUGH A MAG. BEARING
OF 150 DEGREE FROM EHRABAD THEY LOST THEIR COMMUNICATIONS (UHF
AND INTERPHONE) AND THE INS FLUCTUATED FROM 30 DEGREES - 50 DEGREES
THE ONE CIVIL AIRLINER THAT WAS APPROACHING MEHRABAD DURING THIS
SAME TIME EXPERIENCED COMMUNICATIONS FAILURE IN THE SAME
VICINITY (KILO ZULU) BUT DID NOT REPORT SEEING ANYTHING.
WHILE THE F-4 WAS ON A LONG FINAL APPROACH THE CREW NOTICED
ANOTHER CYLINDER SHAPED OBJECT (ABOUT THE SIZE OF A T-BIRD
AT 10M) WITH BRIGHT STEADY LIGHTS ON EACH END AND A FLASHER
IN THE MIDDLE. WHEN QUERIED THE TOWER STATED THERE WAS NO
OTHER KNOWN TRAFFIC IN THE AREA. DURING THE TIME THAT THE
OBJECT PASSED OVER THE F-4 THE TOWER DID NOT HAVE A VISUAL
ON IT BUT PICKED IT UP AFTER THE PILOT TOLD THEM TO LOOK
BETWEEN THE MOUNTAINS AND THE REFINERY.
    E. DURING DAYLIGHT THE F-4 CREW WAS TAKEN OUT TO THE
AREA IN A HELICOPTER WHERE THE OBJECT APPARENTLY HAD LANDED.
NOTHING WAS NOTICED AT THE SPOT WHERE THEY THOUGHT THE OBJECT
LANDED (A DRY LAKE BED) BUT AS THEY CIRCLED OFF TO THE
WEST OF THE AREA THEY PICKED UP A VERY NOTICEABLE BEEPER
SIGNAL. AT THE POINT WHERE THE RETURN WAS THE LOUDEST WAS
A SMALL HOUSE WITH A GARDEN. THEY LANDED AND ASKED THE PEOPLE
WITHIN IF THEY HAD NOTICED ANYTHING STRANGE LAST NIGHT. THE
PEOPLE TALKED ABOUT A LOUD NOISE AND A VERY BRIGHT LIGHT
(LIKE LIGHTENING. THE AIRCRAFT AND AREA WHERE THE OBJECT IS
BELIEVED TO HAVE LANDED ARE BEING CHECKED FOR POSSIBLE RADIATION

                                MORE INFORMATION WILL BE
FORWARDED WHEN IT BECOMES AVAILABLE.

RT
C9717
PTCCZYUW RUFKJCS9712 2670810 0130-CCCC   2670814

PRIORITY   ···UNCLASSIFIED···
```
```

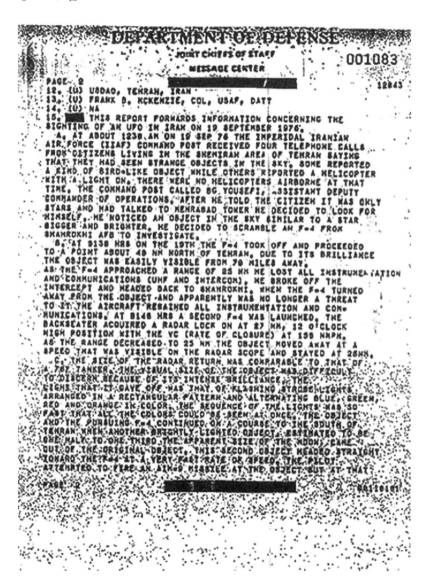

DEPARTMENT OF DEFENSE

JOINT CHIEFS OF STAFF

MESSAGE CENTER

001083

PAGE 2

12843

12. (U) USDAO, TEHRAN, IRAN

13. (U) FRANK B. MCKENZIE, COL, USAF, DATT

14. (U) NA

15. ███ THIS REPORT FORWARDS INFORMATION CONCERNING THE
SIGHTING OF AN UFO IN IRAN ON 19 SEPTEMBER 1976.

A. AT ABOUT 1230 AM ON 19 SEP 76 THE IMPERIDAL IRANIAN
AIR FORCE (IIAF) COMMAND POST RECEIVED FOUR TELEPHONE CALLS
FROM CITIZENS LIVING IN THE SHEMIRAN AREA OF TEHRAN SAYING
THAT THEY HAD SEEN STRANGE OBJECTS IN THE SKY. SOME REPORTED
A KIND OF BIRD-LIKE OBJECT WHILE OTHERS REPORTED A HELICOPTER
WITH A LIGHT ON. THERE WERE NO HELICOPTERS AIRBORNE AT THAT
TIME. THE COMMAND POST CALLED BG YOUSEFI, ASSISTANT DEPUTY
COMMANDER OF OPERATIONS. AFTER HE TOLD THE CITIZEN IT WAS ONLY
STARS AND HAD TALKED TO MEHRABAD TOWER HE DECIDED TO LOOK FOR
HIMSELF. HE NOTICED AN OBJECT IN THE SKY SIMILAR TO A STAR
BIGGER AND BRIGHTER. HE DECIDED TO SCRAMBLE AN F-4 FROM
SHAHROKHI AFB TO INVESTIGATE.

B. AT 0130 HRS ON THE 19TH THE F-4 TOOK OFF AND PROCEEDED
TO A POINT ABOUT 40 NM NORTH OF TEHRAN. DUE TO ITS BRILLIANCE
THE OBJECT WAS EASILY VISIBLE FROM 70 MILES AWAY.
AS THE F-4 APPROACHED A RANGE OF 25 NM HE LOST ALL INSTRUMENTATION
AND COMMUNICATIONS (UHF AND INTERCOM). HE BROKE OFF THE
INTERCEPT AND HEADED BACK TO SHAHROKHI. WHEN THE F-4 TURNED
AWAY FROM THE OBJECT AND APPARENTLY WAS NO LONGER A THREAT
TO IT THE AIRCRAFT REGAINED ALL INSTRUMENTATION AND COM-
MUNICATIONS. AT 0140 HRS A SECOND F-4 WAS LAUNCHED. THE
BACKSEATER ACQUIRED A RADAR LOCK ON AT 27 NM, 12 O'CLOCK
HIGH POSITION WITH THE VC (RATE OF CLOSURE) AT 150 NMPH.
AS THE RANGE DECREASED TO 25 NM THE OBJECT MOVED AWAY AT A
SPEED THAT WAS VISIBLE ON THE RADAR SCOPE AND STAYED AT 25NM.

C. THE SIZE OF THE RADAR RETURN WAS COMPARABLE TO THAT OF
A 707 TANKER. THE VISUAL SIZE OF THE OBJECT WAS DIFFICULT
TO DISCERN BECAUSE OF ITS INTENSE BRILLIANCE. THE
LIGHT THAT IT GAVE OFF WAS THAT OF FLASHING STROBE LIGHTS
ARRANGED IN A RECTANGULAR PATTERN AND ALTERNATING BLUE, GREEN,
RED AND ORANGE IN COLOR. THE SEQUENCE OF THE LIGHTS WAS SO
FAST THAT ALL THE COLORS COULD BE SEEN AT ONCE. THE OBJECT
AND THE PURSUING F-4 CONTINUED ON A COURSE TO THE SOUTH OF
TEHRAN WHEN ANOTHER BRIGHTLY LIGHTED OBJECT, ESTIMATED TO BE
ONE HALF TO ONE THIRD THE APPARENT SIZE OF THE MOON, CAME
OUT OF THE ORIGINAL OBJECT. THIS SECOND OBJECT HEADED STRAIGHT
TOWARD THE F-4 AT A VERY FAST RATE OF SPEED. THE PILOT
ATTEMPTED TO FIRE AN AIM-9 MISSILE AT THE OBJECT BUT AT THAT

PAGE 2

04110101

001084

DEPARTMENT OF DEFENSE

JOINT CHIEFS OF STAFF

MESSAGE CENTER

PAGE 3   12843

INSTANT HIS WEAPONS CONTROL PANEL WENT OFF AND HE LOST ALL
COMMUNICATIONS (UHF AND INTERPHONE). AT THIS POINT THE PILOT
INITIATED A TURN AND NEGATIVE G DIVE TO GET AWAY. AS HE
TURNED THE OBJECT FELL IN TRAIL AT WHAT APPEARED TO BE ABOUT
3-4 KM. AS HE CONTINUED IN HIS TURN AWAY FROM THE PRIMARY
OBJECT THE SECOND OBJECT WENT TO THE INSIDE OF HIS TURN THEN
RETURNED TO THE PRIMARY OBJECT FOR A PERFECT REJOIN.
   D. SHORTLY AFTER THE SECOND OBJECT JOINED UP WITH THE
PRIMARY OBJECT ANOTHER OBJECT APPEARED TO COME OUT OF THE
OTHER SIDE OF THE PRIMARY OBJECT GOING STRAIGHT DOWN, AT A
GREAT RATE OF SPEED. THE F-4 CREW HAD REGAINED COMMUNICATIONS
AND THE WEAPONS CONTROL PANEL AND WATCHED THE OBJECT APPROACH
THE GROUND ANTICIPATING A LARGE EXPLOSION. THIS OBJECT APPEARED
TO COME TO REST GENTLY ON THE EARTH AND CAST A VERY BRIGHT
LIGHT OVER AN AREA OF ABOUT 2-3 KILOMETERS.
THE CREW DESCENDED FROM THEIR ALTITUDE OF 26K TO 15K AND
CONTINUED TO OBSERVE AND MARK THE OBJECT'S POSITION. THEY
HAD SOME DIFFICULTY IN ADJUSTING THEIR NIGHT VISIBILITY FOR
LANDING SO AFTER ORBITING MEHRABAD A FEW TIMES THEY WENT OUT
FOR A STRAIGHT IN LANDING. THERE WAS A LOT OF INTERFERENCE
ON THE UHF AND EACH TIME THEY PASSED THROUGH A MAG. BEARING
OF 150 DEGREE FROM EHRABAD THEY LOST THEIR COMMUNICATIONS (UHF
AND INTERPHONE) AND THE INS FLUCTUATED FROM 30 DEGREES - 50 DEGREES.
THE ONE CIVIL AIRLINER THAT WAS APPROACHING MEHRABAD DURING THIS
SAME TIME EXPERIENCED COMMUNICATIONS FAILURE IN THE SAME
VICINITY (KILO ZULU) BUT DID NOT REPORT SEEING ANYTHING.
WHILE THE F-4 WAS ON A LONG FINAL APPROACH THE CREW NOTICED
ANOTHER CYLINDER SHAPED OBJECT (ABOUT THE SIZE OF A T-BIRD
AT 10M) WITH BRIGHT STEADY LIGHTS ON EACH END AND A FLASHER
IN THE MIDDLE. WHEN QUERIED THE TOWER STATED THERE WAS NO
OTHER KNOWN TRAFFIC IN THE AREA. DURING THE TIME THAT THE
OBJECT PASSED OVER THE F-4 THE TOWER DID NOT HAVE A VISUAL
ON IT BUT PICKED IT UP AFTER THE PILOT TOLD THEM TO LOOK
BETWEEN THE MOUNTAINS AND THE REFINERY.
   E. DURING DAYLIGHT THE F-4 CREW WAS TAKEN OUT TO THE
AREA IN A HELICOPTER WHERE THE OBJECT APPARENTLY HAD LANDED.
NOTHING WAS NOTICED AT THE SPOT WHERE THEY THOUGHT THE OBJECT
LANDED (A DRY LAKE BED) BUT AS THEY CIRCLED OFF TO THE
WEST OF THE AREA THEY PICKED UP A VERY NOTICEABLE BEEPER
SIGNAL. AT THE POINT WHERE THE RETURN WAS THE LOUDEST WAS
A SMALL HOUSE WITH A GARDEN. THEY LANDED AND ASKED THE PEOPLE
WITHIN IF THEY HAD NOTICED ANYTHING STRANGE LAST NIGHT. THE
PEOPLE TALKED ABOUT A LOUD NOISE AND A VERY BRIGHT LIGHT
LIKE LIGHTENING. THE AIRCRAFT AND AREA WHERE THE OBJECT IS
BELIEVED TO HAVE LANDED ARE BEING CHECKED FOR POSSIBLE RADIATION.
NO COMMENTS: █████ ACTUAL INFORMATION CONTAINED IN THIS REPORT
WAS OBTAINED FROM SOURCE IN CONVERSATION WITH A SUB-SOURCE, AND
IIAF PILOT OF ONE OF THE F-4S. MORE INFORMATION WILL BE
FORWARDED WHEN IT BECOMES AVAILABLE.

BT
19375
ANNOTES
JEP 117

付録4 —— 米国海軍航空基地の報告書；1951年

UNCLASSIFIED

FLEET LOGISTIC AIR WING, ATLANTIC/CONTINENTAL
AIR TRANSPORT SQUADRON ONE
U. S. NAVAL AIR STATION
PATUXENT RIVER, MARYLAND

UNCLASSIFIED

10 February 1951

MEMORANDUM REPORT: (Commanding Officer) Air Transport Squadron ONE

Subj: Report of Object Sighting on Flight 125/9 February 1951

I, Graham E. Bethune, was Co-Pilot on Flight 125 from Keflavik, Iceland
to Naval Air Station Argentia on the 10th of February 1951. At 0035Z
I sighted and observed the following object:

SIGHTED (41.5 MILES.)

While flying in the left seat at 10,000 feet on a true course of
230 degrees at a position of 69-50 North 50-03 West, I observed a glow of
light below the horizon about 1,000 to 1,500 feet above the water. Its
bearing was about 2 o'Clock. There was no overcast, there was a thin
transparent ground stratus at about 3,000 feet altitude. After coming
the object for 10 to 20 seconds I called it to the attention of Lieutenant
KINGDON in the right hand seat. It was under the thin scuds at roughly 30
to 40 miles away. I asked "What is it, a ship lighted up or a city, I know
it can't be a city because we are over 250 miles out". We both observed its
course and motion for about 4 or 5 minutes before calling it to the
attention of the other crew members. Its first glow was a dull yellow. We
were on an intercepting course. Suddenly its angle of attack changed, its
altitude and size increased as though its speed was in excess of 1,000 miles
per hour. It closed in so fast that the first feeling was we would collide
in mid air. At this time its angle changed and the color changed. It
then was definitely circular and reddish orange on its perimeter. It reversed
its course and tripled its speed until it was last seen disappearing over
the horizon. Because of our altitude and misleading distance over water it
was almost impossible to estimate its size, distance and speed. A rough
estimate would be at least 300 feet in diameter, over 1,000 miles per hour
in speed and approximately 25 to 30 miles from the aircraft.

(500 FEET.)

/s/Graham E. Bethune
LT, U. S. Naval Reserve.

ENCLOSURE (4)

UNCLASSIFIED DOWNGRADED AT 3 YEAR INTERVAL
DECLASSIFIED AFTER 12 YEARS
DOD DIR 5200.10

363

付録5——カナダ―運輸省；W. B. スミスによる文書

1ページ目

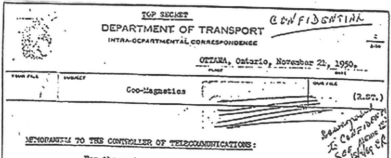

TOP SECRET   CONFIDENTIAL

DEPARTMENT OF TRANSPORT
INTRA-DEPARTMENTAL CORRESPONDENCE

OTTAWA, Ontario, November 21, 1950.

Geo-Magnetics   (2.ST.)

MEMORANDUM TO THE CONTROLLER OF TELECOMMUNICATIONS:

For the past several years we have been engaged in the study of various aspects of radio wave propagation. The vagaries of this phenomenon have led us into the fields of aurora, cosmic radiation, atmospheric radio-activity and geo-magnetism. In the case of geo-magnetics our investigations have contributed little to our knowledge of radio wave propagation as yet, but nevertheless have indicated several avenues of investigation which may well be explored with profit. For example, we are on the track of a means whereby the potential energy of the earth's magnetic field may be abstracted and used.

On the basis of theoretical considerations a small and very crude experimental unit was constructed approximately a year ago and tested in our Standards Laboratory. The tests were essentially successful in that sufficient energy was abstracted from the earth's field to operate a voltmeter, approximately 50 milliwatts. Although this unit was far from being self-sustaining, it nevertheless demonstrated the soundness of the basic principles in a qualitative manner and provided useful data for the design of a better unit.

The design has now been completed for a unit which should be self-sustaining and in addition provide a small surplus of power. Such a unit, in addition to functioning as a 'pilot power plant' should be large enough to permit the study of the various reaction forces which are expected to develop.

We believe that we are on the track of something which may well prove to be the introduction to a new technology. The existence of a different technology is borne out by the investigations which are being carried on at the present time in relation to flying saucers.

While in Washington attending the NARB Conference, two books

... ., ... the Flying Saucer" by Frank Scully, and ② §§
the other "The Flying Saucers are Real" by Donald Keyhoo. Both books dealt
mostly with the sightings of unidentified objects and both books claim that
flying objects were of extra-terrestrial origin and might well be space ships
from another planet. Scully claimed that the preliminary studies of
one saucer which fell into the hands of the United States Government
indicated that they operated on some hitherto unknown magnetic
principles. It appeared to me that our own work in geo-magnetics
might well be the linkage between our technology and the technology
by which the saucers are designed and operated. If it is assumed that
our geo-magnetic investigations are in the right direction, the theory
of operation of the saucers becomes quite straightforward, with all
observed features explained qualitatively and quantitatively.

I made discreet enquiries through the Canadian Embassy
staff in Washington who were able to obtain for me the following
information:

a. The matter is the most highly classified subject in the United
   States Government, rating higher even than the H-bomb.

b. Flying saucers exist.

c. Their modus operandi is unknown but concentrated effort is being
   made by a small group headed by Doctor Vannevar Bush.

d. The entire matter is considered by the United States authorities
   to be of tremendous significance.

I was further informed that the United States authorities are investigating
along quite a number of lines which might possibly be related to the saucers
such as mental phenomena and I gather that they are not doing too well since
they indicated that if Canada is doing anything at all in geo-magnetics they
would welcome a discussion with suitably accredited Canadians.

While I am not yet in a position to say that we have solved
even the first problems in geo-magnetic energy release, I feel that the
correlation between our basic theory and the available information on
saucers checks too closely to be mere coincidence. It is my honest opinion
that we are on the right track and are fairly close to at least some of the
answers.

Mr. Wright, Defence Research Board liaison officer at the
Canadian Embassy in Washington, was extremely anxious for me to get in touch
with Doctor Solandt, Chairman of the Defence Research Board, to discuss with
him future investigations along the line of geo-magnetic energy release.
I do not feel that we have as yet sufficient data to place before Defence
Research Board which would enable a program to be initiated within that
organization, but I do feel that further research is necessary and I would
prefer to see it done within the frame work of our own organization with,
of course, full co-operation and exchange of information with other
interested bodies.

I discussed this matter fully with Doctor Solandt, Chairman of
Defence Research Board, on November 20th and placed before him as much
information as I have been able to gather to date. Doctor Solandt agreed
that work on geo-magnetic energy should go forward as rapidly as possible

付録5 —— カナダ―運輸省；W. B. スミスによる文書

3ページ目

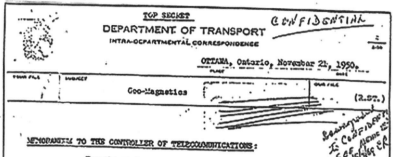

付録6 —— 米国 運輸省／連邦航空局；日本航空

1ページ目

U.S. Department of Transportation

Federal Aviation Administration

Memorandum

Anchorage ARTCC
5400 Davis Hwy.
Anchorage, Alaska

Subject: INFORMATION: Transcription concerning the incident involving Japan Airlines Flight 1628 on November 18, 1986 at approximately 0218 UTC.

Date: January 9, 198

From: Quentin J. Gates
Air Traffic Manager,
ANC ARTCC

Reply to
Attn. of:

To:

This transcription covers the time period from November 18, 1986, 0214 UTC t November 18, 1986, 0259 UTC.

Agencies Making Transmissions	Abbreviations
Japan Airlines Flight 1628	JL1628
Anchorage ARTCC Combined Sector R/D15	R/D15
Anchorage ARTCC Sector D15	D15
Anchorage ARTCC Sector R15	R15
Regional Operations Command Center	ROCC
United Airlines Flight 69	UA69
TOTEM71	TOTEM
Fairbanks Approach Control	APCH

I hereby certify that the following is a true transcription of the recorde conversations pertaining to the subject incident:

Anthony N. Wylie
Quality Assurance Specialist
Anchorage ARTCC

Unidentified Traffic Sighting
by Japan Airlines Flight 1628
November 18, 1986
ANC ARTCC
DRAFT

付録６──米国 運輸省／連邦航空局；日本航空

２ページ目

U.S. Department of Transportation
Federal Aviation Administration

Memorandum

Subject: INFORMATION: Unidentified Traffic Sighting by Japan Airlines
Date: DEC 18 1986

From: Air Traffic Manager, Anchorage ARTCC, ZAN-1
Reply to Attn. of:

To: Manager, Air Traffic Division, AAL-500
ATTN: Evaluation Specialist, AAL-514

The attached chronology summarizes the communications and actions of Japan Airlines Flight 1628 on November 18, 1986.

Radar data recorded by Anchorage Center does not confirm the presence of the traffic reported by Flight 1628. No further information has been received from civil or military sources since the date of the sightings.

Major Johnson of the Elmendorf Regional Operations Command Center (ROCC) is checking their records and the operations personnel for further details. He will forward any additional information to Anchorage Center as soon as possible.

Should you have any questions or need additional information, contact Tony Wylie, Quality Assurance Specialist, 269-1162.

Original signed by

Quentin J. Gates

Attachment

DRAFT

Unidentified Traffic Sighting by Japan Airlines Flight 1628 November 18, 1986 ANC ARTCC DRAFT

The following is a chronological summary of the alleged aircraft sightings by Japan Airlines Flight 1628, on November 18, 1986:

All times listed are approximate UTC unless otherwise specified.

0219 – The pilot of JL1628 requested traffic information from the ZAN Sector 15 controller. When the controller advised there was no traffic in the vicinity, JL1628 responded that they had same direction traffic, approximately 1 mile in front, and it appeared to be at their altitude. When queried about any identifiable markings, the pilot responded that they could only see white and yellow strobes.

0225 – JL1628 informed ZAN that the traffic was now visible on their radar, in their 11 o'clock position at 8 miles.

0226 – ZAN contacted the Military Regional Operations Control Center, (ROCC), and asked if they were receiving any radar returns near the position of JL1628. The ROCC advised that they were receiving a primary radar return in JL1628's 10 o'clock position at 8 miles.

0227 – The ROCC contacted ZAN to advise they were no longer receiving any radar returns in the vicinity of JL1628.

0231 – JL1628 advised that the "plane" was "quite big", at which time the ZAN controller approved any course deviations needed to avoid the traffic.

0232 – JL1628 requested and received a descent from FL350 to FL310. When asked if the traffic was descending also, the pilot stated it was descending "in formation".

0235 – JL1628 requested and received a heading change to two one zero. The aircraft was now in the vicinity of Fairbanks and ZAN contacted Fairbanks Approach Control asking if they had any radar returns near JL1628's position. The Fairbanks Controller advised they did not.

0236 – JL1628 was issued a 360 degree turn and asked to inform ZAN if the traffic stayed with them.

0238 – The ROCC called ZAN advising they had confirmed a "flight of two" in JL1628's position. They advised they had some "other equipment watching this", and one was a primary target only.

0239 – JL1628 told ZAN they no longer had the traffic in sight.

0242 – The ROCC advised it looked as though the traffic had dropped back and to the right of JL1628, however, they were no longer tracking it.

0244 – JL1628 advised the traffic was now at 9 o'clock

0245 – ZAN issued a 10 degree turn to a northbound United Airlines flight, after pilot concurrence, in an attempt to confirm the traffic.

0248 – JL1628 told ZAN the traffic was now at 7 o'clock, 8 miles.

0250 – The northbound United Flight advised they had the Japan Airlines flight in sight, against a light background, and could not see any other traffic.

0253 – JL1628 advised they no longer had contact with the traffic.

A subsequent review of ANC ARTCC's radar tracking data failed to confirm any targets in close proximity to JL1628.

PERSONNEL STATEMENT

FEDERAL AVIATION ADMINISTRATION

Anchorage Air Route Traffic Control Center

The following is a report concerning the incident to aircraft JL1628 on
November 18, 1986 at 0230 UTC.

My name is Carl E. Henley (HC) I am employed as an Air Traffic Control
Specialist by the Federal Aviation Administration at the Anchorage Air Route
Traffic Control Center, Anchorage, Alaska.

During the period of 2030 UTC, November 17, 1986, to 0430 UTC, November 18,
1986 I was on duty in the Anchorage ARTCC. I was working the D15 position
from 0156 UTC, November 18, 1986 to 0230 UTC, November 18, 1986.

At approximately 0225Z while monitoring JL1628 on Sector 15 radar, the
aircraft requested traffic information. I advised no traffic in his
vicinity. The aircraft advised he had traffic 12 o'clock same altitude. I
asked JL1628 if he would like higher/lower altitude and the pilot replied,
negative. I checked with ROCC to see if they had military traffic in the area
and to see if they had primary targets in the area. ROCC did have primary
target in the same position JL1628 reported. Several times I had single
primary returns where JL1628 reported traffic. JL1628 later requested a turn
to heading 210°, I approved JL1628 to make deviations as necessary for
traffic. The traffic stayed with JL1628 through turns and decent in the
vicinity of FAI I requested JL1628 to make a right 360° turn to see if he
could identify the aircraft, he lost contact momentarily, at which time I
observed a primary target in the 6 o'clock position 5 miles. I then vectored
UA69 northbound to FAI from ANC with his approval to see if he could identify
the aircraft, he had contact with the JL1628 flight but reported no other
traffic, by this time JL1628 had lost contact with the traffic. Also a
military C-130 southbound to EDF from EIL advised he had plenty of fuel and
would take a look, I vectored him toward the flight and climbed him to FL240,
he also had no contact.

Note: I requested JL1628 to identify the type or markings of the aircraft.
He could not identify but reported white and yellow strobes. I requested the
JL1628 to say flight conditions, he reported clear and no clouds.

Carl E. Henley

November 19, 1986

DRAFT

PERSONNEL STATEMENT

FEDERAL AVIATION ADMINISTRATION
Anchorage Air Route Traffic Control Center

January 9, 1987

The following is a report concerning the incident involving aircraft JL1628 north of Fairbanks, Alaska on November 18, 1986 at 0218 UTC.

My name is Samuel J. Rich (SR). I am employed as an Air Traffic Control Specialist by the Federal Aviation Administration at the Anchorage Air Route Traffic Control Center, Anchorage, Alaska.

During the period of 0035 UTC, November 18, 1986, to 0835 UTC, November 18, 1986, I was on duty in the Anchorage ARTCC. I was working the D15 position from 0230 UTC, November 18, 1986, to 0530 UTC, November 18, 1986.

I returned from my break at approximately 0218 UTC to relieve Mr. Henley on the sector R/D15 position. In the process of relieving Mr. Henley I heard the pilot of JL1628 ask if we had any traffic near his position. I continued to monitor the position as Mr. Henley was too busy to give me a relief briefing. I monitored the situation for approximately twelve minutes at which time I assumed the D15 position and Mr. Henley moved to the R15 position. During the twelve minute period I heard the JL1628 pilot report the color of the lights were white and yellow. After the radar scale was reduced to approximately twenty miles I observed a radar return in the poition the pilot had reported traffic.

After assuming the D15 position I called the ROCC at approximately 0230 UTC to ask if they had any military traffic operating near JL1628. The ROCC said they had no military traffic in the area. I then asked them if they could see any traffic near JL1628. ROCC advised that they had traffic near JL1628 in the same position we did.

I asked ROCC if they had any aircraft to scramble on JL1628, they said they would call back. I received no further communication regarding the request for a scramble.

DRAFT

Samuel J. Rich
Air Traffic Control Specialist
Anchorage ARTCC

付録6──米国 運輸省／連邦航空局；日本航空

6ページ目

PERSONNEL STATEMENT

FEDERAL AVIATION ADMINISTRATION
Anchorage Air Route Traffic Control Center

January 9, 1986

The following is a report concerning the incident to Japan Airlines Flight
1628 (JL1628) North of Fairbanks, Alaska on November 18, 1986 at 0218 UTC.

My name is John L. Aarnink (AA). I am employed as an Air Traffic Control
Specialist by the Federal Aviation Administration at the Anchorage Air Route
Traffic Control Center (ARTCC), Anchorage, Alaska. During the period of 2230
UTC, November 17, 1986 to 0630 November 18, 1986 I was on duty in the
Anchorage ARTCC. I was working the C15 position from approximately 0218 UTC,
November 18, 1986 to 0250 UTC, November 18, 1986.

I was on my way to take a break when I noticed the unusual activity at the
Sector 15 positions. I plugged into the C15 position and assisted them by
answering telephone lines, making and taking handoffs and coordinating as
necessary. As to the specific incident, I monitored the aircrafts
transmissions and observed data on the radar that coinsided with information
that the pilot of JL1628 reported. I coordinated with the ROCC on the BRAVO
and CHARLIE lines. They confirmed they also saw data in the same location.
At approximately abeam CAWIN intersection, I no longer saw the data and the
pilot advised he no longer saw the traffic. I called the ROCC and they
advised they had lost the target. I then unplugged from the position and
went on a break.

John L. Aarnink
Air Traffic Control Specialist
Anchorage ARTCC

DRAFT

372   付録

DEPARTMENT OF THE AIR FORCE
HEADQUARTERS 81ST COMBAT SUPPORT GROUP (USAFE)
APO NEW YORK 09755

001055

CD

13 Jan 81

Unexplained Lights

RAF/CC

1. Early in the morning of 27 Dec 80 (approximately 0300L), two USAF security police patrolmen saw unusual lights outside the back gate at RAF Woodbridge. Thinking an aircraft might have crashed or been forced down, they called for permission to go outside the gate to investigate. The on-duty flight chief responded and allowed three patrolmen to proceed on foot. The individuals reported seeing a strange glowing object in the forest. The object was described as being metalic in appearance and triangular in shape, approximately two to three meters across the base and approximately two meters high. It illuminated the entire forest with a white light. The object itself had a pulsing red light on top and a bank(s) of blue lights underneath. The object was hovering or on legs. As the patrolmen approached the object, it maneuvered through the trees and disappeared. At this time the animals on a nearby farm went into a frenzy. The object was briefly sighted approximately an hour later near the back gate.

2. The next day, three depressions 1 1/2" deep and 7" in diameter were found where the object had been sighted on the ground. The following night (29 Dec 80) the area was checked for radiation. Beta/gamma readings of 0.1 milliroentgens were recorded with peak readings in the three depressions and near the center of the triangle formed by the depressions. A nearby tree had moderate (.05-.07) readings on the side of the tree toward the depressions.

3. Later in the night a red sun-like light was seen through the trees. It moved about and pulsed. At one point it appeared to throw off glowing particles and then broke into five separate white objects and then disappeared. Immediately thereafter, three star-like objects were noticed in the sky, two objects to the north and one to the south, all of which were about 10° off the horizon. The objects moved rapidly in sharp angular movements and displayed red, green and blue lights. The objects to the north appeared to be elliptical through an 8-12 power lens. They then turned to full circles. The objects to the north remained in the sky for an hour or more. The object to the south was visible for two or three hours and beamed down a stream of light from time to time. Numerous individuals, including the undersigned, witnessed the activities in paragraphs 2 and 3.

CHARLES I. HALT, Lt Col, USAF
Deputy Base Commander

Document 15

付録8——南アフリカ空軍—1989年；UFO墜落

1ページ目

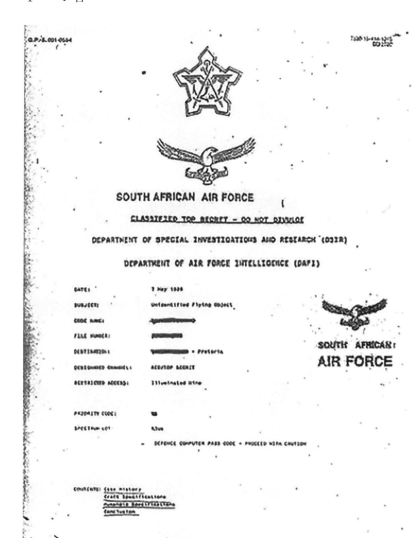

During the first week in July I received correspondence from Mr.X which stated that a UFO had crashed in the Kalahari Desert and had been recovered by a team of South African Military personnel to a secret Air Force base. He also informed me that two live alien entities had been found in the craft. The information also stated that a group of American Military personnel had arrived and had taken over the investigation. He stated that he would forward a copy of the Official South African Top Secret document to me but would send it later in a letter which would not contain any details of the sender in case the letter was intercepted.(Slide 2)

A week later I received the document which consisted of five pages and was headed with the South African Air Force crest. Every page of the document was marked Top Secret. (Slide 3)

The story told by the document was as follows:

(Slide 4, 5, 6, 7, 8.
At 1.45pm. on the 7th. May, 1989 a Naval Frigate of the South African navy was at sea when it contacted Naval Headquarters to report an unidentified flying object on their radar scope, heading towards the South African continent in a North Westerly direction at a calculated speed of 5746 nautical miles per hour. This message was acknowledged and confirmed that the object was also being tracked by airborn radar and military ground radar installations.

The object entered South African airspace at 1.52pm. and at this time radio contact was attempted but to no avail. As a result two Mirage jet fighters were scrambled on an intercept course.

At 1.59pm. Squadron leader ------- the pilot of one of the Mirage fighters stated over the intercom that they had radar and visual confirmation of the craft. The order was given to arm and fire the Thor 2 experimental laser canon. This was done.
(Thor 2 is a Top Secret experimental beam weapon)

The Squadron Leader reported several blinding flashes eminating from the object which had started wavering and it started to decrease speed and altitude at the rate of 3000 feet per minute. It eventually crashed at a 25 degree angle into the dessert in Botswana

A recovery team was dispatched to the crash site where it was found that the UFO was embedded in the side of a large crater in the sand. The sand in the vicinity of the object was fused together due to the intense heat. One telescopic leg protruded from the side of the craft as if caused by the impact.

Large recovery helecopters were flown to the site and the first one reaching the scene overflew the object at a height of 500 feet and immediately stalled and crashed. Five crew members were killed. It was found that vehicles approaching the object also developed engine trouble due to an intense electro magnetic field coming from the object.

Eventually a paint like compound was received at the site and painted on the object which appeared to neutralise the magnetic field.

The object was eventually conveyed to an Air Force Base and was taken to the sixth level underground. At this time it was totally intact. Whilst this was going on the American Team from Wright Patterson AFB arrived.

Whilst the recovery team and scientists were mulling over the object their attention was suddenly attracted to a noise from the side of the craft. They noticed that an opening had appeared in the side. It was a doorway but had only opened to a small gap. Attempts were made to open the door but without success so hydraulic pressure gear was used to force the door open.

As soon as the door opened two small alien entities staggered out and were immediately arrested by security personnel present. A makeshift medical holding area was set up. One of the entities appeared to be seriously injured but doctors withdrew when one of them was attacked by one of the aliens. The attacked doctor received severe deep scratches to the face and chest from the claws of the alien. (Slide 8) Arrangements were made for the UFO and the aliens to be transported to Wright Patterson AFB, Dayton Ohio, USA.

The cargo was flown out in two Galaxy C2 Aircraft on the 23rd. June 1989 accompanied by the American Air Force personnel.

As a result of this information a person who will remain unnamed telephoned the South African AFB where the Mirage Fighters had been scrambled. This man was a Private Investigator in America for many years and therefore well versed in speaking American. He asked to be connected to Squadron Leader .... the conversation went as follows:

Is that Squadron Leader ....

REPLY   Yes.

QUESTION.   This is General Brunel speaking from Wright Patterson. I have the document in front of me code named ....

REPLY.   Yes.

QUESTION.   I am confused, this document does not say how many times you fired at the object.

REPLY.   Who did you say you were sir.

QUESTION.   General Brunel, surely Squadron Leader it's a straight forward question, how many times did you fire at the darn thing.

付録8──南アフリカ空軍　1989年；UFO墜落

4ページ目

REPLY.   I fired once sir, could you hang on so that I can go to a safe phone.

QUESTION.   That won't be necessary Squadron Leader, you have told me that I wanted to know goodbye.

In the meantime military personnel were contacted in America to try to find out what was happening at Wright. Patterson AFB.

REPLY.   Can't get any information about arrival of UFO but established that Wright Patterson was put on Red Alert on 23rd. June, 1989. (This is the day the UFO was proported to be shipped to Wright Patterson.)

On July 31st. this year our informant arrived in this country and by prior arrangement took up temporary residence with Dr. Henry. He informed us that he was on route to Wright Patterson AFB on a military mission and would depart on the 6th.August. He contacted the South African Embassy from Dr Henry's home to let them know where he was staying in case they needed to contact him. He later made a sworn statement to us confirming his story. (Slide 9)

He had photographs taken with us (Slide 10. 11. 12.)

We were informed that various hiroglyphics were found inside the craft and stated that the military had been able to decipher them. (Slide 13) Dr. Will talk about this.

He also did a drawing of the interior of the craft and the general layout

He also showed us and permitted us to photograph two NASA passes which are for his use at Wright Patterson AFB

At this time we made contact with a second intelligence officer in South Africa who spoke to Dr. Henry personally. This officer told us that he had seen and had access to a series of black and white photographs of the captured aliens and their craft and a 50 page telex message from Wright Patterson AFB relating to the recovery of the UFO. He stressed how dangerous it would be to get the papers but stated that he would forward a set of the black and white photographs and a copy of the telex as soon as he was able.

One of the named American personnel who was present at the retrieval was later spoken to at Wright Patterson AFB by Dr Henry at the OSI department. (Henry Will speak about this)

377

付録9── マルストローム空軍基地；UFOの活動；1967年

１ページ目

INFORMATION

UNCLASSIFIED PRIORITY

1009 25 MAR 67 13 21z 24 Mar 67
Belt, Montana

FTD-

PTTU JAW RUWTFHA6257 0841255-UUUU--RUEDFIA.
ZNR UUUUU ZFH-1 RUWTFHA
DE RUCSSB 165 0841225
ZNR UUUUU
P 251224Z MAR 67
FM 341SMW MALMSTROM
TO RUWRNLR/ADC ENT
RUWMBOA/28 AD MALMSTROM
RUEDFIA/FTD WRIGHT PATTERSON
RUEDHQA/CSAF WASHINGTON
RUEDHQA/OSAF WASHINGTON
BT
UNCLAS ZIPPO 2414 MAR 67/SUBJ: PRELIMINARY UFO REPORT.
FTO FOR TDETR, CSAF FOR AFRDC, OSAF FOR SAF-OI.
BETWEEN THE HOURS 2100 AND 0400 MST NUMEROUS REPORTS WERE RECEIVED BY MALMSTROM AFB AGENCIES OF UFO SIGHTINGS IN THE GREAT FALLS, MONTANA AREA.
REPORTS OF A UFO LANDING NEAR BELT, MONTANA WERE RECEIVED FROM SEVERAL SOURCES INCLUDING DEPUTIES OF CASCADE COUNTY SHERIFF'S OFFICE. INVESTIGATION IS BEING CONDUCTED BY LT COL LEWIS CHASE PHONE: DUTY EXT 2215, HOME 452-1135

3-ETR 056

UNCLASSIFIED PRIORITY

THIS DOCUMENT RETAINS IT ORIGINAL
CLASSIFICATION. THE ONLY PORTION
OF THIS DOCUMENT CONSIDERED
DECLASSIFIED ~~XXXXXXXXXXX~~
PAGES:

ALL TEN MISSILES IN ECHO FLIGHT AT MALSTROM'S LOST STRAT ALERT WITHIN
TEN SECONDS OF EACH OTHER. THIS INCIDENT OCCURRED AT 05:45L ON
16 MARCH 1967. AS OF THIS DATE, ALL MISSILES HAVE BEEN RETURNED TO STRAT.

```
    S JAY RUCSA...... ....-.... --....,
  N7 SSSSS
  P 172252 MAR 67
  FM SAC
  TO RUWMRA/OOAMA ....  ... ....        DECLASSIFIED
  INFO RUWMRM/...                       IAW EO 12956  by EOAT
  RUWHBOS/......  ..........  .........  Date: 16 JAN 1996     Reviewer:
  RUWTAM/AFFRO ......  .. ...... MASK
  RUWJABA/..D ...... ... ....
  BT
  S E C R E T BM 22752 MAR 67.
  ACTION: OOAMA (COCHCT/OCHE-COL DAVENPORT). INFO: 15AF
  (DH4C), 341SMS (MGR). BOEING AFFRO (D.J. DOWNEY, MINUTEMAN
  ENGINEERING HQ (655. 2S9R)
  SUBJECT: LOSS OF STRATEGIC ALERT, ECHO FLIGHT, MALSTROM
  AFB. (U)
  REF: MY SECRET MESSAGE DM7B 22751, 17 MAR 67, SAME SUBJECT.
  ALL TEN MISSILES IN ECHO FLIGHT AT MALMSTROM LOST STRAT ALERT WITHIN
  TEN SECONDS OF EACH OTHER. THIS INCIDENT OCCURRED AT 8845L ON
  16 MARCH 67. AS OF THIS DATE, ALL MISSILES HAVE BEEN RETURNED TO STRAT


  PAGE 2 RUCSAAA0196 S E C R E T
  ALERT WITH NO APPARENT DIFFICULTY. INVESTIGATION AS TO THE CAUSE OF THE
  INCIDENT IS BEING CONDUCTED BY MALMSTROM TEAM. TWO FITTS HAVE
  BEEN RUN THROUGH TWO MISSILES THUS FAR. NO CONCLUSIONS HAVE BEEN
  DRAWN. THERE ARE INDICATIONS THAT BOTH COMPUTERS IN BOTH LCC'S
  WERE UPSET MOMENTARILY. CAUSE OF THE UPSET IS NOT KNOWN AT THIS
  TIME. ALL OTHER SIGNIFICANT INFORMATION AT THIS TIME IS CONTAINED IN
  ABOVE REFERENCED MESSAGE.
  FOR OOAMA. THE FACT THAT NO APPARENT REASON FOR THE LOSS OF TEN       *
  MISSILES CAN BE READILY IDENTIFIED IS CAUSE FOR GRAVE CONCERN TO THIS
  HEADQUARTERS. WE MUST HAVE AN IN-DEPTH ANALYSIS TO DETERMINE CAUSE
  AND CORRECTIVE ACTION AND WE MUST KNOW AS QUICKLY AS POSSIBLE WHAT
  THE IMPACT IS TO THE FLEET, IF ANY. REQUEST YOUR RESPONSE BE IN KEEP-
  ING WITH THE URGENCY OF THIS PROBLEM. WE IN TURN WILL PROVIDE OUR
  FULL COOPERATION AND SUPPORT.
  FOR OOAMA AND 15AF WE HAVE CONCURRED IN A BOEING REQUEST TO SEND
  TWO ENGINEERS, MR. R.E RIOSKY AND MR. W. M. DUTTON TO MALMSTROM
  TO COLLECT FIRST HAND KNOWLEDGE OF THE PROBLEM FOR POSSIBLE ASSISTANCE
  IN LATER ANALYSIS. REQUEST COOPERATION OF ALL CONCERNED TO PROVIDE
  THEM ACCESS TO AVAILABLE INFORMATION, I.E., CREW COMMANDERS LOG
  ENTRIES, MAINTENANCE FORMS, INTERROGATION OF KNOWLEDGEABLE PEOPLE, ETC.
                                          GROUP-4
                                          DOWNGRADED AT 3 YEAR INTERVALS
                                          DECLASSIFIED AFTER 12 YEARS
  PAGE 3 RUCSAAA0196 S E C R E T
  SECURITY CLEARANCES AND DATE AND TIME OF ARRIVAL WILL BE SENT FROM
  THE AFFRO BY SEPARATE MESSAGE.
  FOR 15AF. OOAMA HAS INDICATED BY TELECON THAT THEY ARE SENDING
  ADDITIONAL ENGINEERING SUPPORT. REQUEST YOUR COOPERATION TO INSURE
  MAXIMUM RESULTS ARE OBTAINED FROM THIS EFFORT. GP74. BCASMC-67-437
  BT
```

*** THE FACT THAT NO APPARENT REASON FOR THE LOSS OF TEN
MISSILES CAN BE READILY IDENTIFIED IS CAUSE OF GREAT CONCERN TO THIS
HEADQUARTERS**

付録10 ── マルストローム空軍基地；UΓO の活動；1975年

1ページ目

UFO Sighting - Malmstrom Air Force Base

b. 24th NORAD Region Senior Director's Log (Malmstrom AFB, Montana).

7 Nov 75 (1035Z) - Received a call from the 341st Strategic Air Command Post (SAC CP), saying that the following missile locations reported seeing a large red to orange to yellow object: M-1, L-3, LIMA and L-6. The general object location would be 10 miles south of Moore, Montana, and 20 miles east of Buffalo, Montana. Commander and Deputy for Operations (DO) informed.

7 Nov 75 (1203Z) - SAC advised that the LCF at Harlowton, Montana, observed an object which emitted a light which illuminated the site driveway.

7 Nov 75 (1319Z) - SAC advised K-1 says very bright object to their east is now southeast of them and they are looking at it with 10x50 binoculars. Object seems to have lights (several) on it, but no distinct pattern. The orange/gold object overhead also has small lights on it. SAC also advises female civilian reports having seen an object bearing south from her position six miles west of Lewistown.

7 Nov 75 (1327Z) - L-1 reports that the object to their northeast seems to be issuing a black object from it, tubular in shape. In all this time, surveillance has not been able to detect any sort of track except for known traffic.

7 Nov 75 (1355Z) - K-1 and L-1 report that as the sun rises, so do the objects they have visual.

7 Nov 75 (1429Z) - From SAC CP: As the sun rose, the UFOs dis- appeared. Commander and DO notified.

8 Nov 75 (0635Z) - A security camper team at K-1 reported UFO with white lights, one red light 50 yards behind white light. Personnel at K-1 seeing same object.

8 Nov 75 (0645Z) - Height personnel picked up objects 10-13,000 feet, Track J330, IXLB 0643, 18 knots, 9,500 feet. Objects as many as seven, as few as two A/C.

8 Nov 75 (0753Z) - J330 unknown 0753. Stationary/seven knots/ 12,000. One (varies seven objects). None, no possibility, IXLB 3746, two F-106, GTF, SCR 0754. NCOC notified.

8 Nov 75 (0820Z) - Lost radar contact, fighters broken off at 0825, looking in area of J331 (another height finder contact).

8 Nov 75 (0905Z) - From SAC CP: L-sites had fighters and objects, fighters did not get down to objects.

8 Nov 75 (0915Z) - From SAC CP: From four different points: Observed objects and fighters; when fighters arrived in the area, the lights went out; when fighters departed, the lights came back on; to NCOC.

8 Nov 75 (0953Z) - From SAC CP: L-5 reported object increased in speed - high velocity; raised in altitude and now cannot tell the object from stars. To NCOC.

8 Nov 75 (1105Z) - From SAC CP: L-1 reported a bright white light (site is approximately 60 nautical miles north of Lewistown) NCOC notified.

9 Nov 75 (0305Z) - SAC CP called and advised SAC crews at Sites L-1, L-6 and M-1 observing UFO. Object yellowish bright round light 20 miles north of Harlowton, 2 to 4,000 feet.

9 Nov 75 (0320Z) - SAC CP reports UFO 20 miles southeast of Lewistown, orange white disc object. 24th NORAD Region surveil-lance checking area. Surveillance unable to get height check.

9 Nov 75 (0320Z) - FAA Watch Supervisor reported he had five air carriers vicinity of UFO. United Flight 157 reported seeing meteor, "arc welder's blue" in color. SAC CP advised, sites still report seeing object stationary.

9 Nov 75 (0348Z) - SAC CP confirms L-1, sees object, a mobile security team has been directed to get closer and report.

9 Nov 75 (0629Z) - SAC CP advises UFO sighting reported around 0305Z. Cancelled the flight security team from Site L-1, checked area and all secure, no more sightings.

TERRENCE C. JAMES, Colonel, USAF
Director of Administration

Cy to: HQ USAF/DAD
HQ USAF/JACL

10 Nov 75 (0125Z) - Received a call from SAC CP. Report UFO sighting from site K-1 around Harlowton area. Surveillance checking area with height finder.

10 Nov 75 (0153Z) - Surveillance report unable to locate track that would correlate with UFO sighted by K-1.

10 Nov 75 (1125Z) - UFO sighting reported by Minot Air Force Station, a bright star-like object in the west, moving east, about the size of a car. First seen approximately 1015Z. Approximately 1120Z, the object passed over the radar station, 1,000 feet to 2,000 feet high, no noise heard. Three people from the site or local area saw the object. NCOC notified.

12 Nov 75 (0230Z) - UFO reported from K01. They say the object is over Big Snowy mtn with a red light on it at high altitude. Attempting to get radar on it from Opheim. Opheim searching from 120° to 140°.

12 Nov 75 (0248Z) - Second UFO in same area reported. Appeared to be sending a beam of light to the ground intermittently. At 0250Z object disappeared.

12 Nov 75 (0251Z) - Reported that both objects have disappeared. Never had any joy (contact) on radar.

13 Nov 75 (0951Z) - SAC CP with UFO report. P-SAT team enroute from R-3 to R-4 saw a white lite, moving from east to west. In sight approx 1 minute. No determination of height, moving towards Brady. No contact on radar.

19 Nov 75 (1327Z) - SAC command post report UFO observed by FSC & a cook, observed object travelling NE between M-8 and M-1 at a fast rate of speed. Object bright white light seen 45 to 50 sec following terrain 200 ft off ground. The light was two to three times brighter than landing lights on a jet.
-----------LAST ENTRY PERTAINING TO THESE INCIDENTS------

FBI WASHINGTON DC   12-5-50   4-47 PM   GAR

SAC, KNOXVILLE   URGENT

DETECTION OF UNIDENTIFIED OBJCXXX OBJECTS OVER OAK RIDGE AREA, PROTECTION

OF VITAL INSTALLATIONS.   REURTEL DECEMBER FOUR LAST REGARDING POSSIBLE

RADAR JAMMING AT OAK RIDGE.   ARRANGEMENTS SHOULD BE MADE TO OBTAIN

ALL FACTS CONCERNING POSSIBLE RADAR JAMMING BY IONIZATION OF PARTICLES

IN ATOXXX ATMOSBHERE.   CONDUCT APPROPRIATE INVESTIGATION TO DETERMINE

WHETHER INCIDENT OCCURRING NORTHEAST OF OLIVER SPRINGS, TENNESSEE,

COULD HAVE HAD ANY CONNECTION WITH ALLEGED RADAR JAMMING.   SUTEL

IMPORTANT DEVELOPMENTS.

                    HOOVER

END

CORRECT LAST WORD FIRST LINE PLS

PROTECTION

OK D FBI KX OLO

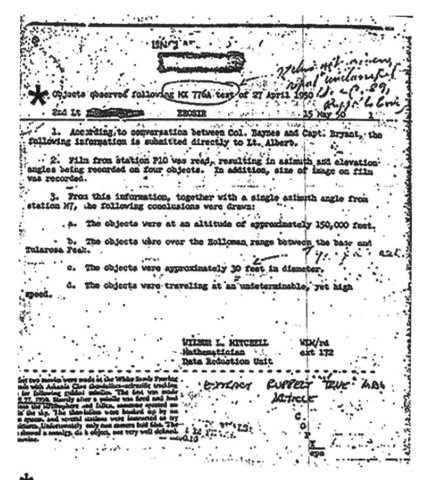

Objects observed following MX 776A test of 27 April 1950.

UNCLAS

Objects observed following MX 776A test of 27 April 1950

2nd Lt ████████   EROSIR   15 May 50

1. According to conversation between Col. Baynes and Capt. Bryant, the following information is submitted directly to Lt. Albert.

2. Film from station P10 was read, resulting in azimuth and elevation angles being recorded on four objects. In addition, size of image on film was recorded.

3. From this information, together with a single azimuth angle from station M7, the following conclusions were drawn:

    a. The objects were at an altitude of approximately 150,000 feet.

    b. The objects were over the Holloman range between the base and Tularosa Peak.

    c. The objects were approximately 30 feet in diameter.

    d. The objects were traveling at an undeterminable, yet high speed.

WILBUR L. MITCHELL   WLM/rd
Mathematician   ext 172
Data Reduction Unit

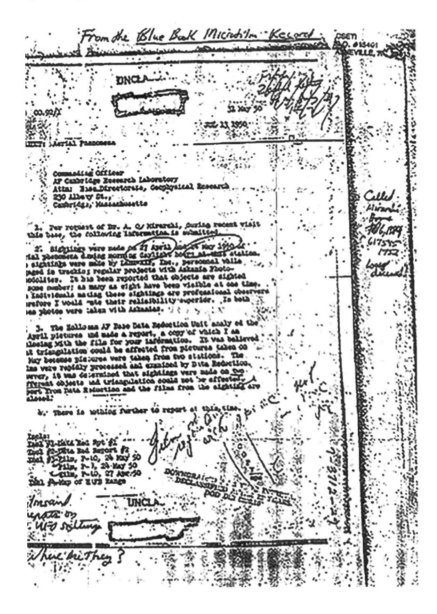

付録12 —— カークランド空軍基地からの報告書　1980年

1ページ目

COMPLAINT FORM

ADMINISTRATIVE DATA

TITLE	DATE	TIME
KIRTLAND AFB, NM, 8 Aug – 3 Sep 80. Alleged Sigthings of Unidentified Aerial Lights in Restricted Test Range.	2 - 9 Sept 80	1200

PLACE: AFOSI Det 1700, Kirtland AFB, NM

HOW RECEIVED

X IN PERSON　　TELEPHONICALLY　　NO POSTING

SOURCE AND EVALUATION

MAJOR ERNEST E. EDWARDS
Commander, 1608 SPS, Manzano
Kirtland AFB, NM　　PHONE f—7516

CM 44 APPLIES

SUMMARY OF INFORMATION

REMARKS

1. On 2 Sept 80, SOURCE related on 8 Aug 80, three Security Policemen assigned to 1608 SPS, KAFB, NM, on duty inside the Manzano Weapons Storage Area sighted an unidentified light in the air that traveled from North to South over the Coyote Canyon area of the Department of Defense Restricted Test Range on KAFB, NM. The Security Policemen identified as: SSGT STEPHEN FERENZ, Area Supervisor, AIC MARTIN W. RIST and AMN ANTHONY D. FRAZIER, were later interviewed separately by SOURCE and all three related the same statement: At approximately 2350hrs., while on duty in Charlie Sector, East Side of Manzano, the three observed a very bright light in the sky approximately 3 miles North-North East of their position. The light traveled with great speed and stopped suddenly in the sky over Coyote Canyon. The three first thought the object was a helicopter. however. after observing the strange aerial maneuvers (stop and go), they felt a helicopter couldn't have performed such skills. The light landed in the Coyote Canyon area. Sometime later, three witnessed the light take off and leave proceeding straight up at a hight speed and disappear.

2. Central Security Control (CSC) inside Manzano, contacted Sandia Security, who conducts frequent building checks on two alarmed structures in the area. They advised that a patrol was already in the area and would investigate.

3. On 11 Aug 80, RUSS CURTIS, Sandia Security, advised that on 9 Aug 80, a Sandia Security Guard, (who wishes his name not be divulged for fear of harassment), related the following: At approximately 0020hrs., he was driving East on the Coyote Canyon access road on a routine building check of an alarmed structure. As he approached the structure he observed a bright light near the ground behind the structure. He also observed an object he first thought was a helicopter. But after driving closer, he observed a round disk shaped object. He attempted to radio for a back up patrol but his radio would not work. As he approached the object on foot armed with a shotgun, the object took off in a vertical direction at a high rate of speed. The guard was a former helicopter mechanic in the U.S. Army and stated the object he observed was not a helicopter.

4. SOURCE advised on 22 Aug 80, three other security policemen observed the same

DATE FORWARDED HQ AFOSI: HQ 1/OS　10 Aug 80　AFOSI FORM 36 ATTACHED □YES □NO

DATE: 3 Sept 80　TYPED OR PRINTED NAME OF SPECIAL AGENT: RICHARD C. DOTY, SA　SIGNATURE: Richard C. Doty

DISTRICT FILE NO. 8017 8 93-0/22　TENTATIVE □　POSITIVE (See attached)

AFOSI FORM 1　PREVIOUS EDITION WILL BE USED.

付録12 ── カークランド空軍基地からの報告書─1980年
２ページ目

CONTINUED FROM COMPLAINT FORM 1, DTD 9 Sept 80

aerial phenomena described by the first three. Again the object landed in Coyote Canyon. They did not see the object take off.

5. Coyote Canyon is part of a large _____ restricted test range used by the Air Force Weapons Laboratory, Sandia Laboratories, Defense Nuclear Agency and the Department of Energy. The range was formerly patrolled by Sandia Security, however, they only conduct building checks there now.

6. On 10 Aug 80, a New Mexico State Patrolman sighted an aerial object land in the Manzano's between Belen and Albuquerque, NM. The Patrolman reported the sighting to the Kirtland AFB Command Post, who later referred the patrolman to the AFOSI Dist 17. AFOSI Dist 17 advised the patrolman to make a report through his own agency. On 11 Aug 80, the Kirtland Public Information office advised the patrolman the USAF no longer investigates such sightings unless they occurs on an USAF base.

7. WRITER contacted all the agencies who utilized the test range and it was learned no aerial tests are conducted in the Coyote Canyon area. Only ground tests are conducted.

8. On 8 Sept 80, WRITER learned from Sandia Security that another Security Guard observed a object land near an alarmed structure sometime during the first week of August, but did not report it until just recently for fear of harassment.

9. The two alarmed structures located within the area contains HQ CR 44 material.

付録13 ── クリストファー・コックス議員へ宛てた手紙および報告書；
1996年

日付：1996年8月30日
宛先：クリストファー・コックス議員
差出人：スティーブン・M・グリア医学博士；Int'l. Director 地球
外知性研究センター（CSETI）

親愛なるコックス議員

　19日は、お忙しい中、私との会議にお時間を割いていただきありがと
うございました。その後、UFO/ET問題に関する資料に目を通す機会を
持っていただけたかと思いますが、さらにご質問またはコメント等があ
りましたら、お気軽にご連絡ください。
　また、適切な窓口を通じて、議会の情報委員会に本件に関する事前に
用意した問い合わせを行うという申し出を頂けたことにも大変感謝して
おります。ご要望の通り、前回の会議以来、私は地球外生命体に関する
高等研究開発が行われているプロジェクトおよび施設に関する情報を集
めてきました。議員にとって、この情報が役立ち、できるだけ具体的な
問い合わせができる助けになることを願っております。
　私が話してきた情報筋によれば、安全な環境（"監房"）での情報委員
会の説明会を通しても、当局の監視およびこれらのプログラムの情報は
見つからない可能性が高いということでした。そうなると、その高価な
高度研究開発は、どのような影響をうけるのか、という疑問が当然出て
きます。いくつかの可能性は以下に挙げられており、この問題で私たち
と一緒に働いてきた軍および情報機関関係者による、資金提供の可能性
は高いと考えられています。
　私は、これらのプロジェクトの正式および法的な監視が行われているか

どうかに関しては、楽観視しておりません。その理由は以下の通りです。

- 中央情報局のジム・ウールジーは、いかなる当該プロジェクトに関しても説明を受けていません。彼はこの問題が実在することは知っていましたが公式に情報を得ることができなかったので、私はワシントンに出向き彼に説明するよう依頼されました
- 上院歳出委員会の主任顧問であり調査員のディック・ダマートは1994年に、極秘機密取扱許可および召喚権限を持っていても、彼はこれらの活動に入り込むことはできなかった、と私たちに語りました。たとえ、それらの活動は進行中であり、基本的にどこを調べればよいか知っていても、ダメだったのです。彼は「これは、全秘密プロジェクトの代表チームだ。幸運を祈る……」と言いました。
- 統合参謀本部の大将は、これらのプロジェクトについて何も知らなかったのですが、私たちのチームメンバーによる説明会の後、様々なルートを通じて問い合わせたのですが、何もないと断言されました。その後、陸軍士官学校の同窓で、軍では同僚でしたが、現在は大手の軍事請負企業で働いている人物に、個人的に問い合わせをしました。その彼は、そのようなプロジェクトが実際に存在していること、そしてプロジェクトが行われている場所も教えてくれました。当然ながら彼は、非常に驚いて困惑しました。
- ホワイトハウスの上層部も、同様に情報を知りません。
- 五つ星の海軍将官で英国の元国防大臣のヒル－ノートン卿は、そのようなプロジェクトの存在を現在は知っているが、国防大臣またはMI5長官時代にその情報の報告を受けたことはない、と断言しました。

　もちろん、私たちはこれまで議会情報委員会へ問い合わせは行っておりませんが、議員の提案通り行う予定です。しかし、過去の経験を鑑みると、本件に関して彼らが説明を受けてきたとしたら驚くことになると

思います。とはいえ、その可能性は残っています。

　空軍の情報筋によれば、超秘密プロジェクトは資金を他のプロジェクトに「隠す」ことで、直接の監視を逃れることができる、と私たちにこれまで教えてくれました。例えば、1億ドルを秘密の航空宇宙研究開発に割り当て、一定のプロジェクトをこの資金の受益者として挙げておきます。実際には、6億ドルが「認可済み」の秘密プロジェクトに使われ、残りの4億ドルは「非認可」のプロジェクトに使われるのです。

　これらのプロジェクトの多くは、数十億ドルの軍事請負企業によって大部分が民営化されてきました。地球外生命体案件に関する研究開発は、「認可」プロジェクトで政府と結んだ有利な契約に組み込まれた「利益」または収益から、資金が提供されています。

　そうやって、これが、合法なプロジェクトに関する「利益と間接費」から得られるUFO/ET研究の資金と同じくらい、政府の提供する間接的な資金を作り出します。

　これらのプロジェクトの対象範囲は世界規模であり、国境およびアメリカの管轄も超越しています。同様に、資金調達も世界規模で、例えば外国、国内および民間部門の資金源から調達しています。

　この案件を扱っている「管理グループ」の一員は、商取引での端数の切り捨てを含む、国際金融システムから資金を調達する「独創的な方法」があると教えてくれました。そうやって、小数点以下の金額（.00099）を、このような資金調達用の安全な口座にいれるのです。ある大手のグローバル・スーパーコンピュータ会社を経営している人物によれば、これは現在のスーパーコンピュータ・テクノロジーで簡単に実行できるということです。

　複数の情報筋は、麻薬の密輸など軍やCIAによる違法な活動が超極秘プロジェクトのため収益を生み出すのに使われてきた、と述べています。

　同封した施設およびプロジェクト一覧が、問い合わせの一助になればと願っています。これは決して完全とは言えないまでも、現時点で私た

ちのチームが収集することができた最高の情報を反映しております。

　ご質問、またはコメント等がありましたら、いつでもお気軽にご連絡ください。

敬具

CSETI代表、スティーブン・M・グリア医学博士

添付

UFO／地球外生命体問題に関連するプロジェクトおよび施設

エドワーズ空軍基地および関連施設
政府機関：
  エドワーズ空軍基地

  ヘイスタックバット

  チャイナレイクス

  ジョージ空軍基地

  ノートン空軍基地

  テーブルマウンテン天文台（NASA）

  ブラックジャック・コントロール

航空宇宙施設：
  ノースロップ「アントヒル」(テホン・ランチ)

  マクドネル・ダグラス社　リャノ工場

  ロッキード・マーティン社　ヘレンデール工場

  フィリップス研究所（ノースエドワーズ施設）

ネリス・コンプレックス（複合施設）：
  エリア51/S4

  パフテメサおよびエリア19

  グルーム・レイク

ニューメキシコ州にある施設：
  ロスアラモス国立研究所

  カートランド空軍基地

  サンディア国立研究所、防衛原子力局

  フィリップス研究所

  マンザノ・マウンテン武器貯蔵施設および地下複合施設

コヨーテ・キャニオン実験場（マンザノ北部）
ホワイトサンズ複合施設

アリゾナ州
フォートフアチュカ、地下貯蔵施設、
フォートフアチュカ地下貯蔵施設近くのNSAおよび軍情報複合施設
ETの宇宙船および以前に死体解剖したET生命体を保管している施設

その他
シャイアンマウンテン・コロラドディープスペースネットワーク、
UFO追跡専用コンソール
ローレンス・リバモア国立研究所
パインギャップ —— オーストラリアの地下施設 —— マジェスティック U.S. およびオーストラリア
レッドストーン兵器廠 地下複合施設 —— アラバマ州
ユタ地下複合施設、ソルトレイク・シティ南西部 航空機でのみアクセス可能
プロボ郊外のダグウェイ実験場 —— 極秘の作戦空域

現在または過去に関与していた米国政府機関
（活動は超極秘のUSAP —— 非認可特別アクセス計画に区画化されています —— それらの活動は、一般の職員だけでなく指揮系統の上層部にさえも認識されていません）
空軍特別捜査局（AFOSI）
CIA
DARPA（国防高等研究計画局）
DIA（国防情報局）
FBI

軍事情報課（陸軍、空軍、海軍）

NASA

NRO（国家偵察局）

NSA（国家安全保障局）

宇宙軍

その他

関与したとみられている民間企業体

BDM

ベクテル社

ブーズ・アレン・ハミルトン社

ボーイング・エアロスペース社

EG&G

E-システムズ社

ロッキード・マーティン社

　　　　　　　　（デンバー研究センターを含む様々な施設）

マクドネル・ダグラス社

マイター・コーポレーション

ノースロップ・エアロスペース社

フィリップス研究所

レイセオン社

ロックウェル・インターナショナル社

SAIC（サイエンス・アプリケーションズ・インターナショナル社）

TRW

ヴィレッジ・スーパーコンピューティング社、アリゾナ州フェニックス

マクス

ワッケンハット株式会社

その他

プロフィール

〈著書〉

スティーブン・M・グリア 医学博士（Steven M. Greer, M. D.）

ディスクロージャー（公開）・プロジェクト、地球外知性体研究センター（CSETI）、およびオリオン・プロジェクトの創始者。
2001年5月に米国ナショナル・プレスクラブにおいて衝撃的な記者会見を主催。
20名を超える軍、政府、情報機関、および企業の証人たちが、地球を訪れている地球外知性体の存在、宇宙機のエネルギーおよび推進システムの逆行分析等について証言し、その模様はウェブ放送されて世界中で10億人を超える人々が視聴した。

全米で最も権威のある医学協会アルファ・オメガ・アルファの終身会員でもあるグリア博士は、一連のプロジェクトに専念するため現在は救急医の職を辞しているが、かつてはノースカロライナ州カルドウェル・メモリアル病院の救急医療長を務めた。
博士には本書の他に4冊の著書があり、多数のDVDも制作していて、地球外文明と平和的にコンタクトする方法を指導すると共に、真の代替エネルギー源を一般社会に普及させる研究を続けている。

著書に『ディスクロージャー　軍と政府の証人たちにより暴露された現代史における最大の秘密』（ナチュラルスピリット）、DVD『非認可の世界　人類は宇宙で孤独ではない。』、『SIRIUS　スティーブン・グリア博士が放つ新文明にためのビジョン』（共にビオマガジン）などがある。

〈編集協力〉

グレゴリー・サリバン

JCETI 代表、アセンション・ガイド、ET コンタクト・ガイド、作家、音響エンジニア、音楽プロデューサー

1977年、ニューヨーク生まれ、2003年から日本に在住。2007年にアメリカの隠された聖地アダムス山で、宇宙とのコンタクト・スイッチが起動された体験を持つ。2010年にJCETI（日本地球外知的生命センター）を設立。日本のこれまでの「宇宙人」や「UFO」といった概念を書き換え、全く新しい宇宙観を根付かせる活動を展開。日本各地で世界共通のコンタクト法「CE-5」を500回以上行っており、約5000名の方が実際に ET コンタクトを体験している。また宇宙機密情報を公開する「ディスクロージャー」の分野を日本で初めて展開、代表する研究も行っている。一人ひとりが高次元意識とつながれば、地球でも宇宙的ライフスタイルが実現できると伝えている。独自の自力アセンション学に基づき、「インセンション入門」、「スターシード・サバイバル」「スターキッズ」「Liquid Soul セッション」等の講座で、最先端のサポートを実行している。現在では英語圏での活動も増え、世界中の皆さんが深い交流を行い、日本の隠されたスピリチュアルの世界を海外へも広めている。また、ミュージシャンとしての顔を持ち、アンビエントミュージックを中心に音楽活動も精力的に行っている。

 YouTube チャンネル
JCETI Japan

〈翻訳者〉

知念靖尚

通訳者、翻訳者、Access Consciousness® 認定ファシリテーター

沖縄県生まれ。祖母の影響で幼少の頃から見えない世界に興味を持ち、精神世界についての学びを深める。大学卒業後、社内通訳／翻訳者を経てフリーランスに。2011年3月11日の東日本大震災を機に、本格的に精神世界の分野での活動を開始。現在、ビジネス、スポーツ、精神世界分野にて通訳者および翻訳者として活動中。

訳書に「魂の究極の旅－スピリットへの目覚め（ジェームズ・ギリランド 著／ナチュラルスピリット社）」、また字幕翻訳作品にグレゴリー・サリバン氏監修「コンタクト・ハズ・ビガン」「シリウス」「非認可の世界」等がある。

知念靖尚 ウェブサイト：yasunaochinen.com

非認可の世界
UNACKNOWLEDGED
世界最大の秘密の暴露

2021年10月15日　　第1版第1刷発行

著　　者　　スティーブン・M・グリア
編　　　　　スティーブ・アレン
訳　　者　　知念 靖尚

編集協力　　グレゴリー・サリバン
校　　閲　　野崎 清春
デザイン　　アニー

発 行 人　　大森 浩司
発 行 所　　株式会社ヴォイス　出版事業部
　　　　　　〒106-0031
　　　　　　東京都港区西麻布3-24-17　広瀬ビル2階
　　　　　　TEL. 03 − 5474 − 5777（代表）
　　　　　　TEL. 03 − 3408 − 7473（編集）
　　　　　　FAX. 03 − 5411 − 1939
　　　　　　www.voice-inc.co.jp/

印刷・製本　　株式会社　シナノパブリッシングプレス

© 2021 Yasunao Chinen Printed in Japan
ISBN978-4-89976-521-9
禁無断転載・複製